中建八局匠心营造系列丛书

深坑酒店　匠心营造

上海佘山世茂洲际酒店综合施工技术

Comprehensive Construction Technologies of InterContinental Shanghai Sheshan Shimao

葛乃剑　张晓勇　危　鼎　编著

中国建筑工业出版社

图书在版编目（CIP）数据

深坑酒店 匠心营造：上海佘山世茂洲际酒店综合
施工技术= Comprehensive Construction Technologies
of InterContinental Shanghai Sheshan Shimao / 葛乃
剑，张晓勇，危鼎编著.—北京：中国建筑工业出版社，
2018.9
（中建八局匠心营造系列丛书）
ISBN 978-7-112-21782-3

Ⅰ.①深… Ⅱ.①葛…②张…③危… Ⅲ.①饭店—
建筑工程—工程施工—上海 Ⅳ.① TU247.4

中国版本图书馆CIP数据核字（2018）第015155号

上海佘山世茂洲际酒店是世界上首个建造在废弃矿坑内的自然生态酒店。遵循"城市伤痕
变为瑰宝"理念，让酒店融入自然环境，项目被美国《国家地理》杂志誉为"世界建筑奇迹"。
建造团队以系列科技创新技术实现生态修复，让废弃矿坑羽化成蝶。本专著全面介绍项目团
队匠心营造生态体验酒店的综合施工技术。专著由3篇组成，第1篇孕育，介绍酒店方案设
计和构思；第2篇破茧，介绍酒店关键过程的建造技术；第3篇蝶变，精粹酒店特色创新施工
技术。

图书策划：张世武
责任编辑：王砾瑶
文字编辑：王 治
责任校对：张惠雯

中建八局匠心营造系列丛书

深坑酒店 匠心营造

上海佘山世茂洲际酒店综合施工技术

Comprehensive Construction Technologies of InterContinental Shanghai Sheshan Shimao

葛乃剑 张晓勇 危 鼎 编著

*

中国建筑工业出版社出版、发行（北京海淀三里河路9号）
各地新华书店、建筑书店经销
北京点击世代文化传媒有限公司制版
临西县阅读时光印刷有限公司印刷

*

开本：880毫米×1230毫米 1/16 印张：19½ 字数：508千字
2021年12月第一版 2021年12月第一次印刷
定价：395.00元
ISBN 978-7-112-21782-3
（31630）

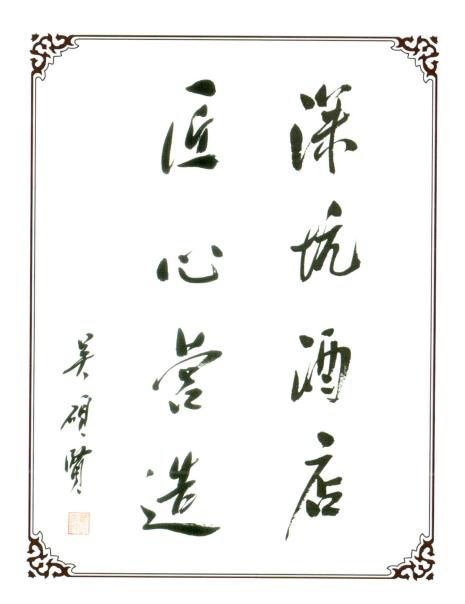

书法作者简介:

吴硕贤,建筑技术科学专家,中国科学院院士,华南理工大学建筑学院教授,亚热带建筑科学国家重点实验室第一任主任。

在漫长的历史进程中，地球表面留下了无数个人为改造自然的痕迹。疯狂开采矿石的时代已过去，留下大小不一的矿坑成为大地的伤痕。在建设美丽中国的历史进程中，如何修补大地的伤疤，变废为宝，是新时代建设者们面临的重大课题。

小赤壁山，官塘之东，横山相对，远望佘山，人杰地灵。自 20 世纪 40 年代开始采石，直至五十年代采挖与地面齐平，到 90 年代末留下三万多平米、将近直角的斜坡、深达七十八米的废弃采石坑。这废弃多年的深坑，是现代化城市建设必须逾越的鸿沟。

世茂集团秉持"修复大地伤痕，变废为宝"的理念，邀请迪拜七星级帆船酒店的主创建筑师 Martin Jochman 担纲设计，因地制宜奇妙构思，采取"坐山向水"的立向方法，取中国古典智慧的太极图像，追求天人合一，"融自然之形，予建筑以灵"。深坑酒店应运而生。

这是世界首例建造于废弃采石坑内的超五星级酒店。造型新颖，设计极富想象力，打造无限想象空间，实现废弃采石坑空间复兴，为土地资源可持续发展提供了精品案例。

联合国教科文组织总干事代表迈克尔·克罗夫特盛赞深坑酒店："围绕自然生态升维和人文多样性保护两方面，向人类提出了一种新的探索方式。这代表中国的一种新想象力，也是中国向世界输出的可持续发展方案"。

将酒店与天坑美景完美融合，是一场负向而行的挑战。负向运输、暴雨倒灌、破壁重塑等一系列问题摆在建设者们面前。面对"挂在"深坑壁上的巨大难题，中建八局项目团队运用 BIM 三维建模反复验算，因地制宜，选取深坑现有采石平台，从酒店结构形式汲取灵感，以一支点撑起 50m 高的电梯立柱，实现负海拔运输；勇于探索，实现了混凝土超深多级接力向下一溜到底释能缓冲输送。项目团队采用倾斜、弯曲的异形钢管混凝土柱支撑，实现不规则的破碎岩壁与一幢异形大体量建筑并立，一系列的技术创新令人叹为观止。

深坑酒店历时八年的建设，终于得以问世，被评为"世界十大建筑奇迹"之一，是中国建筑业工匠精神所创造的奇迹。建设单位与中建八局和诸多参建单位一道，在这场挑战中实现了开拓地表以下深度拓展建筑空间的创举，为世界点亮了一个建筑与生态共荣的创意之光。

项目团队综合分析和提炼本项目的综合施工技术，编撰成书，按"孕育、破茧、蝶变"三个部分构思，无私奉献给行业共享，让读者近距离、全方位感知深坑酒店的管理和施工技术精华。

相信本书的出版发行，必将推动我国绿色建筑、生态建筑、废弃矿坑综合利用方面的技术进步。

中国工程院院士

中国建筑股份有限公司首席专家　肖绪文

2020 年 4 月

中建八局始建于 1952 年，企业发展经历了"兵改工、工改兵、兵再改工"的过程。六十八年的征程，中建八局一路昂扬奋进。作为具有人民军队基因的队伍，部队精神薪火相传，越是挑战时刻，越是敢于亮剑，是一支骁勇善战的铁军。作为世界五百强企业中国建筑股份有限公司的核心成员，中建八局实施"科技兴企"的大科技战略，传承和发扬铁军精神，在国际建设市场奋勇拼搏，企业实现跨越式发展。

外求认知，内求使命。中建八局以承建"高、大、特、精、尖"工程著称于世，作为行业旗舰不断奉献精品工程。践行"生态修复、城市修补"理念，填补昔日的矿坑建造了荣获鲁班奖和詹天佑奖的南京牛首山佛顶宫项目；在建的江苏园博园项目以产业升级和生态修复为契机，实现"城市双修"，缔造"生态慧谷"。另外还承建了一大批土壤治理、水务环保、生态复绿等环境保护工程。

作为行业发展的先行者，需要担当起时代的使命。世茂洲际酒店作为世界首例建造于废弃采石坑内的超五星级酒店，在建造过程无经验可参考借鉴。面临施工挑战，需对环境修复需求进行深刻挖掘剖析，项目团队进行了多轮施工方案的论证，经过八年艰辛的建设，终于成就了一项建筑奇迹。本项目的成功实践树立了生态修复的"绿色样板"，在铁军奋斗的历程中，工程建设与生态保护逐渐和谐统一。

中建八局在超高层、大型体育场馆、机场航站楼、重大会议展览、大型剧院、高端工业厂房、尖端医疗建筑、卫星发射场等领域具有核心竞争力。一系列生态修复项目的成功实施，极大地促进了我国的环境保护事业，实现了建筑行业绿色可持续发展。

品质保障，价值创造。铁军团队用品质与能力赢得了行业口碑，用实干与担当书写建筑人的初心与使命。深坑酒店已入选"世界十大建筑奇迹"中的酒店类奇迹，并被美国国家地理频道"世界伟大工程巡礼"、美国 Discovery 探索频道"奇迹工程"等连续跟踪报道。本专著是八局匠人的智慧结晶，祝贺本专著顺利出版发行。

最后，感谢建设单位、设计单位及诸多参建单位为建设上海佘山世茂洲际酒店付出的辛勤努力，感谢各级领导和行业专家的亲切关怀，感谢团队拼搏奉献匠心营造精品工程。期望本专著在总结项目核心技术的同时，学习和对比国内外类似项目的先进技术，如切如磋，如琢如磨，共同提高，为更好地服务社会，建设美丽中国，继续贡献铁军力量。

中建八局党委书记、董事长　校荣春

2020 年 4 月

前言

FOREWORD

上海佘山世茂洲际酒店（也称深坑酒店）由世茂集团投资建设，由迪拜帆船酒店的设计师 Martin Jochman 带领的阿特金斯团队担纲设计。本项目位于上海市松江国家风景区佘山脚下的天马山深坑内，是于采石坑内建成的自然生态酒店。酒店最初的创意是世茂集团董事局主席许荣茂先生提出的，许先生希望把城市的伤痕变为瑰宝，为城市创造稀缺价值。

建筑师 Martin Jochman 介绍道：他第一次来到深坑，看到崎岖不平的崖壁、涓涓而泻的瀑布、寂静的水潭，以及远处绵延的绿色山丘，对它的印象非常深刻。修复自然的伤疤，必定不是在旧伤上添新伤，不是大刀阔斧地推倒一切重新塑造，而是以最小干预达到最大修复，是基于对场地条件和使用需求两方面的深刻了解和全面分析，并最终将二者恰当地衔接起来。故以山为形，与山相附，崖壁的曲线是大自然鬼斧神工赐予的最好设计，水瀑相依，打造地平线以下恢宏壮阔的山水画卷。

修复不仅是浅层面的对矿坑景观修复，而是深层挖掘，将静态的矿坑区域转变成动态的经济体，激活矿山生态生产力，提升区域社会、生态、经济效益。项目采用了精妙的设计，整个酒店建筑充满中式风格，极具东方传统美学元素；讲究自然和谐之美，围绕天人合一、浑然一体等东方哲学，倾力营造山水意境之美。坐山向水，立极点在瀑布玻璃立面的起水处，坐东北艮位，远呼佘山、辰山；俯瞰深坑，以太极图构象，一阴一阳，一正一反，一分为二在统一体中互相矛盾对立，互相交融运动，生生不息，如无止境的流动漩涡，正如生态保护与城市发展之间矛盾对立却做到共存共荣的关系；远观其形，整条玻璃立面从地平面直达坑底，形如天壶泄水、瀑布倒挂；近察其端，气势磅礴之下，坑底端潭水相接之处，亦精妙巧设为聚宝盆之意。所有酒店客房都设置退台的走廊和阳台作为"空中花园"，可以近距离观赏对面百米飞瀑和横山景致。酒店不仅外观惊艳全球，内部更是设计精美；整体以"矿意美学"为主题，大堂以不规则曲线为背景墙，搭配光与影的效果打造出似岩石层般的纹路，中央动态水幕还会定时上演水幕秀，仿佛带领大家开启一场奇妙的"矿坑"探险之旅。

以建筑为器，助推城市蝶变。深坑酒店作为废弃矿坑的修复作品，改造保留了城市发展的历史痕迹，极富想象力的外形，是现代东方美学的精妙演绎。深坑酒店的建造是一场从地面向地下深处探索的地心之旅，为实现建筑与自然的交融共生，深坑酒店地下至水面充分利用深坑岩壁的曲面造型依岩而建，各层建筑平面两侧均为圆弧形曲线，施工难度与挑战是地面建造所无法比拟的。

施工建设伊始，项目团队团结奋进，针对工程特点、难点开展立项研发。历时三年形成多项关键创新技术，筑造了高精尖品质示范工程。为解决悬壁难题，应对早已风化严重的 80m 深紧邻建筑陡峭崖壁，开发紧邻建筑直立弧面陡峭崖壁爆破与加固技术，囊括基于 BIM 的崖壁小扰动立体组合爆破施工方法，易于覆绿的邻建筑弧面陡峭崖壁综合加固施工方法，为安全施工保驾护航。

面对负向施工难以运输的挑战，开发直立陡峭崖壁深坑建筑施工垂直运输技术，混凝土向下超深多级接力输送施工技术、附着于不规则崖壁施工升降机设计与安装技术、临空崖壁边塔吊基础应用技术共同接力实现高效施工。针对主体塔楼竖向大角度倾斜且使用建筑空间受限的难题，创新研发两点支撑式双曲复杂钢框架结构施工技术，两点支撑式倾斜钢结构"大刚度、小荷载"施工技术及小直径大折角多隔板钢管柱混凝土浇筑与密实度检测技术、渐进式无支撑体系空间钢桁架施工方法等多项方法确保工程高效完成。项目团队戮力同心，工程品质得到业界广泛认可。

项目团队全方面推进绿色施工技术研发，提出了百米级深坑建筑工程三维协同设计方法。因地制宜，结合深坑酒店工程特点，围绕"四节一环保"综合应用了四十余项绿色施工技术，形成了一套可实施、可推广的绿色施工做法，以科技创新为核心全面整合绿色施工技术并积极推广。项目通过了住房城乡建设部绿色施工科技示范工程验收和市政公用科技示范工程验收，得到了业内专家的高度认可。

深坑酒店建设团队在项目管理过程中，注重科研创效，共总结形成 14 项关键创新技术，38 项关键子技术，其中核心技术"80m 深临陡峭崖壁建筑物流输送系统关键技术研究与应用"，经鉴定总体达到国际先进水平，其中"全势能一溜到底的混凝土缓冲输送技术"达到国际领先水平。发表论文 32 篇，授权专利 35 项，其中授权发明专利 17 项，授权实用新型专利 18 项。荣获 2015 年上海建筑施工行业第二届 BIM 技术应用大赛一等奖、2015 年中国建设工程 BIM 大赛卓越工程一等奖、2018 年 WBIM 国际数字化大赛施工组卓越奖、全国 3A 文明工地、上海市明星工地、上海市建设工程金属结构（市优质结构），已通过上海市"白玉兰"验收。荣获上海市优秀 QC 成果一等奖 3 项，全国优秀 QC 成果一等奖 2 项，并获得 2015 年全国工程建设优秀质量管理小组一等奖以及 2016 年"全国质量信得过班组"称号，荣获了 2015 年上海建筑施工行业第二届 BIM 技术应用大赛一等奖。2017 年获得世茂集团颁发的"优秀贡献奖"。

展望未来，任重道远。深坑酒店项目作为中建八局生态修复工程人才培养基地，以践行匠心营造高精尖的工程品质为目标，发扬铁军精神，品质保障，价值创造，与行业同仁分享工程实践经验。

本项目在各方专家、领导的指导和支持下成功实施，项目团队圆满完成工程建设任务，感谢各级主管单位和监督单位及领导多年的关心和支持，感谢各参建单位的鼎力支持和协作。

由于本工程技术内容量大面广，本专著无法全面覆盖，期望抛砖引玉，为我国同类工程建设提供一些有益的技术参考。本书不当之处在所难免，望读者批评指正，切磋交流。

2020 年 4 月

目 录

CONTENTS

第1篇 孕育——工程概况与建筑环境营造

深坑酒店所在采石坑呈椭圆形，东西长约280m，南北宽约220m，边坡周长约1000m，面积约为36800m²，坑深约80m，崖壁陡峭，坡角约为80°。坑顶地势平坦，平均高程2.8～3.5m（吴淞高程）。酒店依坑壁而建，酒店占地面积为105350m²，总建筑面积为62171.9m²，坑内建筑（地平面下）16层，坑外建筑（地平面上±0.000以上）2层，建筑主体高度10m。本工程±0.000m相当于绝对标高4.800m。

本篇介绍建筑外景、内景、建设历程以及工程概况，让读者对本建筑有全方位的了解和认知。由于本项目有别于一般的地上建筑，需要重点分析深坑酒店的建筑热工、建筑室内外风环境、采光日照环境和消防疏散模拟以及能耗等内容，确保营造良好的建筑环境，提升建筑的使用舒适度。

第1章 建筑概况

本章介绍深坑酒店的建筑基本情况，以及建成后的外景、内景，详细介绍各关键施工节点的建设历程。

1.1 建筑外景

上海佘山世茂洲际酒店（也称深坑酒店），工程坐落于上海佘山国家旅游度假区一座废弃的采石坑内，见图1.1-1。

图 1.1-1 建筑外景 1

　　造型上结合了中国传统"太极"中阴阳的图形和概念，在酒店的左翼和右翼采用非对称的平面组合，形成"S"状。冬天，酒店通过崖壁吸收太阳的辐射在夜间释放热量，保证舒适性；在近 40℃的夏天也能保持酒店的凉爽，见图 1.1-2。

　　设计保留了原有的采石栈道和鸽子洞等遗迹，让其成为酒店自然景观的重要组成部分。

　　酒店保持了原有的场所记忆，与周围的青山绿水是和谐交融的，见图 1.1-3。

图 1.1-2　建筑外景 2

图 1.1-3　建筑外景 3

瀑布幕墙观光梯

瀑布幕墙内部是四台垂直的观光电梯，其中一台更是首创的六面玻璃电梯，从电梯内通过能看到远处的湖景，近处的幕墙钢结构，工业风与原始风交替，见图1.1-4。

图 1.1-4　瀑布观光电梯外观

观景平台

深坑酒店的观景平台也可作为消防疏散的临时集散场地。夜间可供游客休憩观赏水幕电影，见图 1.1-5 ~图 1.1-9。

图 1.1-5 深坑酒店观景平台

图 1.1-6 观景平台与瀑布

图 1.1-7 深坑水景

图 1.1-8　观景平台视角效果图

图 1.1-9　观景平台视角手绘

　　建筑依崖壁建造，各楼层客房建筑平面两侧均为圆弧形曲线，中部的竖向交通单元将两个曲线单元连成整体，两侧圆弧形客房单元沿径向的竖向剖面也呈现不同的曲线形态。建筑平面上延续主楼的曲线形式，客房布置在曲线的外延，满足观看水景的要求。酒店的立面形式源于"瀑布""空中花园""自然崖壁"和"山"，主楼使用玻璃和金属板材，塑造层叠的崖壁和天然生长出的空中花园。项目手绘图见图 1.1-10～图 1.1-12，室外攀岩见图 1.1-13。

图 1.1-10　项目手绘俯视图

图 1.1-11　项目手绘平视图

图 1.1-12 项目手绘仰视图

图 1.1-13 室外攀岩

1.2　入口及大堂

1. 入口

酒店入口安放着"卷云舒"龙形雕塑，"卷云舒"名字取自《小窗幽记》中的"宠辱不惊，看庭前花开花落；去意无留，望天上云卷云舒"。龙形的雕塑造型则来源于明崇祯年间的《松江府志》：吾邑之水，上源天目，下委海王。这个代表着酒店的艺术风格的龙形雕塑由两部分组成，一部分为实体不锈钢，一部分为不锈钢文字镂空。雕塑初看如祥龙腾出水面，细品则会感受如诗如画的灵动意象（图 1.2-1）。

图 1.2-1　龙形雕塑

2. 大堂

步入大堂，这里展现的则是"地心奇遇"，为了将原始深坑的粗粝质感和周围自然环境相融合融合，酒店室内采取"矿意美学"的理念进行设计，将原生粗犷的岩石崖壁与缥缈雅致的山水自然相结合，打造出专属于深坑酒店的意境文化。

大堂中央的 3D 投影动态水幕，在特定时间展示多种水幕投影图像，与户外的自然崖壁、远方的流水瀑布相呼应（图 1.2-2）。

在内装设计方面：为了将原始深坑的粗粝质感和周围自然环境相融合，酒店室内采用"矿意美学"理念进行设计，将原生粗犷的岩石崖壁与缥缈雅致的山水自然相结合，打造出专属于世茂深坑酒店的意境文化；二楼中餐厅采用凤栖梧桐风格设计，与中餐厅内部的凤凰主题相互配合，形成一种动静皆宜的意境（图 1.2-3）。

图 1.2-2　酒店大堂水幕

图 1.2-3　酒店大堂矿意美学

1.3　酒店内景

1. 宴会厅：别有洞天

宴会前厅与宴会厅的天花造型，就像岩洞深处的天井，结合 LED 灯的照射，光线透过天花的洞口投射出不同的光影，启幕宴会厅的妙趣新视界，营造如梦如幻的星空效果（图 1.3-1、图 1.3-2）。

图 1.3-1　奇迹宴会厅

图 1.3-2　奇迹宴会厅前厅

2. 中餐厅：凤栖梧桐

一个大型采光天井，将自然光线引入室内，正落在古松树上。这颗古松树也与中餐厅彩丰楼内部的凤凰主题相互配合，形成一种动静皆宜的意境（图 1.3-3、图 1.3-4）。

图 1.3-3　采光天井

图 1.3-4　彩丰楼

3. 大堂吧：云间九峰

进入位于地面一层的大堂，可以在大堂吧云间九峰坐享矿坑的无边风景（图1.3-5）。

图1.3-5 云间九峰

4. 行政酒廊：幽谷绿境

位于B13层的行政酒廊就像处于森林中的工作站，工作站的家具、灯具由设计师精心设计与定制，满足探险者对探险体验的高品质追求（图1.3-6）。给探险者提供一段短暂、舒适的休息，为迎接海底世界的奇妙之旅做好准备。

图1.3-6 行政酒廊

5. 酒吧：簇火耀岩

酒吧位于酒店的 B14 层，介于坑底与水面之间，酒吧内部空间不时散发着火红炽热的气息，透过光影结合，使其整体颜色与深坑崖壁内的岩石颜色作出对比（图 1.3-7）。蒸汽工业时代的卡座与吧台椅设计，吧台上方鱼类造型的定制木桶酒架、灯具成为空间里的特色点缀。

图 1.3-7　赤酒吧

6. 水幕电影

日落以后，游客可以在栈桥平台及客房区域阳台，看到水幕秀及灯光秀的交相辉映（图 1.3-8）。

图 1.3-8　水幕秀和灯光秀

7. 泳池：碧泉溶洞

位于坑底水面边际的室内泳池，由钟乳石抽象演化而成的天花与柱子造型，营造出犹如碧泉溶洞的氛围，在自然光线的照射下，透过玻璃幕墙，让探险者戏水的同时，也可感受到室外雄伟的深坑崖壁。

在溶洞里，运用人造石打造类似于蘑菇泡泡的趣味性装饰元素，使泳池显得更加梦幻 (图 1.3-9)。

图 1.3-9　泳池

8. 水下餐厅：水中秘境

到达水下餐厅，水下餐厅的天花造型与反射就像暗藏着连生晶体，炫彩斑斓，映射出和空间环境共鸣的美感。观望着水里的鱼群，点着蜡烛，在这里享受最特别的用餐体验 (图 1.3-10、图 1.3-11)。

图 1.3-10　渔火餐厅 1

图 1.3-11　渔火餐厅 2

9. 客房：悬浮济舟、蜜月套房、梦遇秘境

家庭套房和蜜月套房在水底层 B15 层，套房入口与客厅在水底层 B15 层，就像在船舱底部，一开门进入，即被眼前窗外水底畅游的鱼儿围绕，通过楼梯上到水面层 B4 层，来到生活起居室（图 1.3-12 ～图 1.3-14）。

图 1.3-12　绿松石主题客房

图 1.3-13 复式套房

图 1.3-14 水下客房

10. 其他区域

整个酒店区域都采用"地心奇遇"的设计主题，从进入地面大堂到客房、湖面酒吧、水下套房、水下特色餐厅，都与故事紧紧相扣，营造一个充满探险故事的氛围（图 1.3-15、图 1.3-16）。

图 1.3-15　行政俱乐部

图 1.3-16　酒吧吊顶

1.4　建设历程

1.深坑原貌

项目开工建设前，采石坑长年无人管理，坑内集聚有雨水和裂隙渗水，盛夏坑内微生物和藻类滋生，蚊虫多、有异味；崖壁表面受风雨侵蚀，呈强风化、中风化状态（图1.4-1）。

图1.4-1　深坑原貌照片

2.坑内抽水

2011年，深坑酒店项目团队入驻现场后，开始了历时3个月的坑内抽水作业（图1.4-2）。

图1.4-2　抽水过程中和抽水后的深坑

3. 坑顶大梁和裙房地下结构

2012 年至 2013 年，坑顶超长钢筋混凝土大梁和裙房地下结构施工完成 (图 1.4-3)。

图 1.4-3　坑顶大梁和裙房地下结构

4. 崖壁爆破

为防止施工阶段和深坑酒店运营后崖壁危石掉落造成人员和财产损失，2014 年，对主体建筑一侧的风化崖壁进行了爆破作业 (图 1.4-4)。

图 1.4-4　崖壁爆破

5. 崖壁支护

为保证崖壁今后数十年的安全稳定，在崖壁爆破完成后，2015年，采用预应力锚索 + 挂网喷浆的方式对崖壁进行了加固施工（图1.4-5）。

图 1.4-5　崖壁支护

6. 人货梯及混凝土一溜到底

2014～2015年，为解决施工阶段向坑内运输人员和物资的问题，深坑酒店项目团队开展了混凝土向下超深三级接力输送施工技术、混凝土向下超深全势能一溜到底输送技术、附着于不规则崖壁施工升降机设计与安装技术和临空崖壁边塔吊基础应用技术等的研发，并取得成功（图1.4-6）。

图 1.4-6　人货梯及混凝土输送装置

7. 坑底回填混凝土

2015 年,完成坑底 19m 高梯田式回填混凝土基础施工,为坑内主体施工奠定了基础(图 1.4-7)。

图 1.4-7　坑底回填混凝土基础施工

8. 主体结构施工

2015 年和 2016 年,完成坑内主体结构施工,深坑酒店建筑初具规模(图 1.4-8)。

图 1.4-8　主体结构施工(1)

图 1.4-8 主体结构施工（2）

9. 室内外装饰施工

2017～2018 年，完成酒店装修、崖壁绿化、崖壁娱乐设施施工等（图 1.4-9）。

图 1.4-9　装饰装修施工

10. 竣工调试

2018 年，完成强弱电、泛光照明、坑内背景音乐、水幕电影等设备和系统的调试工作，11 月 15 日，完工建成（图 1.4-10）。

图 1.4-10　竣工调试

第 2 章 工程概况

本章介绍深坑酒店的建筑设计概况、结构设计概况、机电设计概况和幕墙概况，并分析其重点、难点。

2.1 建筑设计概况

深坑酒店由于其海拔低、体量大，建筑设计面临诸多难题。在减少对原有场地破坏的情况下，解决消防、防水、防震问题，并需要借助崖壁创造微环境营造冬暖夏凉的效果。建筑创造性的设计为让酒店建筑和坑体相辅相成，仿佛长在崖壁上般和谐自然。设计创意融入了"羽化成蝶"创意(图2.1-1) 和 "太极阴阳"内涵（图 2.1-2）。

主体建筑由三部分组成：地上部分、地下至水面部分及水下部分。各部位的高度，面积及建筑功能详见表 2.1-1。

建筑概况一览表   表 2.1-1

部位		高度（m）	建筑面积（m²）	建筑功能
地上部分 2 层		20	12508.9	中心大堂，宴会中心及餐饮娱乐中心
地下至水面部分	坑外地下 1 层（局部 2 层）	6.85（8.00）	5126.7	机房及后勤服务用房
	坑内坑下 14 层	45.9	37423	客房区
水下部分 2 层		10.4		特色客房区及水下餐厅
建筑整体		84.772	55058.6	五星级酒店

图 2.1-1　羽化成蝶创意

图 2.1-2　太极阴阳内涵

场地规划平面图（图 2.1-3）：

图 2.1-3　场地规划平面图

典型建筑平面图（图 2.1-4）：

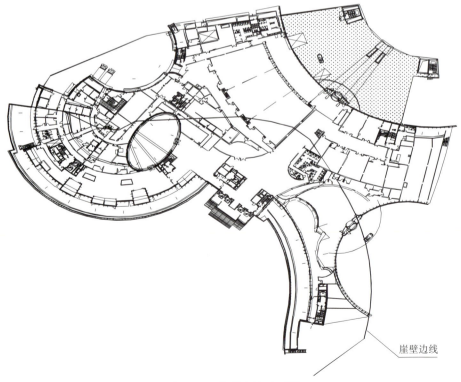

崖壁边线

图 2.1-4　典型建筑平面图

地上部分建筑平面图（图 2.1-5）：

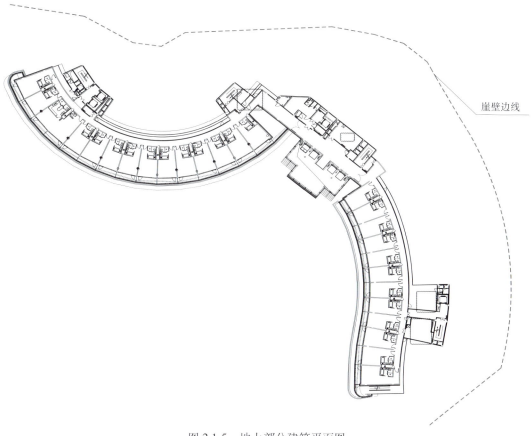

崖壁边线

图 2.1-5　地上部分建筑平面图

建筑剖面图（图 2.1-6、图 2.1-7）：

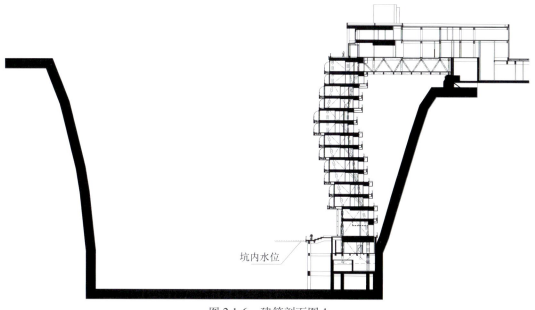

坑内水位

图 2.1-6　建筑剖面图 1

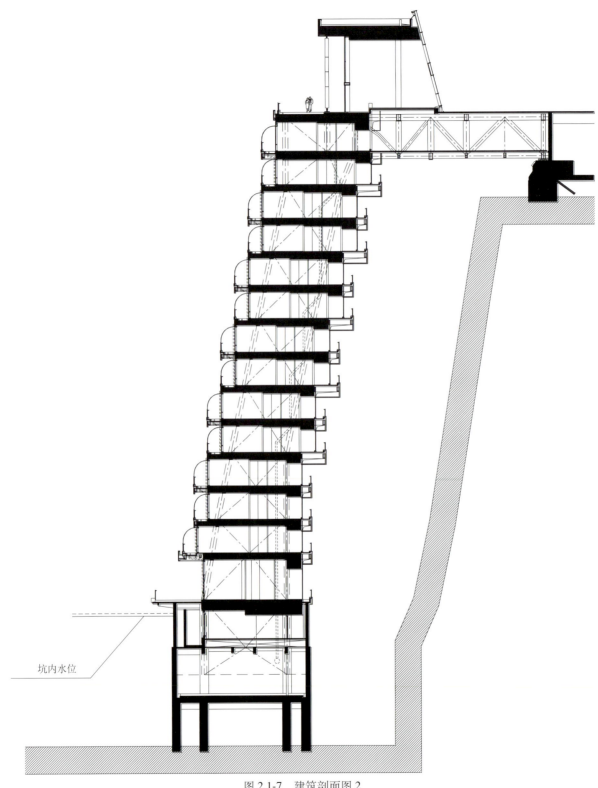

坑内水位

图 2.1-7 建筑剖面图 2

2.2　结构设计概况

本工程主体建筑设计于深坑内，临崖壁建造。各部位结构组成如下：

基础形式：坑顶地下室部分采用钢筋混凝土嵌岩钻孔灌注桩＋桩基独立承台＋连系梁；在坑内主体结构拟采用分块箱形基础结合筏形基础，基础持力层为弱风化基岩（安山熔岩）。基础混凝土强度等级为 C35，抗渗等级为 P8，添加微膨胀剂。

坑顶地下室外墙：坑内侧采用钻孔灌注桩，外侧采用高压旋喷桩（靠近深坑约 8m 范围）和三轴搅拌桩，然后采用两道加筋混凝土桩锚维护结构。其中混凝土桩锚采用 A300 高压旋喷桩，内插 2 根 ϕ15.2 钢绞线。

酒店主体结构下部坐落于坑底基岩，上部和坑顶地梁（及部分裙房）相连。酒店主体结构采用带支撑钢框架 - 钢筋混凝土剪力墙结构体系。客房区域布置带支撑钢框架，框架柱为倾斜钢管混凝土柱。楼电梯等竖向交通区域布置钢筋混凝土剪力墙。

在坑顶采用钢桁架作为跨越结构支托上部两层裙房的部分结构，钢桁架一端和坑内的酒店主体结构相连；另一端在下弦部位采用滑动支座支承在坑口的基础梁上，上弦处采用竖向滑动支座和裙房地下室顶板相连。

坑内钢结构主楼为带支撑的钢框架结构体系，框架柱为圆管柱，最大截面规格 700mm×25mm，钢梁为 H 型钢，材质为 Q345B。楼承板采用自承式钢筋桁架楼承板，面积约 56300m²。总用钢量约 8200t，钢柱每两层一节，最大重量 5.4t，坑顶 B1 层 32 榀大桁架，最大单榀重量 31.8t。

结构模型图见图 2.2-1。

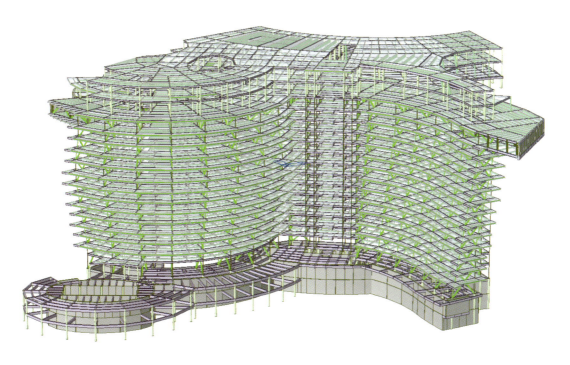

图 2.2-1　结构模型图

2.3　机电设计概况

1. 给水系统概况

给水系统由市政两路进水，从辰花路和市政路分别引入管管径均为 $DN250$。基地内市政自来水管网压力 0.20 MPa。引入管上设 $DN250$ 倒流防止器和水表计量后，在基地内形成 $DN300$ 消防环网。

生活用水给水处理工艺和供水方式为：

市政给水→原水箱→原水加压泵→砂滤器→活性炭过滤器→保安过滤器→生活水水箱→给水加压泵→UV→用水点。

游泳池补充水、水族馆补充水由市政自来水经减压后供给。冷却塔补给水利用市政水压直接供给。同时，在原水箱中储存部分冷却塔补给水量，由变频泵供至冷却塔，以保证给水可靠性。其余生活用水分别经过Ⅰ区、Ⅱ区、Ⅲ/Ⅳ区的三套给水变频加压泵组提升后分区直接供给或经减压后供给。分区供水表见表 2.3-1。

分区供水表　　　　　　　　　　　　　　　　　　　表 2.3-1

分区	对应供水区域	供水方式
市政直供区	冷却塔、游泳池、水族馆等	利用市政水压直供或经减压后供给
Ⅰ区	B1～2 层后台及公共活动区	Ⅰ区给水变频泵组供给
Ⅱ区	B1～B5 客房区域	Ⅱ区给水变频泵组供给
Ⅲ区	B6～B10 客房区域	Ⅲ/Ⅳ区给水变频泵组供给
Ⅳ区	B11～B16 客房及其他区域	Ⅲ/Ⅳ区给水变频泵组出水经减压后供给

2. 排水系统概况

客房卫生间排水支管污、废分流，室内排水主管采用污、废合流。由于客房管井上下不对齐，采用单双层分别接入两根立管的排水方式。客房卫生间排水设主通气立管、共轭通气管和环形通气管。公共卫生间排水设主通气立管和环形通气管，卫生间地漏采用再封式防虹吸地漏。客房淋浴间采用双地漏。坑上地下室无法用重力排水的场所，设置集水池，采用排污泵提升后排出。客房排水及坑下无法用重力排水的场所，最终排水至 B16 层，污水经过带切割器的一体化设备提升至集中污水、废水集水池中。污水、废水集中水池在分别通过排水提升泵排至地面污水管网。餐饮厨房含油废水设器具隔油和新鲜油脂分离器（或隔油池）隔油处理后排出。厨房冷库排水间接排放至厨房内明沟，且保证足够的空气间隙。热水排水需待水温降至 40℃ 以下后采用明沟间接排水。布置在厨房、餐饮上空的雨水管、排水管应在管下方设托板，托板横向应有翘起的边缘，纵向与排水管坡度一致末端设 $DN50$ 管道接至地漏或排水沟。

3. 消防系统概况

深坑酒店项目属民用建筑，按同一时间内发生一起火灾设计。按不超过 100m 的一类高层公共建筑考虑。

消防水源：市政两路进水，引入管管径均为 $DN200$。引入管上设 $DN200$ 倒流防止器和水表计量后，在基地内形成 $DN300$ 消防环网。同时利用天坑内湖水作为室内消火栓系统的水源，见图 2.3-1。

高位消防水箱设在屋顶电梯机房附近，有效出水容积 36m³。高位消防水箱由生活给水管补水，并在补水管上采取防回流污染措施及水表计量。

图 2.3-1　消防水源布置图

室外消火栓消防系统：

室外消火栓系统采用低压制，室外给水管网环状布置，在室外总体的适当位置及水泵接合器附近设置室外消火栓，供消防车取水。

B14 层室外平台消防环管：

由于本工程的特殊性，依据 2008 年 12 月 4 日消防局的审核意见书及 2009 年 6 月 19 日的复函，按照 2008 年 9 月 22 日专家评审会论证意见，在建筑东西两侧各设置一根 DN200 消防专用灭火竖管。竖管上部与坑顶地面室外消防环管连通，在 B14 层水面疏散平台形成 DN200 环路，在地面由消防车加压供水，坑内水面层供消防设备取水使用。

在 B14 层疏散平台上适当位置设置室外地下式消火栓（SA100/65 型，快速接口），消火栓间距不大于 40m，消火栓标注出口压力，旁设水带箱；水面疏散大平台前后各设 1 个室外消火栓。管网中平时无水，管道外壁采取防腐措施。分三个序列设置消火栓：距外墙 5m 处的消火栓主要用于扑救低区外墙与地面着火；距外墙 20m 处的消火栓主要用于扑救较高处外墙着火；观景平台消火栓主要用于保护临近消火栓及掩护撤离使用。B14 层室外平台消防环管通过 2 根 DN200 消防专用灭火竖管在坑顶经止回阀与室外消火栓环管连接，同时在坑顶设置 B14 层室外平台消防环管专用水泵接合器（DN150×3，共两处）。消防时由坑顶室外消火栓环管直接或消防车从室外消火栓取水加压接至坑顶的专用水泵接合器，将水送到 B14 层室外平台消防环管，（坑顶室外消火栓环管直接供水至 B14 层室外平台消防环管时，B14 层室外地下式消火栓出口压力在 0.6 ～ 1.6MPa 之间；经减压阀减压后室外地下式消火栓出口压力不大于在0.5MPa）。消防队员通过B14层室外地下式消火栓取水，供水枪、水炮等消防设备使用。扑救低区外墙与地面着火时，由坑顶室外消火栓环管直接供水的方式；扑救较高处外墙着火时，由坑顶消防车从室外消火栓取水加压接至专用水泵接合器的方式。

室内消火栓消防系统：

采用临时高压系统。室内消火栓消防加压泵置于水下设备机房层（B15）消防泵房内，从天坑内湖直接抽水（湖水最低液位 -56.20，满足水泵自灌吸水，取水头部设格栅，栅条间距不小于50mm）加压后直接或经减压后分别供水至高、低区室内消火栓消防管网。其中，B9 ~ 2 层为高区，B10 ~ B16 层为低区。在屋顶水箱间设有消防系统用 36m³ 消防高位水箱，在 B15 层消防泵房内设置消火栓稳压设施。消火栓消防稳压泵两台（一用一备）及有效储水容积 150L 气压水罐一个，满足火灾初起时的系统水压要求。消火栓消防稳压泵两台（一用一备）及有效储水容积 150L 气压水罐一个，满足火灾初起时的系统水压要求。消火栓栓口出水压力大于 0.5MPa 采用减压稳压消火栓。每个压力分区的最高一个室内消火栓处配设压力显示装置，分区管网最高处设置自动排气阀。根据建筑平面布局，在楼梯间及休息平台和前室、走道等明显易于取用以及便于火灾扑救的位置设置消火栓箱。室内消火栓充实水柱不少于13m,保证两股水枪的充实水柱同时到达室内任意部位。为防止系统超压，在室内消火栓加压泵出口处设持压泄压阀。泵组设置低频自动巡检装置。系统设水泵接合器三套。

自动喷水灭火系统：

除面积小于 5m² 的卫生间、厕所和不宜用水扑救的部位外，在闭式系统允许最大净空范围内按全保护设置自动喷水灭火系统。因室内防火卷帘处建筑已设置背火面温升不低于 3h 的特级防火卷帘，故卷帘两侧不设加密喷淋系统。

4. 新风系统概况

1）大堂、餐厅、多功能厅等大空间房间采用一次回风全空气系统，空调机组就近设在为其服务的空调机房内。过渡季节室外低焓时采用变新风量运行。

2）酒店客房采用四管制风机盘管加独立新风系统，风机盘管设在房间吊顶内，室外新风经新风处理后由新风管道直接送入各房间。新风机组设在每层空调机房内。

3）消防安保中心采用变冷媒容量空调系统。

4）制冷机房、锅炉房、水泵房等设备用房的控制室和电梯机房等特殊房间另设分体式空调器或变冷媒容量空调系统。

2.4 幕墙工程概况

本工程主要幕墙系统有：框架玻璃幕墙、点式玻璃幕墙、玻璃肋幕墙、金属幕墙、金属格栅、玻璃栏杆、玻璃门、玻璃雨篷。

根据幕墙施工难度不同，本施工段措施主要分为三种类型：

1）常规大面金属板幕墙系统安装；

2）层间金属板幕墙系统（图 2.4-1）、酒店客房栏板系统、隔断玻璃系统等；

图 2.4-1　层间幕墙分割玻璃

3）坑内游泳池部位幕墙工程施工，泳池屋顶天窗见图 2.4-2。

图 2.4-2　泳池屋顶天窗

4）瀑布部分幕墙工程施工：局部玻璃瀑布造型的建筑幕墙顶部标高 20.810m，见图 2.4-3、图 2.4-4。

图 2.4-3　深坑内瀑布部分

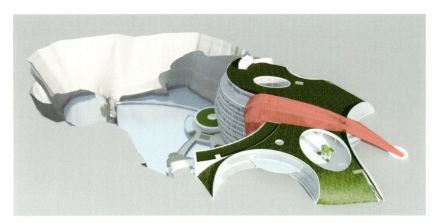

图 2.4-4　地面瀑布部分

2.5　本工程重点、难点

1. 独特的 80m 陡峭深坑内垂直运输问题

1）深坑酒店工程主体位于采石深坑内，由于崖壁陡峭，无法修建车辆通向坑底的道路，依靠原崖壁上的石阶没法满足施工时人员及材料的运输要求。

2）深坑酒店混凝土需向下输送 80m，再水平输送约 200m，再向上 80m，各种常规混凝土输送方法都无法单独完成深坑内混凝土的输送任务，解决向下超深运输中易离析、易堵管、设备难检修等问题。

2. "进退两难"的陡峭强风化崖壁治理问题

酒店主体依附崖壁而建，崖壁需进行加固处理，确保施工过程安全及酒店运营安全。但崖壁结构根据地勘资料显示为薄壁结构，加固处理需考虑不破坏崖壁原有结构稳定性。采石坑地貌见图 2.5-1。

图 2.5-1　采石深坑地貌

1）崖壁爆破削坡处理需精准，严禁欠爆超爆，且爆破开挖不能破坏保留岩体的原有结构增加新的裂隙，不能引起岩体中原有的节理、裂隙贯通、张开或扩大。

2）需解决崖壁支护操作脚手架如何搭设在不规则崖壁上的问题。

3）由于爆破削坡后的崖壁多为中风化安山岩，岩石强度高，钻孔难度大。

3. 突破规范的两点支撑式双曲异形钢框架结构体系施工

深坑酒店结构体系不同于常规建筑的悬臂式结构，而是两点支撑式双曲异形钢框架结构体系，这就对结构施工过程中的位移和变形要求更高。

1）由于主体结构通过坑顶桁架与坑顶连接，坑内主体结构不直接依靠崖壁，且主体为双曲异形，需合理组织主体结构部署，以减小施工过程中的钢结构变形及误差。

2）深坑酒店主体钢柱为多隔板小直径钢管柱，钢管柱内浇灌 C60 混凝土。钢管柱混凝土浇灌需考虑包括浮浆处理、浇筑标高的控制、浇筑质量的评定（密实度、强度）和柱间焊接连接产生的热量对混凝土的影响，混凝土的配合比须考虑施工工艺的特殊性，需做专门的设计处理。

4. 永久性水下超长超厚混凝土结构裂缝控制及耐久性要求高

1）坑底 19m 高梯田式回填混凝土基础超高超厚，回填混凝土基础大体积混凝土不同于常规的大体积混凝土，是多个小体积累积成的大体积，且上层混凝土的浇筑是在下层混凝土水化热尚未完全释放时就已经开始了，因此内部应力复杂，应具有处理施工缝、冷缝和温度控制的合理措施。坑底回填混凝土基础一侧为不规则崖壁，单侧支模复杂难度大，钢筋放样加工复杂。

2）B15、B16 层永久性处于水下，需处理好结构防渗漏问题，否则将影响结构安全及建筑功能正常使用。

5. 深坑内环境修复与景观品质提升难度大

深坑酒店所处采石坑崖壁表面贫瘠，天然绿植较少，坑底水体不流动，易变质。天然的采石坑内环境及景观与酒店运营的品质需求有较大差距，对深坑内环境修复与景观品质进行提升的难度有：

1）坑内风场、光照、温湿度不适于崖壁绿植大面积恢复与改造。

2）坑内湖水水源为地表横山塘Ⅴ类水，水体藻类大量滋生，呈墨绿色，且坑内水域面积达1.76 万 m^2，水深约 20m，水量达 35 万 m^3，水体流动性差，设计要求达到能见度 2m 的Ⅲ类水标准，水体净化难度大。崖壁绿化前和坑内变质水体情况见图 2.5-2。

图 2.5-2　崖壁绿化前和坑内变质水体情况

第3章 深坑酒店建筑物理环境营造

由于酒店位于深坑之内，为营造良好的建筑物理环境，给用户以良好的居住体验，需要对进行深化设计和模拟分析，确保提升建筑使用舒适度。开展了场地风环境实测与模拟分析、酒店室内风环境分析、酒店客房室内采光分析、坑上和坑内日照与太阳辐射照度分析、酒店隔声减振设计等工作。分析和实测得到坑内、室内的通风和采光数据，为建成后投入运营提供技术支撑。

3.1 酒店场地风环境实测与模拟分析

在废弃的矿坑建造五星级酒店，是深坑酒店的典型特征。独特的地理环境必然会引起建筑室内外物理环境的变化，需要采用科学方法找到问题并采取预防措施。由风环境引起的空气污染物浓度、热舒适度、二氧化碳浓度等因素会影响五星级酒店的居住体验。因此有必要对场地风环境展开实测与模拟分析，为五星级酒店创造舒适的环境。通过实测与模拟分析，坑内的风速比坑上的风速降低了约40%，且风向改变，在酒店东南角区域风速最低。由于场地风速降低和风向变化，通常会降低建筑外围污染物的散佚速度；由于坑内相对湿度较高，通风不畅，相对更容易滋生霉菌、蚊虫。因此酒店运行管理时需要引起足够重视并采取相应改善措施。

1. 场地空气质量实测

课题组采用专业的 GrayWolf 空气质量和 Metrel 建筑物理检测仪器，检测仪器如图 3.1-1 所示。

图 3.1-1 空气质量检测仪与热湿环境检测仪

检测结果如表 3.1-1 所示，检测结果仅就当时的工况，作为科研分析使用。

深坑酒店坑上与坑内检测结果　　　　　　　　　　　　　　表 3.1-1

参数	坑上	坑内
风速 Vel	最大值：2.79m/s 平均值：1.52m/s	最大值：1.79m/s 平均值：0.86m/s
二氧化碳浓度	0.0416%	0.0452%
太阳直射照度 E	87631 lx	85620 lx
温度 T	39.8℃	37.9℃
相对湿度 RH	54.2%	55.6%

分析：对于大气中的二氧化碳浓度，理想状态是 0.03%，但从工业化革命以来，全球二氧化碳浓度逐步提升，目前已接近 0.04%。对于室内二氧化碳浓度，由于人体会不断排放二氧化碳，浓度通常在 0.04% ～ 0.1% 之间，超过 0.1% 会感到明显头晕、不适。本次检测为大气中的二氧化碳，坑内比坑上的二氧化碳浓度提高了 7.9%。对于当天大气风速，坑上风速最大值为 2.79m/s，坑内风速最大值 1.79m/s，平均风速也从 1.52m/s 降低到 1.10m/s。

另外课题组检测了太阳直射照度 E，坑上为 87631 lx，坑内 85620 lx，直射照度略有下降。分析原因坑内由于崖壁绿化和遮阴，降低了太阳漫反射照度；空气温度也从 39.8℃ 降低到 37.9℃，相对湿度从坑上的 54.2% 提升到坑内的 55.6%，人体感受为坑内更加阴凉。

说明经实际检测，坑内的通风条件与坑上不同，风速略有下降，由于二氧化碳密度比空气大，由风环境变化导致二氧化碳浓度提升了 7.9%。但提升后的二氧化碳浓度比室内浓度低，不会影响酒店的居住舒适度。场地的风环境与坑上不同，需要进一步展开分析。

2. 场地风环境模拟分析

课题组采用 VENT 风场模拟分析软件，模拟计算深坑酒店坑上与坑内的风环境，主要分析过渡季坑上和坑内的人行高度的风速、风向，结合实测数据展开分析。坑上与坑内风环境模拟分析如图 3.1-2 ～图 3.1-5 所示。

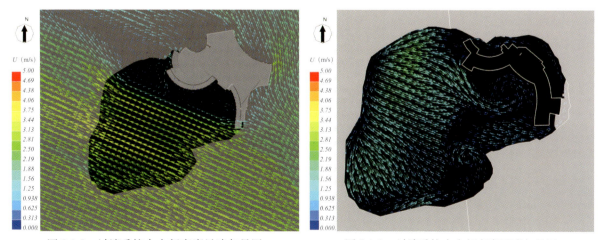

图 3.1-2　过渡季坑上人行高度风速矢量图　　　　　　图 3.1-3　过渡季坑内人行高度风速矢量图

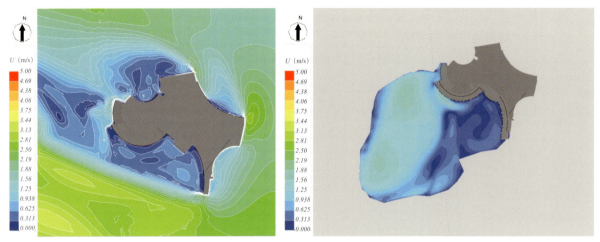

| 图 3.1-4 过渡季坑上人行高度风速云图 | 图 3.1-5 过渡季坑内人行高度风速云图 |

分析：过渡季坑上最大风速为 3.76m/s，风向为东南向。坑下最大风速为 1.88m/s，风向发生了较大变化，即由坑上的东南向转变为西北向，主要是由于坑上的风场被西面崖壁阻挡，风向发生改变，且风速降低。在东南向的酒店外弧形区域，风速最低。

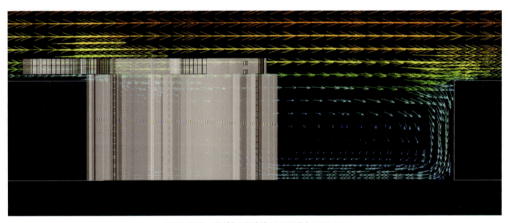

图 3.1-6 深坑风速矢量图剖面图示

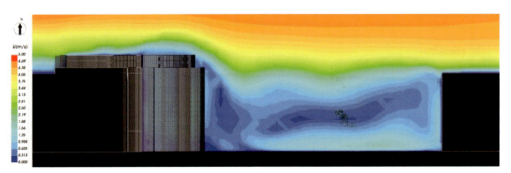

图 3.1-7 深坑风速云图剖面图示

分析：从深坑风速矢量图剖面图示可看出（图 3.1-6、图 3.1-7），东南向吹来的主导风，经崖壁阻挡，部分风能在坑内回旋，由于坑有近 80m 深，在坑中间 40m 高度的风速最低，接近于 0m/s。

坑上的风速由近 3.76m/s 逐步降低，在临近酒店客房外侧的风速为 0.31 ~ 1.88m/s 之间，相比于坑上的风速有大幅降低，且主要风向相反。

3. 小结

深坑酒店地理位置独特，在废弃的矿坑建造五星级酒店，但独特的地理环境必然会引起建筑室内外物理环境的变化。需要采用科学方法找到问题并采取预防措施。通过实测与模拟分析，坑内的风速比坑上的风速降低了约 40%，且风向改变，在酒店东南角区域风速最低。

由于场地风速降低和风向变化，通常会降低建筑外围污染物的散佚速度，如建筑内各种机械设备、建筑材料散发的微小颗粒物、挥发性气体和二氧化碳；由于坑内相对湿度较高，通风不畅，相对更容易滋生霉菌、蚊虫。因此酒店运行管理时需要引起注意，近崖壁区域需要强化自然通风。

3.2　酒店室内风环境模拟分析与改善

深坑酒店建设条件特殊，建筑一面沿岩壁建立，距离岩壁最近 2m，最远 20m，另一面朝向坑内保证有自然采光和通风；深坑这种独特的地理环境对室外与室内风环境均有较大的影响；其中所有的客房均位于地下（地下 1 ~ 14 层），地下室的客房做为本项目室内风环境的重点分析对象；通过 CFD 的科学模拟分析，对深坑的室外、室内风环境情况进行模拟得出项目设计情况，根据模拟结果以及通风的理论提出相应的可行方案；再通过 CFD 分析对不同的可行方案进行验证，找出室内风环境改善方案。

1. 风环境分析基础

1）室外风环境分析与测试情况

室外风环境是室内风的基础，故需先对室外风环境的情况进行说明。

实测风环境：课题组采用专业仪器，于夏季检测坑上与坑内的空气质量与风速对于当天大气风速，坑上风速最大值为 2.79m/s，坑内风速最大值 1.79m/s，平均风速也从 1.52m/s 降低到 1.10m/s。

标准数据：根据上海市《建筑环境数值模拟技术规程》DB31/T 922—2015 的风环境模拟基础边界条件数据，本项目后续计算均采用表 3.2-1 中的数据。

风环境模拟基础边界条件　　　　　　　　　　　　　　表 3.2-1

季节	主导风向	风速（m/s）
夏季	SE（东南）	3.1
冬季	NW（西北）	3.1
春季	ESE（东南东）	3.8
秋季	NNE（北北东）	3.9

2）室内风环境评价标准

指标 1：风速，评价室内活动高度的风速情况，按照不同的风速等级及对应的舒适度进行室内风速的评价（表 3.2-2）。

室内风速评价等级　　　　　　　　　　　　　　　　　　表 3.2-2

序号	风速（m/s）	温度下降幅度（人体感受）	舒适度影响
1	0.05	0	空气禁止，稍微感觉不舒适
2	0.20	1.1	几乎感觉不到风，但是舒适
3	0.41	1.9	可以感觉到风且舒适
4	0.82	2.8	感觉较大风
5	1.00	3.3	炎热干燥地区的良好自然通风风速
6	2.04	3.9	炎热潮湿地区的良好自然通风风速
7	4.60	5	室外感觉微风

指标 2：空气龄，空气质点自进入房间至到达室内某点所经历的时间。通常认为，空气龄小于300s，则室内空气品质较好，空气新鲜。尽量保证主要功能房间人员主要活动区域空气龄不大于300s。

指标 3：换气次数，按照《绿色建筑评价标准》GB/T 50738—2014 对自然通风的要求，公共建筑过渡季主要功能房间平均自然通风换气次数不小于 2 次 /h 即可满足要求。

2. CFD 模型、设置、计算方法

1）分析软件介绍

本次分析 CFD 软件采用绿建斯维尔通风软件 VENT，VENT 是一款为建筑规划布局和建筑空间划分提供风环境优化设计的分析工具，软件构建于 AutoCAD 平台，集成了建模、网格划分、流场分析和结果后处理。

室外：通过单体链接功能，单体一次计算多栋建筑室外通风并且批量提取门窗风压，再用于室内风环境计算；也可直接通过单体模型与场地体块模型进行分析直接得出室内外风环境结果。

室内：结合多区域网络法，快速提取整栋建筑换气次数，结果数据一键输出，得到大量便捷的达标判定图表和计算书。

2）室外分析物理模型

以建筑总平面图与地形图为基础进行场地模型建立，深坑周边分析范围无高层建筑，坑上的周边建筑对坑内影响较小；主要需要考虑的建模因素为本身地形以及项目自身体量。

3）网格构建

通过设置网格相关的基础参数软件进行自动划分。

软件按照标准推荐方法，自动划分的网格，规则建筑为结构化网格，非规则建筑则使用非结构化网格，目标建筑较远处网格稀松，目标近处网格加密，网格过渡，见图3.2-1。

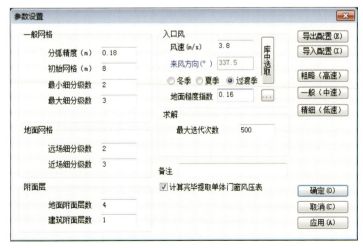

图 3.2-1　网格参数设置

4）边界条件

本项目中，入口边界条件主要包括不同工况下的风速和风向数据，其中入口风速采用下列梯度风：

$$V=V_{R}\left(\frac{Z}{Z_{R}}\right)^{\alpha}$$

式中　V，Z——任何一点的平均风速和高度；

　　V_{R}、Z_{R}——标准高度处的平均风速和标准高度值，自然风场的标准高度取 10m，此平均风速对应入口风设置的数值；

　　　　α——地面粗糙度指数，本项目取 0.15。

3. 室内风环境模拟分析

1）室内风环境分析 B10 标准层

模拟基本情况：春季工况下，客房外门全部开启，房门开启，走廊逃生通道门开启，大厅幕墙，走廊幕墙均关闭情况下，室内通风情况。标准层（B8）风速云图见图 3.2-2、标准层（B8）空气龄图见图 3.2-3。

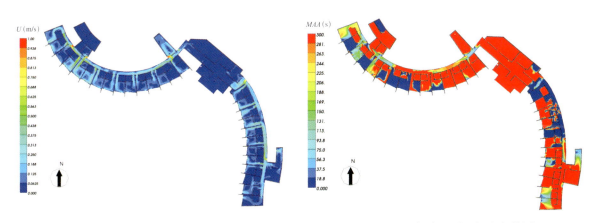

图 3.2-2　标准层（B8）风速云图　　　　图 3.2-3　标准层（B8）空气龄图

根据上述分析图可知：

（1）客房崖壁一侧，由于室外走廊及楼梯间靠崖壁一侧封闭，无通风门窗，不能形成较好的通风流通，仅临近逃生通道的客房可以形成穿堂风，空气流通性好。

（2）由于春季的主导风向与酒店位于坑内的综合因素，客房靠近坑内一侧风压为负值（室内默认为 0），靠近岩壁一侧风压大于坑内一侧，风向从崖壁往坑内一侧流通。

（3）卫生间由于只有单个自然通风口，空气流通不好，风速及换气次数较小。

（4）崖壁两侧为开敞，崖壁内有一定通风效果，崖壁可通过消防通道的开口与坑内客房形成穿堂风，客房的内门与外面为对角线，可加大流通区域范围。

（5）客房的风速大部分区域在 0 ～ 0.1m/s 属于基本无风的情况舒适度不好，入口区域在 0.1 ～ 0.2m/s 属于几乎感觉不到有风的舒适区域；走廊及少部分区域属于风速在 0.3 ～ 0.5m/s 可以感受到有风的舒适区域。

2) 不同层数风环境分析

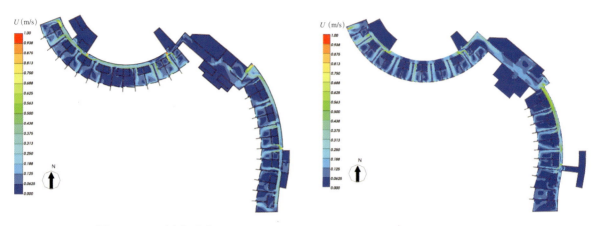

图 3.2-4　B2 风速云图　　　　　　　　　　图 3.2-5　B13 风速云图

　　通过上述分析，坑内靠上部楼层的由于室外风速大，风压比靠下部楼层的风速风压大，整个客房的室内风速、换气次数基本是越接近坑内越差。在外窗、客房门、消防走道门均开启的情况下；换气次数均可大于 2 次 /h 基本可满足绿建设计标准的要求；B2 的大部分客房室内空气龄小于300s，属于空气质量好的条件（图 3.2-4），B13 则大部分客房空气龄都大于 300s，室内空气质量不佳（图 3.2-5）。

　　3) 消防通道门未开启工况

　　目前分析工况，为客房外门开启，客房内门开启，但是走廊处的消防门未开启状态（图 3.2-6、图 3.2-7）。

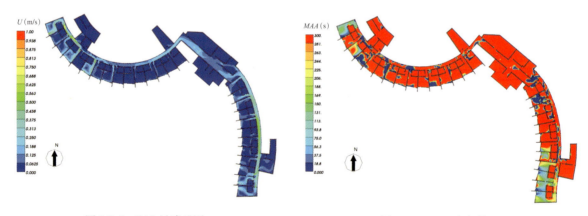

图 3.2-6　B10 风速云图　　　　　　　　　　图 3.2-7　B10 空气龄图

　　分析走廊外门关闭状态可知，走廊外门全部关闭后，由于无法两侧通风，所有房间风速、空气龄均下降约 30%。

4. 小结

　　由于深坑酒店自身位于坑内的特殊条件，过渡季室外风速较小，建筑表面相对风压小；加上建筑一侧靠崖壁，崖壁一侧几乎未设置开启，导致无法在室内形成良好的通风，如建筑穿堂风这样的效果。大多数房间无法在开启外门窗、房门情况下通过自然通风满足换气次数的要求。在过渡季需要通过新风满足对室内空气环境的要求。故考虑上述情况,建筑各个季节均需要空调系统运行,应尽量做好气密性的设计与施工;减少能耗通过建筑门窗缝隙流失。

3.3 酒店室内采光分析

深坑酒店建设条件特殊,主要对采光有需求的客房位于地下(地下 1 ~ 13 层),建筑主要朝向为南、西向;坑内客房靠近崖壁一侧没有自然采光,另外一侧朝向坑内自然采光较好,仅靠近坑内两翼的客房采光会受崖壁的遮挡影响;基于上述建筑条件,对地下典型标准层的采光情况进行分析,对本项目建筑采光有影响的条件主要有:建筑退台、崖壁遮挡、外窗透射比、各表面材料反射比;通过平均采光系数、眩光指数、三维采光分析对本项目采光情况进行评价。

1.分析方法

1)分析软件介绍

本次分析采用绿建斯维尔采光分析软件(DALI)作为分析工具,软件通过了《建筑采光设计标准》GB 50033—2013 标准编制组的测评,国内首款与国家标准《建筑采光设计标准》GB 50033—2013 配套的软件。软件采光系数计算支持模拟法、公式法和公式扩展法,本次分析采光模拟法。

模拟法以 Radiance 为计算核心,目前国际上大多数采光软件以 Radiance 为内核计算。Radiance 采用了蒙特卡洛算法优化的反向光线追踪算法,相对于光能传递算法来说光线追踪更适合于精确的建筑采光分析,国际上采光标准制定与论文基本上都采用 Radiance 进行模拟,该程序的分析计算结果受到广泛认可。

2)分析评价方法

(1)评价标准:根据《建筑采光设计标准》GB 50033—2013 的采光评价,主要通过采光系数对本项目的采光进行评价,另外眩光及三维照度分析图作为辅助分析。

(2)计算基础条件:全阴天模型,由于不同情况下天空条件大不相同;本项目主要通过全阴天情况进行评价。

(3)采光评价点:

采光系数:室内参考平面(0.75m)上的一点,由直接或间接地接收来自假定和已知亮度分布的天空漫射光而产生的照度与同一时刻该天空半球在室外无遮挡水平面上产生的天空漫射光照度之比。

平均采光系数:房间采光系数计算点的采光系数之和除以房间采光系数计算点个数的值。

不舒适眩光(窗):在视野中由于光亮度的分布不适宜,或在空间或时间上存在极端的亮度对比,以致引起不舒适的视觉条件。

采光均匀度:参考平面上的采光系数最低值与平均值之比。

2.模型与参数设置

1)分析物理模型

对于采光分析,首先对场地内的崖壁的遮挡影响进行建模,另外还需考虑建筑单体自身,露台、阳台的遮阳。

2）基础参数设置

（1）光气候区与天空模型

本项目位于上海，属于采光设计标准中的Ⅳ类光气候区，室外参考水平面设计照度为13500lx；采光系数模拟采用全阴天模型，特点为天顶到地平亮度逐渐降低，天顶处变化梯度大，顶部亮度为地平亮度1/3，各方位的亮度相同，是目前各类采光标准的常用评价指标。

（2）计算引擎

模拟法：Radiance软件是基于辐照度缓存技术，采用蒙特卡洛采样和反光线追踪算法，实现对物理真实环境的模拟。反光线追踪算法有别于传统由光源追至计算点的算法，先确定计算点，由计算点向光源进行反向光线追踪，在有限次数的反射追踪后，遇到光源就进行计算，没有遇到就归零，实际只计算可见点的辐亮度，无需计算不可见点，可大幅降低计算量。

（3）分析精度见表3.3-1。

网格分析精度　　　　　　　　　　　　　　　　表3.3-1

天空扫描精度	
窗网格化精度	200
方位角分隔数	36
高度角分隔数	18
网格参数	
网格大小	500mm
墙面偏移	250mm

（4）材料反射比见表3.3-2。

各表面反射比　　　　　　　　　　　　　　　　表3.3-2

饰面位置	反射比
顶棚	0.91（石膏板为主）
地面	0.15（深色地毯）
阳台	0.15（木地板）
内墙面	0.91（石膏板为主）
外表面	0.60（铝板、陶板为主）

（5）外窗参数设置见表3.3-3。

外窗参数设置　　　　　　　　　　　　　　　　表3.3-3

结构挡光系数	0.80
玻璃透射比	0.60
玻璃反射比	0.11

（6）眩光模拟条件

天空状态：CIE 全阴天空，室外照度 35000 lx。

周边环境：考虑分析区内的建筑物之间遮挡。

室内环境：忽略室内家具类设施的影响，只考虑永久固定的顶棚、地面和墙面等参数。

3. 室内采光分析结果

1）各层采光系数分析见图 3.3-1。

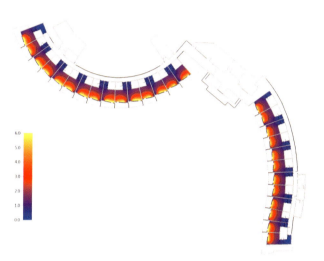

图 3.3-1　B2 层采光分析图

本次分析的 B2 层采光最好，客房的阳台遮阳挑出 2m 左右；朝南向一侧的客房大部分平均采光系数在 2.3 左右，其中最西侧的一个房间由于朝向偏差大采光系数 1.7，靠东侧整层建筑中间区域收到自遮挡影响平均采光系数降低到 2.0 左右；朝西向一侧的客房采光系数较差，基本在 2.0 左右。

客房部分南侧部分是自 B2 ～ B6 自上而下客房不断往外延伸，B7 ～ B13 客房不断往内缩。南侧 B7 层遮阳挑出 3.6m，东侧挑出 1m 左右；南侧客房采光系数基本在 1 ～ 1.5，阳台挑出平板遮阳的影响较大；朝西向的客房采光系数在 2.4 ～ 2.6，由于遮阳挑出距离减小，即使楼层所在高度降低，采光系数还是有所提升，见图 3.3-2。

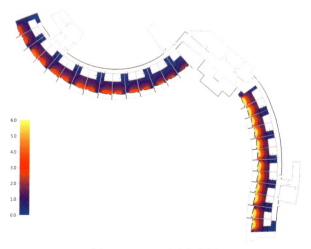

图 3.3-2　B7 层采光分析图

B13 朝南一侧为服务类的用房，开窗形式与客房不同，遮阳挑出距离在 3.6m，平均采光系数在 1.3 ～ 1.5；朝西一侧客房挑出 1.0m，平均采光系数 1.5 ～ 1.6，见图 3.3-3。

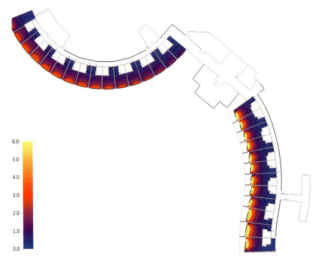

图 3.3-3　B13 层采光分析图

2）采光质量分析

通过对采光结果进行数据统计分析，以便更清晰了解房间内采光分布情况，根据采光系数大小将采光质量分为以下几个等级区间，见表 3.3-4。

采光质量分级表				表 3.3-4
采光质量	极差	差	一般	好	极好
采光系数	$C<0.5$	$0.5 \leqslant C<1$	$1 \leqslant C<2$	$2 \leqslant C<5$	$C \geqslant 5$

分析标准客房层 B8 的采光结果，对结果进行数据统计，可知各客房采光系数基本都在 1% ～ 2% 之间；该部分区间比例都在 40% ～ 50% 之间；其次采光系数分布区间为 2% ～ 5% 之间，比例在 20% ～ 30% 之间（图 3.3-4）。

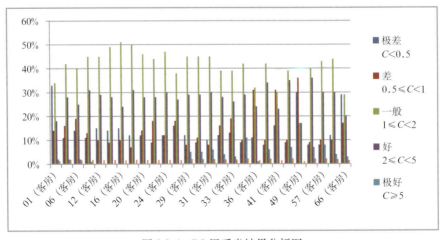

图 3.3-4　B8 层采光结果分析图

3）眩光分析见表 3.3-5。

标准层眩光指数与采光系数　　　　　　　　　　　　表 3.3-5

| | | 楼层 B8 | | | |
房间编号	房间类型	房间面积（m²）	眩光指数 DGI	采光系数	DGI 限值
9049	客房	32.83	15.5	1.09	
9041	客房	32.90	16.3	1.43	
9036	客房	30.02	16.3	1.56	
9033	客房	33.91	16.8	1.69	
9032	客房	31.83	17.2	1.84	
9030	客房	31.64	17.4	1.94	20（无感觉）
9062	客房	31.28	17.6	1.97	23（轻微感觉）
9057	客房	31.34	17.9	2.20	25（可接受）
9052	客房	31.90	17.9	2.20	27（不舒适）
9045	客房	31.79	18.3	2.17	28（能忍受）
9037	客房	32.10	18.2	2.14	
9034	客房	31.94	17.9	2.25	
9031	客房	33.84	18.1	2.02	
9029	客房	30.78	17.4	1.99	

根据上海地方标准《建筑环境数值模拟技术规程》推荐的参数：全阴天，35000lx 进行计算，房间的窗不舒适眩光均能满足"27"的标准要求，且能达到比标准要求高出不少达到"20"的较高要求。不同客房的眩光指数一般随采光系数增加而增大，亮度增大眩光更容易产生。

4）室内各层采光分析（三维彩图）

全阴天室内各层采光分析　　　　　　　　　　　　表 3.3-6

分析视角	全阴天，13500lx 情况下，客房各视角三维照度分析伪彩图、照度分析图	
	伪彩图	照度分析图
视角 1	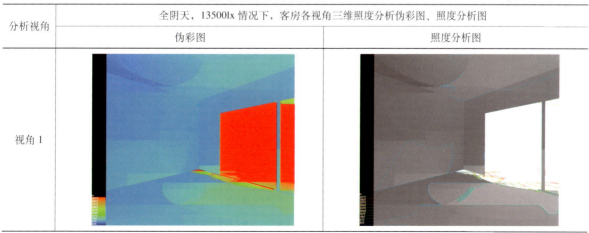	

续表

分析视角	全阴天，13500lx 情况下，客房各视角三维照度分析伪彩图、照度分析图	
	伪彩图	照度分析图
视角 2	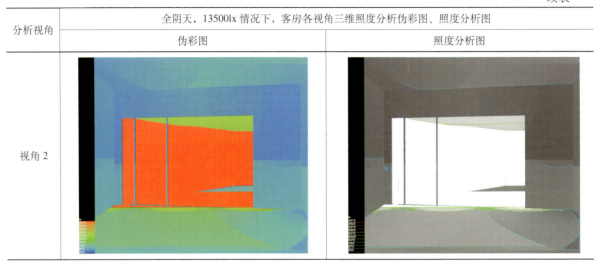	

根据表 3.3-6 分析：全阴天情况下，室外照度大于 4500lx，在 6000lx 左右；室内照度在 300 ~ 1200lx。

晴天室内各层采光分析   表 3.3-7

分析时间	春分晴天，9：00，12：00，16：00 客房各视角三维照度分析伪彩、照度分析图	
	伪彩图	照度分析图
9：00	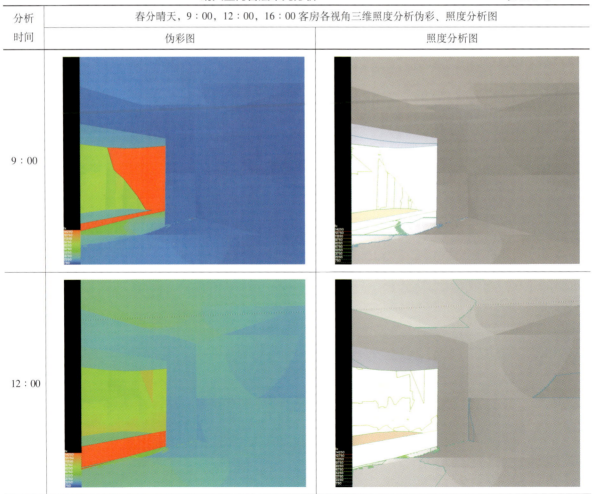	
12：00		

续表

分析时间	春分晴天，9∶00，12∶00，16∶00 客房各视角三维照度分析伪彩、照度分析图	
	伪彩图	照度分析图
16∶00	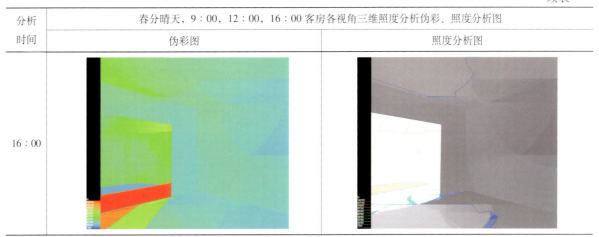	

春分作为典型气象日，晴天情况下，室外照度大于 15000lx，早上照度低，中午照度升高，由于阳台等遮挡中午式太阳高度角大，正午时刻并不是房间照度最大的时候，到下午太阳高度角降低，更多阳光能直射，漫反射进入室内时照度还会增加。室内照度可大于 750lx。晴天室内各层采光分析见表 3.3-7。

4. 结论

1）本项目客房各层采光系数基本在 1.5 以上；楼层高的部分采光系数能达到 2.2 以上，可满足标准要求；楼层往下由于建筑自身遮挡以及阳台挑出距离增加采光系数有所降低。

2）各房间的采光系数 1～2 的区间较多，约在 50%，都分布在外窗往内 2.5～5m；采光系数 2%～5% 的区域分布在外窗往内 2.5m。

3）眩光满足要求，房间中间点容易产生眩光。

4）晴天情况下，南向客房早上的照度相对不高，随着时间推移到下午 14∶00 左右室内照度一直属于升高，然后降低。

3.4　酒店室外日照与辐射照度分析

深坑酒店建设条件特殊，建筑根据岩壁走势建立，主要由两段弧形组成，中间由电梯大厅连接，其中一段弧形体量朝南，另一段朝西；朝南部分不受周边崖壁的日照遮挡，受朝西的部分建筑遮挡；朝西部分受到来自南侧崖壁的遮挡。下面通过日照分析了解各种情况下建筑的日照情况。

1. 日照分析基础

1）日照分析计算原理

日照分析的最基本原理是分析太阳的位置；根据《建筑设计资料集》提供的计算方法进行计算。

计算步骤：

（1）确定项目所在的经纬度、季节、时间。

（2）按照公式，计算得到太阳高度角和方位角。

太阳方位角计算：$\cos A = (\sin h \times \sin \varphi - \sin \delta) / (\cos h \times \cos \varphi)$

太阳高度角：$\sin h = \sin \varphi \times \sin \delta + \cos \varphi \times \cos \delta \times \cos t;$

日出时间与日落时间：$\cos t = - \mathrm{tg}\varphi \times \mathrm{tg}\delta$；

时角 $t = 15°$（$n - 12$）；n 为真太阳时。

（3）建筑日影图绘制：将太阳在天球上的运动轨迹以及天球上太阳高度角、方位角和时角的坐标投影到地面上，综合绘制而成的日照图即为太阳位置图。

2）日照分析方法

窗日照分析：目前窗日照主要计算 0.9m 窗台高度的窗中点是否有日照、窗两角点是否同时照射到。

建筑立面分析：通过立面的等时线表达日照在整个立面的分布情况。

日照连续性：通常受到周边影响，日照时间会不连续，一般连续时间 5min 以内的日照时间质量不佳应不计入。

扫掠角：一般标准规定扫掠角小于 15° 的日照不计算，当扫掠角过小时虽然窗上有日照，但是光线很难进入室内；这种日照质量较差的日照时间应不计入。

三维日照分析：通过伪彩图的方式，不同颜色代表日照时数，直观的表达建筑各立面的日照情况。

平面日照分析：有多点分析，分析 900mm 高度平面的日照情况，靠窗部分的日照情况判断最底层（不利条件）日照是否满足要求；当底层不是最不利条件时此方法无法全面评价建筑日照情况。

3）本项目日照评价标准

参考上海对住宅建筑的要求，本项目日照评价取冬至日满窗日照的有效时间不少于连续 1h。

2. 日照模型与计算方法

1）分析软件介绍

本次分析软件采用绿建斯维尔日照软件 SUN，产品构建于 AutoCAD 平台，主要为设计师提供日照定量和定性分析的专业工具。

特点：支持最新的国标《建筑日照计算参数标准》GB/T 50947—2014 及全国各地方标准。

提供丰富的方案优化功能，使用创新的优化算法，在满足日照时数及最大可建高度条件下，以递增建筑层方式获得最大建筑面积（容积率）；光线圆锥、绘切割器配合光线切割实现遮挡建筑动态切割；提供日照仿真直观查看日照状况。

提供全面的日照分析形式，从点、线、面、到三维：阴影轮廓、日照分析、线上日照、区域分析、等日照线等功能。

并提供太阳辐照分析，利用集热板的倾角和辐射分析计算集热需求，以及建筑和地面的辐射分析。

2）室外分析物理模型

采用体块命令建立周边地形崖壁的日照分析模型；酒店单体部分通过墙体、门窗、阳台进行更加精准的模型建立。

3）分析参数设置

累计方法：累计所有不小于 5min 的日照；日照窗采样：窗中点；有效入射角：15°。

3. 日照模拟分析

1）三维日照分析

分析春分、秋分、夏至、冬至的建筑表面日照时数，了解全年项目的日照情况，见图 3.4-1～图 3.4-5。

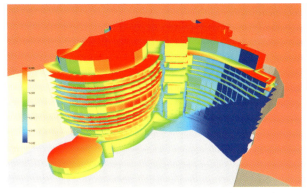 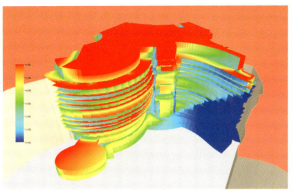

图 3.4-1　冬至日三维日照时数（考虑有效时间）　　　图 3.4-2　冬至日三维日照时数（不考虑有效时间）

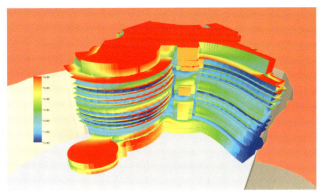 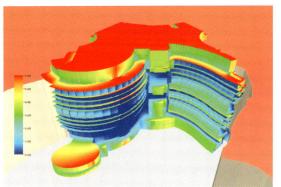

图 3.4-3　春分日三维日照时数　　　　　　　　图 3.4-4　秋分日三维日照时数

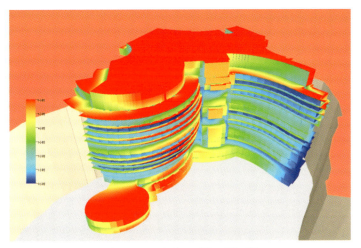

图 3.4-5　夏至日三维日照时数

2）窗日照分析

取其中 B13、B8、B2 的外窗进行分析与日照彩图的一致性。篇幅有限仅列出每一层的不满足外窗，客房，见表 3.4-1。可以看到，考虑有效日照时间，较多满足标准的客房数变为不满足。

冬至窗典型楼层，窗日照不满足统计分析　　　　　　表 3.4-1

层号	窗位	日照时间		有效朝向
		日照时间	最长有效连照	
B13	35 ~ 36	0	00：00	北偏西 82° 无有效时段
	39 ~ 40	0	00：00	北偏西 78° 无有效时段
	41 ~ 42	0	00：00	北偏西 73° 无有效时段
	45 ~ 46	0	00：00	北偏西 71° 无有效时段
	47 ~ 48	0	00：00	北偏西 76° 无有效时段
	51 ~ 52	0	00：00	北偏西 80° 无有效时段
	53 ~ 54	0	00：00	北偏西 85° 无有效时段
	57 ~ 58	0	00：00	北偏西 89° 无有效时段
	59 ~ 60	14：40 ~ 15：00	00：20	南偏西 86°　（13：30 ~ 15：00）
	63 ~ 64	14：30 ~ 15：00	00：30	南偏西 82°　（13：30 ~ 15：00）
	65 ~ 66	14：20 ~ 15：00	00：40	南偏西 76°　（13：30 ~ 15：00）
B8	47 ~ 48	0	00：00	北偏西 77° 无有效时段
	50 ~ 51	0	00：00	北偏西 73° 无有效时段
	52 ~ 53	0	00：00	北偏西 77° 无有效时段
	56 ~ 57	0	00：00	北偏西 82° 无有效时段
	98 ~ 99	0	00：00	北偏西 86° 无有效时段
	101 ~ 102	0	00：00	北偏西 73° 无有效时段
	105 ~ 106	0	00：00	北偏西 82° 无有效时段
B2	63 ~ 64	0	00：00	北偏西 86° 无有效时段
	65 ~ 66	0	00：00	北偏西 82° 无有效时段
	69 ~ 70	0	00：00	北偏西 77° 无有效时段
	71 ~ 72，75 ~ 76	0	00：00	北偏西 73° 无有效时段
	77 ~ 78	0	00：00	北偏西 77° 无有效时段
	81 ~ 82	0	00：00	北偏西 82° 无有效时段

根据窗户分析的结果，B13 层共计 11 个客房不满足日照要求，B8 层 7 个客房不满足，B2 层 7 个客房不满足日照要求，与前面的三维日照分析结果一致。

3）多点分析

-30m 位置，冬至日情况下，沿着崖壁南侧 20 ~ 30m 的范围收到遮挡无日照，故朝向西侧的客房存在大部分房间受遮挡，且楼层越低受影响越大，见图 3.4-6。

4）辐照与遮阳分析

从辐照分析来看，朝南的客房由于地下 1 ~ 6 层是自上往下往外的退台处理，阳台遮阳影响较小，辐照较大；地下 7 ~ 14 层客房开始逐渐往内缩的设计，建筑受自身遮阳影响较大，辐照小，

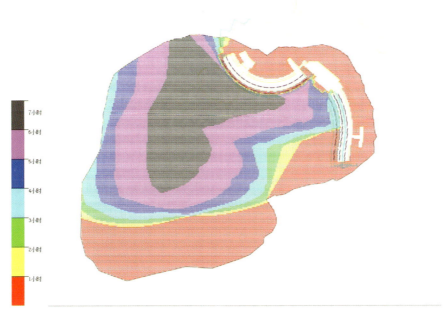

图 3.4-6　-30m 水平面日照分析图

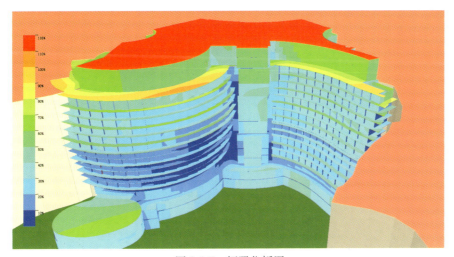

图 3.4-7　辐照分析图

见图 3.4-7。

4. 结论

1）冬至日朝西向的客房日照时数小于 1h，且越到坑底受崖壁遮阳影响越大，日照越差。

2）春分、秋分这种典型气象日，所有客房均能满足 1h 的日照要求；夏至日由于太阳高度角大，靠中间部分的楼层由于建筑形体内凹特点；受自身遮挡影响大日照小于 1h。

3）朝西向的客房由于太阳入射时间，有效入射时间为问题，日照质量不佳；有效日照时数几乎为 0。

4）从辐照分析来看，建筑自遮挡对辐照影响大。水平的阳台遮阳对辐照有一定效果。

3.5　酒店建筑隔声减振设计

本项目酒店声学设计主要包括：房间噪声设计、振动控制、隔声设计。

噪声设计包括：客房、套房、会议室、多功能厅、餐厅、办公室、大堂、厨房等房间的噪声控制，其中客房、会议室、多功能厅等对噪声要求较高，为需重点设计的区域。

振动控制：振动标准相对于一般人能感应到的振动来说，应达到基本上完全不能感受到的程度，与此同时，发出的结构噪声不能超过噪声价值 NC 35，把可听声范围中的空气声减至最小。同时，振动波幅也应满足建筑物振动的基本标准。本项目主要包括客房及各类机房的隔振设计。

隔声设计：根据不同房间对房间的噪声及隔声要求对酒店客房，机电房内的公共区域、办公等区域的各类门、隔墙、楼板提出隔声要求与设计方案。

1. 酒店声学设计分析小结

1）室内噪声标准，各功能房间室内声学设计要求见表 3.5-1。

各功能房间室内声学设计要求　　　　　　　　　　　　表 3.5-1

序号	功能区	NC	计权声压级（dBA）	500Hz 的混响时间
1	客房 / 套房 （风机盘管中风速于床侧）	27	34	0.5s
2	会议室	35	42	0.5 ~ 1.0s
3	多功能厅 / 宴会厅	35	42	1.0s
4	包间 / 水疗设施	38	45	—
5	室内游泳池	38	45	2.2 ~ 2.8s
6	西餐厅 / 水下餐厅 / 行政酒廊	38	45	1.6s
7	健身房 / 跳操	40	47	—
8	中餐厅 / 全日餐厅	40	47	1.6s
9	后勤办公室	40	47	—
10	公共区域： 酒店大堂 / 电梯厅 / 宴会前厅等	40	47	1.2 ~ 1.8s
11	后勤区域	45	52	—
12	厨房	50	57	—
13	机房	65	72	—

2）主要功能房间隔声标准

（1）实地隔声等级（Field Sound Transmission Class，FSTC）是设定空气噪声（air borne noise）在指定建筑材料的降噪（noise reduction）表现的一个单位。实地隔声等级越高，该建筑材料在实地声学测试中表现的减低声音传输 / 透射的效性则越高。

（2）客房 / 套房隔声标准，见表 3.5-2。

客房 / 套房隔声标准要求　　　　　　　　　　　表 3.5-2

位置	隔声要求	参考隔声量
客房大门	STC35	—
客房间墙	STC50	—
客房与公共走廊墙体	STC50	—
客房内间墙	—	FSTC42
客房相连门	STC43	FSTC48
楼板	—	FSTC50

（3）公众地区隔声标准，见表 3.5-3。

公众地区隔声标准要求　　　　　　　　　　　表 3.5-3

位置	隔声要求	参考隔声量
公众地区大门	—	FSTC 28 系统
公众地区的间墙	—	FSTC 48
宴会厅活动间墙	STC46	FSTC 45
楼板	—	FSTC 50

3）主要声学设计的具体规格

（1）间墙结构系统规格

墙体按照隔声要求主要分为四种类型，FSTC 55/ FSTC 48/ FSTC 45/ FSTC 42，下面以其中一种类型对其构造做法，声学要求进行具体说明，见表 3.5-4、图 3.5-1。

190mm 厚多孔混凝土空心砌块墙－隔声做法及要求　　　　　表 3.5-4

FSTC 55 墙体声学结构做法	隔声要求	
190mm 厚多孔混凝土空心砌块 + 两边各 15mm 灰泥 +10mm 厚隔振胶垫 + 50mm "C" 型龙骨内填吸音棉 + 2 层 12mm 厚石膏板	实验室测试值 STC 60	实地测试值 FSTC 50

（2）活动隔墙规格

活动隔墙主要由路轨系统、活动隔墙、缘密封设计组成下面对其具体规格进行说明：

① 活动隔墙须符合实验室测试的 STC 53 的隔声量，及安装后能提供 FSTC 45 的实地隔声量

② 活动隔墙表面须为布艺装饰面，具体之布艺及颜色须由建筑师 / 顾客作最后决定。

③ 活动隔墙上部位置（装饰天花与楼板之位置）必须加筑隔音墙，以确保活动隔墙的整体隔声量。

④为防止声学弱点于墙体上下及两侧影响活动隔墙的声学效能完整性，活动隔墙承包商必须提供位于墙体上下及两侧（或窗户竖框如适用）接口密封系统。

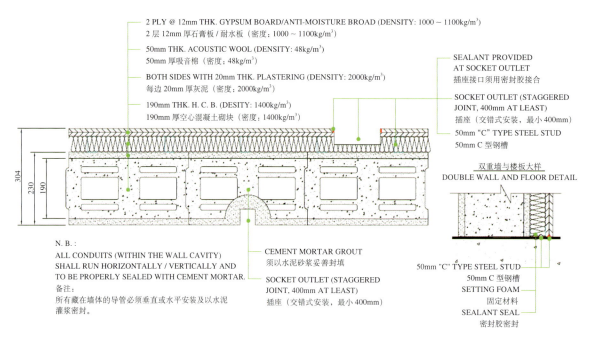

图 3.5-1　190mm 厚多孔混凝土空心砌块墙构造详图

（3）门规格

①门必须是 50 / 75mm 厚实心木门或铁门，配备围边隔声门封条及低阻力门底自动隔声门封条。

②客房相连门须为两扇 FSTC 45 的专业隔声门。

③客房大门须为 FSTC 35 的专业隔声门连隔声门封条。

④专业隔声门必须提供以下隔声量以达到实地隔声量的标准。

实心门、声学门封条设计见图 3.5-2。

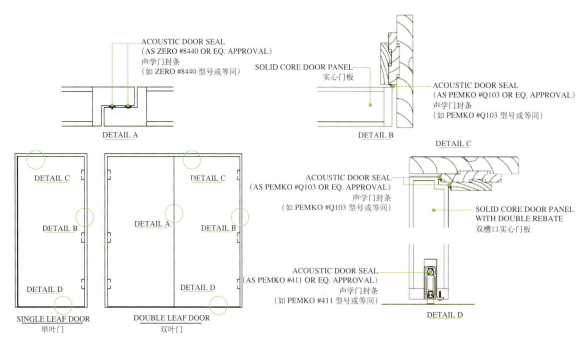

图 3.5-2　实心门 + 声学门封条设计

（4）浮动地台 / 底座规范规格

①浮动地台 / 底座是由自建筑结构楼面上的弹性层和浮动层组成。浮动层一般可由钢筋混凝土浇铸而成；或槽钢角马焊接而成，具体根据实际情况确定。浮动地台 / 底座实质就是将声源与建筑物隔离的积极隔振做法。

②阻尼隔振胶垫物理属性：

阻尼隔振胶垫为 75mm（L）×75mm（W）×49mm（H）的混合式橡胶（橡胶合成聚合物 + 软木填塞）。

③隔声要求见表 3.5-5。

<table>
<tr><td colspan="3" align="center">浮动地台隔声标准要求</td><td align="right">表 3.5-5</td></tr>
<tr><td>实验室隔声量（STC）</td><td>实地隔声量（FSTC）</td><td colspan="2" align="center">构件</td></tr>
<tr><td>80（+0 或 −3dB）</td><td>77（+0 或 −3dB）</td><td colspan="2">150mm 厚原楼面 +49mm 厚弹性层 +125mm 厚浮动层 +25mm 吸声棉</td></tr>
</table>

④应用位置：每层的新风机房、空调机房、污水处理间 / 污水处理机房、游泳池机房等有大型机组需要进行隔振处理房间。

（5）隔振地台

系统应用于客房、套房、餐厅，隔声要求见表 3.5-6、表 3.5-7。

<table>
<tr><td colspan="3" align="center">隔振地台隔声标准要求</td><td align="right">表 3.5-6</td></tr>
<tr><td></td><td align="center">构件</td><td colspan="2" align="center">声学要求</td></tr>
<tr><td>木地板系统</td><td>150 mm 厚混凝土楼板 + 系统一 + 木地板</td><td colspan="2">FSTC 55+ 及 FIIC 55</td></tr>
<tr><td>石材地板系统</td><td>150 mm 厚混凝土楼板 + 系统一 + 石地板</td><td colspan="2">FSTC 55-60 及 FIIC 60-65</td></tr>
</table>

<table>
<tr><td colspan="5" align="center">隔振地台撞击声标准要求</td><td align="right">表 3.5-7</td></tr>
<tr><td>频率</td><td>100Hz</td><td>125Hz</td><td>160Hz</td><td>200Hz</td><td>250Hz</td></tr>
<tr><td>标准撞击声压级（木地板系统）</td><td>52dB</td><td>54dB</td><td>53dB</td><td>53dB</td><td>53dB</td></tr>
</table>

2. 小结

1）在房间噪声设计上：对噪声要求高的客房，其室内空调机组噪声通过选型及消声器控制，排水管进行降噪处理，对噪声的房间隔墙进行隔声设计，风管 / 水管穿越墙体时，须妥善密封及加装套管；对噪声较大的机房进行全面的隔声、吸声设计。

2）在房间隔声设计上：针对不同房间的隔声要求，各类产生较大噪声的机房采用专业隔声门 FSTC 42 避免噪声传到公共空间，对于普通公共空间房间则采用普通隔声门 FSTC 28，对需要保持室内安静的客房选用专业隔声门 FSTC 35。

3）在房间隔振减振上主要针对大型设备房间及客房进行设计，客房地板采用地毯或者隔振地台降低楼板撞击声对客房的干扰；对于机房存在大型设备，采用浮动底座与浮动地台进行隔振。

第4章　深坑酒店疏散与建筑能耗分析

由于酒店位于坑内，面临特殊的地理位置环境，与传统的地上建筑的疏散、消防扑救方式不一样。在此采取 Massmotion 软件对酒店进行人流疏散模拟分析，分析主要人流集中区域的最佳疏散路径。并模拟分析了酒店客房的烟雾排放，为室内装饰选材提供设计依据。开展了全年建筑能耗模拟分析，在确保客房适宜舒适度的前提下追求建筑节能。

4.1　酒店消防疏散模拟分析

基于深坑酒店独特的地理环境，有必要进行消防人流疏散模拟。深坑酒店的人流疏散属于群集行为，发生火灾时由于人群密集、相互干扰，导致在人流疏散过程中行进速度缓慢。开展消防疏散模拟，找出最佳疏散路径，对实现最短时间安全疏散人员具有重要的意义。酒店设置室外消防楼梯一部。室内设置四部消防电梯，出现险情特殊情况至少能有两部消防电梯使用。

（注：本节内容只是软件模拟分析疏散路径，具体的消防设计和执行以消防验收意见为准）

1. 软件介绍

采用 MassMotion 仿真软件进行深坑酒店人流疏散模拟。MassMotion 是一款行人模拟和人群分析的仿真软件，主要用于对复杂环境人群疏散的仿真分析。

MassMotion 软件可以比选不同的疏散路线，从而选出最佳的疏散路线，最大程度减少损失，也便于设计师对项目方案进行优化。

2. 场地人流疏散模拟分析

1）参数设置

《建筑设计防火规范》GB 50016—2014 的 5.1.1 条规定：民用建筑应根据其建筑高度、规模、使用功能和耐火等级等因素合理设置安全疏散和避难设施。安全出口门的位置、数量、宽度及疏散楼梯间的形式应满足人员安全疏散要求。规范 5.5.8 条规定：公共建筑内的每个防火分区或一个防火分区的每个楼层，其安全出口的数量应经计算确定，且不少于 2 个。深坑酒店消防设计满足现行国家规范要求。

将深坑酒店的 BIM 模型导入 MassMotion 软件中，设置各功能房间的人数、起点和终点等参量。各层所需人员数量设置均按最不利人数，客房人数为客房数量的 2.5 倍，主要人流较密集区域如宴会厅设置人数为 200 人，游泳池设置人数为 50 人。酒店设置总人数包括工作人员，见表 4.1-1。

软件分析设置总人数简表　　　　　　　　　　　　　表 4.1-1

楼层	疏散人数（人）	情况说明
F02	160	会议室＋机房＋餐厅等活动区，分别人数为 60+5+95
F01	375	宴会厅人数 200，餐厅人数为 75 人，客人及工作人员在 F01 部分人数为 100 人
B01	145	设酒店工作人员及工程师在 B01 部分人数为 75 人
B02 ~ B12	70	每层客房为 27 间，设每间人数为 2 ~ 3 人，加上工作人员取饱和值为 70 人
B13	70	客房＋水疗室，客房为 16 间人数为 40 人；水疗室为 10 间人数为 30 人
B14	120	游泳池部分人数 50，客房部分人数为 70 人
B15	100	客房＋活动区，客房为 12 间人数为 30 人，包间部分活动区域及水下餐厅人数为 70 人
B16	15	该层为机房层，人数较少为 15 人

注：以上各层总人数均包含工作人员；以最不利情况考虑分析，设酒店入住率百分百。

2）F01 人流疏散模拟及分析

深坑酒店 F01 主要使用功能区域为宴会厅、酒店大堂、全日餐厅、会议室等房间，属人流密集的区域，疏散出入口分布在酒店 F01 的疏散口一、疏散口二、疏散口三和室外露台等，酒店疏散口三是消防车回车场地。为不影响消防人员进场救援，以就近原则，建议主要疏散出口为疏散口一、疏散口二。经模拟人员分布热量图示情况如图 4.1-1、图 4.1-2 所示。

图 4.1-1　深坑酒店 F01 人员分布热量平面图　　　图 4.1-2　深坑酒店 F01 人员分布热量三维图

酒店 F01 共设置 6 处疏散出口，分散在各个角落，平面布置合理，每个疏散楼梯都与疏散出口相邻，宴会厅人员往酒店的疏散口一、疏散口二疏散，工作区域的工作人员往就近疏散口疏散。最佳疏散路线见图 4.1-3 所示。

分析：通过软件模拟，酒店 F01 宴会厅及办公区域最佳疏散路线如图 4.1-3 所示，宴会厅最佳疏散口为主要疏散口一和主要疏散口二，疏散口二为最近疏散路线；办公区最佳疏散口为疏散口三及消防员进场区和室外露台，疏散口为最近疏散路线，但该疏散口为消防员进场区，为了避免与消防员冲突疏散，建议往室外露台方向疏散。

（1）B07 人流疏散模拟及分析

深坑酒店 B07 主要使用功能区域为客房区，人流较为分散，酒店设置了四条疏散楼梯以及一条通往室外的消防楼梯。消防楼梯间的距离相对平均，有利于人员分散疏散。根据 MassMotion 模型计算，经模拟人员分布热量情况如图 4.1-4、图 4.1-5 所示。

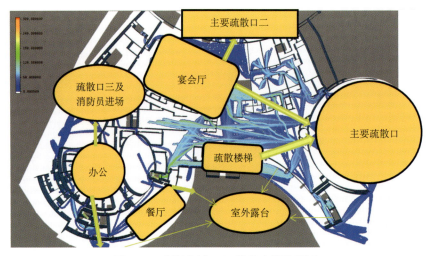

图 4.1-3　深坑酒店 F01 推荐疏散路线图

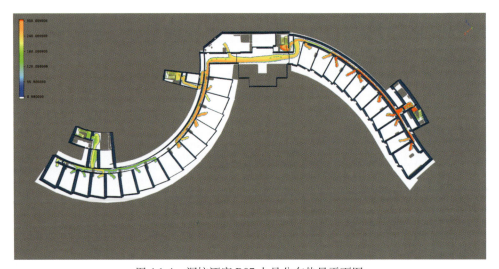

图 4.1-4　深坑酒店 B07 人员分布热量平面图

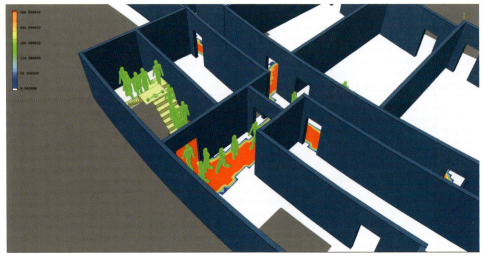

图 4.1-5　深坑酒店 F01 人员分布热量三维图

通过考虑人流互相拥挤与人行走速度的情况下，得出结论：B07 通过消防楼梯疏散到达地面一层最后通过出口处的时间为 1'40"。酒店 B07 设置四个消防楼梯及一个室外消防楼梯通往地面，平面布置合理，每个疏散楼梯都与疏散出口相邻，客房人员均往近点楼梯疏散。建议疏散路线如图4.1-6所示。

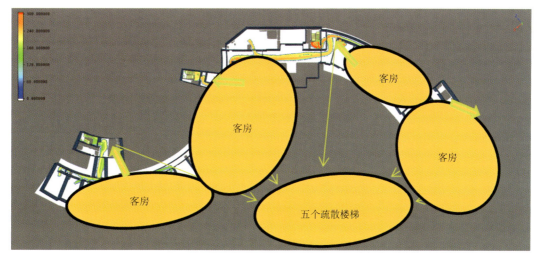

图 4.1-6　深坑酒店 B07 疏散路线图

分析：酒店 B07 客房区域最佳疏散路线如图 4.1-6 所示，客房区最佳疏散口为距离客房最近的消防楼梯，即四个室内消防楼梯与一个室外消防楼梯，因室外消防楼梯兼消防员进场使用，所以建议往四个室内疏散楼梯疏散。

（2）B15 人流疏散模拟及分析

深坑酒店 B15 主要使用功能区域为客房区、活动区，酒店设置了四条疏散楼梯以及一条通往室外的消防楼梯。室外有一条观景平台，发生火灾时可供疏散安置点使用，如十五层以上楼层人员逃生到观景平台，可通过室外消防楼梯到达，经模拟人员分布情况如图4.1-7、图4.1-8所示。

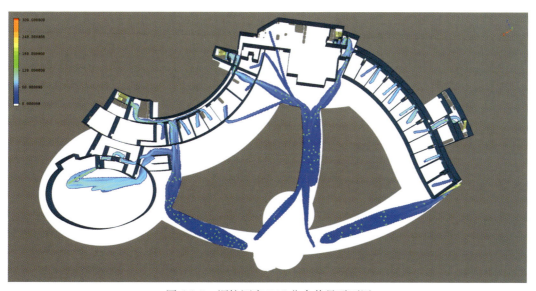

图 4.1-7　深坑酒店 B15 分布热量平面图

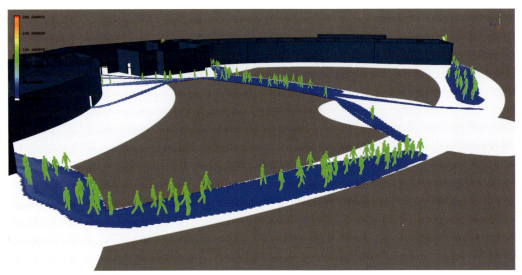

图 4.1-8　深坑酒店 B15 人员分布热量三维图

酒店 B15 发生火灾等灾难可疏散至室外观景平台，B13 ~ B16 因距地面一层较远，也可疏散至室外观景平台，也可往就近的楼梯疏散。B15 最佳疏散路线见图 4.1-9。

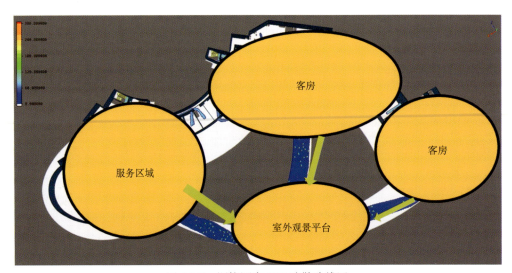

图 4.1-9　深坑酒店 B15 疏散路线图

分析：通过软件计算，酒店 B15 客房及活动区域最佳疏散路线如图 4.1-9 所示，客房区与服务区域最佳疏散口为室外观景平台，客房区均通过最近消防门到达室外观景平台。

（3）人流模拟计算小结

通过软件模拟计算，对人流进行分析，红色为人流密集区域，蓝色为人流稀疏区域。各层疏散人员情况如图 4.1-10、图 4.1-11 所示，可扫描二维码观看模拟疏散视频。人员疏散进行到 1' 时，人流密度达到最高值，此时人流主要集中在四个室内消防楼梯处，地下十二层人员往上疏散，随后人流密度逐渐减小，人流疏散进行到 10'30" 时疏散完毕，如图 4.1-12 所示；人员疏散前 1' 时，人流速率达到最高，因人流拥挤，速率逐渐下降，人流疏散进行到 10'30" 时疏散完毕，如图 4.1-13 所示。

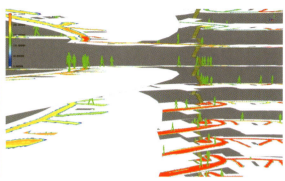

图 4.1-10 深坑酒店人流疏散立体图示   图 4.1-11 人流疏散详图

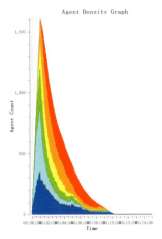

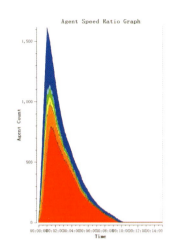

图 4.1-12 人流密度显示图   图 4.1-13 人流速率显示图

3. 小结

通过实测与模拟分析，在不考虑人流互相拥挤与人是否保持匀速的情况下，坑内地下十二层楼梯到达地面一层的速度为 10s/ 层，人员疏散完毕大约需要 15min。酒店东南角区域消防疏散楼梯距离酒店疏散出口最近，也是最容易出现拥挤的区域。客房阳台间的分户隔断玻璃为单片易击碎玻璃，客人可以击碎阳台隔断玻璃，通过阳台从临近未着火客房疏散。酒店地下十二层以上楼层应往上疏散，根据逃生路线有序行进，到达地面层应尽快往室外疏散；地下十三层至地下十六层可疏散至室外观景平台。

考虑到人员反应时间、人流密度、行进路线上阻碍的墙体等因素，设计疏散路线通过 MassMotion 软件得出用时最短效果最佳的一条疏散路线，得出结论为：在 1'10" 时，各楼层需要通过消防楼梯疏散的人员均已到达楼梯区域；在 10'30" 时，酒店所有人员均疏散至室外。通过模拟分析，计算出最佳疏散路线以及所需的疏散时间，对于深坑酒店人员疏散工作组织具有一定参考价值。

4.2　酒店烟雾模拟分析

本项目在位于佘山附近的深坑中，周边条件较为复杂，对于防火的要求更高。本次采用火灾模拟软件 FDS（Fire Dynamics Simulator），建立三维分析模型对深坑酒店的标准间火灾进行数值仿真模拟分析。根据模拟试验所得结果和数据,分析了深坑酒店的标准间发生火灾时烟气运动、温度分布和能见度的变化规律。

1. 火灾模拟软件 FDS 的概况

FDS 软件是专门针对火灾相关的流体流动的计算流体动力学(CFD)软件。该计算机程序以数值方式解决适用于低速热驱动流动的 Navier-Stokes 方程式的大涡模拟形式,强调火灾产生的烟气和热量传输,描述火灾的演变过程。FDS 软件可以模拟建筑发生火灾时的烟雾的浓度和温度的变化规律;通过对火灾事故进行模拟可以预防房间内的火灾事故发生概率达到保护人员安全和节约成本的目的。同时可以根据模拟的结果,进行分析从而评估该建筑的安全性。

2. FDS 建模

1)建模分析

根据深坑酒店的建筑图纸,选取某个标准客房作为本次分析对象,如图 4.2-1 所示。这个客房平面上存在两条弧线,比较难处理,因此本次建模采用以直代曲的方法。

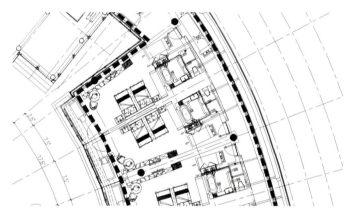

图 4.2-1　深坑酒店标准房间的平面布局

标准客房的尺度为 10.4m(深),4.5 m(宽)×3 .6m(高),最小网格为 0.1× 0.1 × 0.1,网格数量为 98000 个。在模型中取 0.3×0.3 大小的面作为起火源,起火源位于房间内部沙发座椅的表面,热释放速率为 1000 kW/m^2,模拟时间为 300s,具体模型如图 4.2-2 所示。

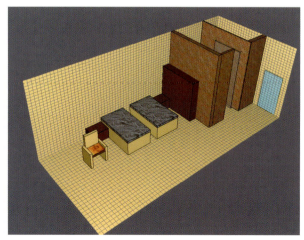

图 4.2-2　深坑酒店标准间的三维火灾分析模型

2）模型试验方案设置

假设客房的外窗处于关闭状态。房间隔墙设置为 0.2 m 厚度混凝土。房间内床头柜，桌子设置为黄松木。房间布置两张单人床，尺寸为 2m×2m。被子按照 0.2m 厚泡沫计算。火灾场景为沙龙着火。

为了后期观察房间内部的各项物理参数的变化，在房间内设置靠窗位置和外门附近位置设置 2 个虚拟传感器。房间内感烟探测器位置为 X =4.5 m，同时在沙发的正上方设置 5 个热电偶。模拟时间为发生火灾后的 300s。

3）模拟试验结果与分析

（1）烟气浓度

根据火灾领域的相关研究表明，火灾中有近 70% 的伤亡是由吸入过量的高温烟气所致。因此，在本次分析中应高度重视烟气的变化规律，如图 4.2-3 所示。

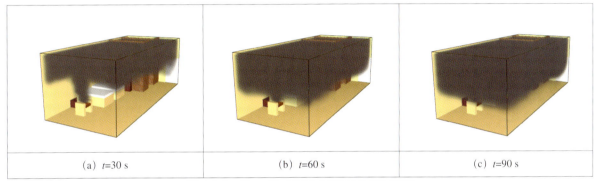

| (a) t=30 s | (b) t=60 s | (c) t=90 s |

图 4.2-3 30s、60s 和 90s 时房间的烟气浓度

模拟结果表明，火灾形成的烟气在房间内流动状态接近于受限射流模式。在火灾初期，由于烟气密度比冷空气密度小，烟气垂直上升，到达吊顶后，沿着水平方向吊顶快速扩散至整个吊顶，由于前后左右墙壁的限制，烟气向下填充，在室内上空形成热烟气层；随着火势的增大，烟气层逐渐变厚，最后充满整个室内空间。

以正常成年男子鼻子的呼吸高度 1.5m 为监视面，发现房间能见度在火灾发生的前 30s 变化剧烈。t=10s，房间有 60% ~ 70% 的面积能见度是很好的。t=30s，房间 90% 以上的区域能见度很差，不够 1m，无法满足消防逃生的最低要求。

图 4.2-4 显示在 30s 后时，烟气浓度已经很高，能见度在房间内和走道几乎都在 3 m 以下。

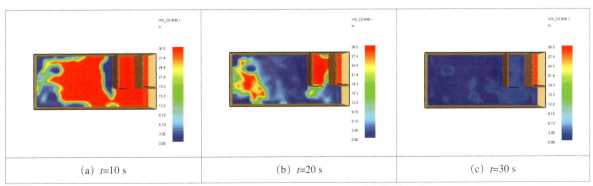

| (a) t=10 s | (b) t=20 s | (c) t=30 s |

图 4.2-4 1.5m 高度 10s、20s 和 30s 时房间能见度

（2）温度

试验中在房间内 Z =0.6m、0.8 m、1.2 m、1.6 m 和 2.4m 的高度上布置 5 个热电偶。由图 4.2-5 温度模拟结果可知：温度在纵向方向变化趋势基本相同，火灾初期 10s 内，释放热量有限，温度上升缓慢；随着燃烧加剧，温度梯度迅猛增大。如果模拟时间足够长，则随着燃烧物消耗殆尽，温度会逐渐下降到环境温度。

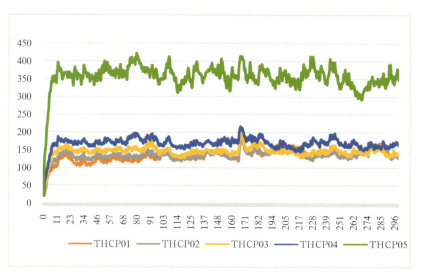

图 4.2-5　不同高度热电偶的温度模拟结果

THCP01 为沙发最近的探测点，在 0 ～ 20s 内，温度上升至 400℃，随后在 300 ～ 400℃ 之间波动。THCP02-05 的变化趋势与 THCP01 类似，但峰值温度较低，在 100 ～ 200℃ 之间波动。

（3）火焰

在模拟中可以看到，在 60s 左右时，火焰在竖直方向到达吊顶。随后开始向水平方向蔓延（如图 4.2-6 所示）；到达 120s 时，可燃物还在加剧燃烧，火焰已经蔓延到整个空间，形成了立体燃烧。

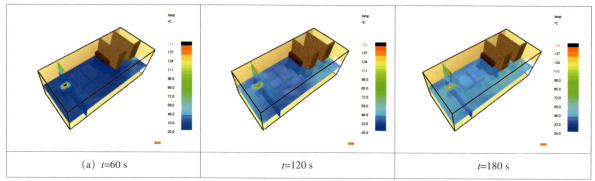

| （a）t=60 s | t=120 s | t=180 s |

图 4.2-6　60s、120s 和 180s 火焰蔓延情况

3. 小结

酒店标准间如果发生火灾，由于房间空间较为狭小，烟气会在短时间内很容易积聚，并难以消散。房间内的温度和氧气浓度会在较短时间内对生命安全产生威胁，因此火灾发生后人员应该迅速撤离。发生轰燃之前是最佳的灭火时机，时间大约为 2min。

4.3　深坑酒店全年能耗模拟分析报告

1. 计算气象数据

上海的气候特点属北亚热带季风气候，四季分明，日照充分，雨量充沛。上海气候温和湿润，春秋较短，冬夏较长，年平均气温 16℃ 左右。全年无霜期约 230 天，年平均降雨量在 1200mm 左右。全年逐时温度变化如图 4.3-1 所示，全年逐时相对湿度变化如图 4.3-2 所示。

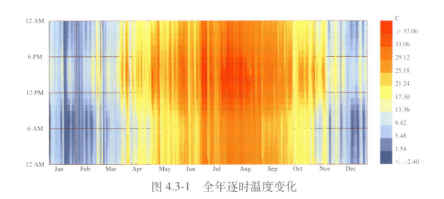

图 4.3-1　全年逐时温度变化

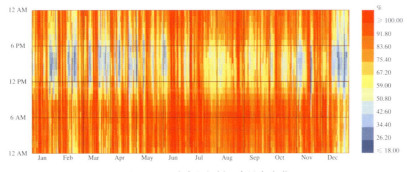

图 4.3-2　全年逐时相对湿度变化

依据暖通设计说明及《民用建筑供暖通风与空气调节设计规范》GB 50736—2012 附录 A 室外空气计算参数如表 4.3-1 所示。

设计气象参数　　　　　　　　　　　　　　　　　　　　表 4.3-1

项目	夏季	冬季
大气压力（hPa）	1005.4	1025.4
空气调节室外计算干球温度（℃）	34.4	-2.2
通风室外计算干球温度（℃）	31.2	4.2
室外计算湿球温度（℃）、相对湿度（%）	27.9	75%
室外平均风速（m/s）	3.1	2.6
主导风向	SE	NW

本项目主要基于深坑酒店的高标准绿色节能目标，依据建筑施工图纸、设计说明。

2. 计算方法

1）计算软件

本项目中将采用逐时能耗分析软件 OpenStudio（版本号：2.1.0）。该软件采用的计算内核是 EnergyPlus。

2）计算模型及设置

根据设计单位提供的施工图设计资料和建筑节能报告书，建立设计模型，采用上海市的全年 8760h 天气参数进行能耗模拟，能耗分析模型如图 4.3-3 所示。

图 4.3-3　深坑酒店能耗分析模型

3. 模拟参数设置

1）围护结构热工参数

设计负荷模型根据建筑实际设计的围护结构结构参数进行设置。外墙主要保温材料为岩棉带、岩棉带组合板，屋顶主要保温材料为泡沫玻璃，楼板主要保温材料为无机保温砂浆，外窗为金属隔热型材 5Low-e+12Ar+5（中透光，离线双银）。本项目围护结构热工参数见表 4.3-2。

本项目围护结构热工参数　　表 4.3-2

围护结构部位	参照建筑传热系数 k 单位：W/（m²·K）	设计建筑传热系数 k W/（m²·K）
屋面	0.50	0.48
外墙（包括非透光幕墙）	0.80	0.68
底部接触室外空气的架空楼板或外挑楼板	0.70	0.78
供暖空调房间与非供暖空调房间之间的隔墙	2.00	1.60
供暖空调房间与非供暖空调房间之间的楼板	2.00	2.12
凸窗不透明板	2.00	—
非透明外门	2.20	2.00

续表

围护结构部位				参照建筑传热系数 k 单位：W/（m²·K）			设计建筑传热系数 k W/（m²·K）	
空调与非空调区域的透明分隔门				3.50			—	
空调与非空调区域的非透明分隔门				2.50			—	
外窗（包括透光幕墙）	朝向	立面	窗墙面积比	传热系数 kW/（m²·K）	遮阳系数 SW	窗墙面积比	传热系数 kW/（m²·K）	遮阳系数 SW
单一立面外窗（包括透光幕墙）	东	立面 1（南偏东 45°）	0.30＜窗墙面积比≤0.40（0.38）	2.0	0.40	0.38	2.1	0.39
		立面 2（南偏东 80°）	窗墙面积比≤0.30（0.30）	2.0	0.45	0.30	2.1	0.40
		立面 3（北偏东 73°）	0.40＜窗墙面积比≤0.50（0.47）	2.0	0.35	0.47	2.1	0.40
	南	立面 4（南偏东 14°）	0.30＜窗墙面积比≤0.40（0.40）	2.0	0.40	0.40	2.1	0.35
		立面 5（南偏西 14°）	0.40＜窗墙面积比≤0.50（0.41）	2.0	0.35	0.41	2.1	0.34
	西	立面 6（南偏西 47°）	0.30＜窗墙面积比≤0.40（0.37）	2.0	0.40	0.37	2.1	0.36
		立面 7（南偏西 74°）	0.50＜窗墙面积比≤0.70（0.51）	1.8	0.30	0.51	2.1	0.33
		立面 8（北偏西 80°）	0.40＜窗墙面积比≤0.50（0.46）	2.0	0.35	0.46	2.1	0.34
	北	立面 9（北偏西 44°）	窗墙面积比≤0.25（0.22）	2.2	—	0.22	2.2	0.44
		立面 10（北偏东 45°）	窗墙面积比≤0.25（0.13）	2.2	—	0.13	2.1	0.40
		立面 11（北偏西 15°）	窗墙面积比≤0.30（0.28）	2.2	—	0.28	2.1	0.40
		立面 12（北偏东 14°）	0.30＜窗墙面积比≤0.40（0.38）	2.0	0.50	0.38	2.1	0.40
屋顶透光部分			面积比≤0.20（0.01）	2.20	0.30	0.01	2.20	0.30

2）室内设计参数

各主要房间的室内空调设计参数如表 4.3-3 所示。

主要房间室内空调设计参数及相关指标　　　　　　　　表 4.3-3

房间用途	是否空调	累积面积（m²）	室内设计温度（℃）		人均使用面积（m²/人）	照明功率（W/m²）	电器设备功率（W/m²）	新风量（m³/hp）
			夏季	冬季				
普通办公室	是	1120.9	26	20	10	9	15	30

续表

房间用途	是否空调	累积面积（m²）	室内设计温度（℃）		人均使用面积（m²/人）	照明功率（W/m²）	电器设备功率（W/m²）	新风量（m³/hp）
			夏季	冬季				
客房层走廊	是	8246.96	25	22	25	7	15	30
客房	是	12545.8	25	22	25	7	15	30
中餐厅	是	3317.89	25	22	25	7	15	30
酒吧间、咖啡厅	是	259.23	25	22	25	7	15	30
多功能厅、宴会厅	是	1091.91	25	22	25	7	15	30
大堂	是	1370.6	25	22	25	7	15	30
厨房	是	1098.55	25	22	25	7	15	30
走道、楼梯间	是	3354.93	26	20	10	9	15	30
休息厅	是	223.82	25	22	25	7	15	30
会议室	是	420.79	26	20	10	9	15	30
一般室内商业街	是	99.93	25	18	8	10	13	30
其他	否	累积面积：24535.8m²						
合计空调房间面积（m²）		33151.3	合计非空调房间面积（m²）				24535.8	

3）负荷计算结果分析

根据上海的气象参数，设定设计日室外气象参数，计算设计日冷热负荷。设计日室外气象条件为，夏季空调室外计算干球温度为33.7℃，湿球温度为31.2℃；冬季空调室外计算温度为6℃。空调制冷时间表从5月1日到9月30日，空调制热时间表从11月1日到12月31日以及1月1日到3月31日，4月和10月为过渡季节，不开启空调。设计模型的全年动态负荷如图4.3-4所示。该空调负荷包括建筑围护结构负荷、照明负荷、办公设备负荷、人员负荷以及新风负荷。

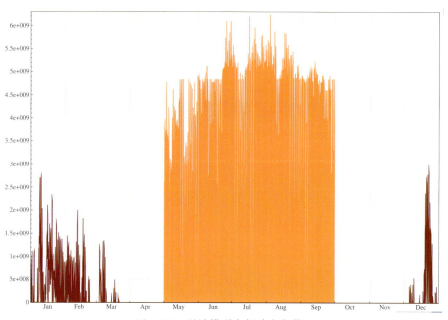

图4.3-4 设计模型全年动态负荷

设计日，全年最大热负荷值为 2951.1kW，出现时刻为 12 月 23 日上午 12 时，折合单位面积热负荷为 50.82W/m²；设计模型最大冷负荷为 6585.6kW，出现时刻为 7 月 21 日上午 6 时，折合单位面积冷负荷为 113.41W/m²。

4. 供暖、通风与空调系统能耗

为计算本项目供暖、通风与空调系统能耗的降低幅度，优化前后的参照系统和实际系统，围护结构、设计参数、模拟参数（运行时间表、内部负荷等）的设置一致。围护结构均采用实际设计的参数。参考系统冷热源形式与实际建筑的形式一致。

1）空调系统形式

设计模型与基准模型的空调系统形式及参数对比如表 4.3-4 所示。根据《公共建筑节能设计标准》GB 50189—2015 的要求，基准模型定风量空调末端单位风量耗功率取 0.48W/（m³/h）。

<table>
<tr><td colspan="3" align="center">空调系统设计参数表</td><td align="right">表 4.3-4</td></tr>
<tr><td>HVAC 系统</td><td colspan="2" align="center">设计模型</td><td align="center">基准模型</td></tr>
<tr><td>系统描述</td><td colspan="2" align="center">大堂、餐厅：单风道定风量系统
客房：风机盘管＋独立新风</td><td align="center">大堂、餐厅：单风道定风量系统
客房：风机盘管＋独立新风</td></tr>
<tr><td>供热设定温度</td><td colspan="2" align="center">商业 18℃
办公 20℃
客房 20℃</td><td align="center">商业 18℃
办公 20℃
客房 20℃</td></tr>
<tr><td>制冷设定温度</td><td colspan="2" align="center">商业 26℃
办公 26℃
客房 26℃</td><td align="center">商业 26℃
办公 26℃
客房 26℃</td></tr>
<tr><td>供热与制冷月份</td><td colspan="2" align="center">供热：11 月 1 日 -12 月 31 日、1 月 1 日～3 月 31 日
制冷：6 月 1 日～9 月 30 日</td><td align="center">供热：11 月 1 日 -12 月 31 日、1 月 1 日～3 月 31 日
制冷：6 月 1 日～9 月 30 日</td></tr>
<tr><td>冷热源</td><td colspan="2" align="center">冷源：2 台 1230kW 离心式冷水机组，3 台 3165kW
离心式冷水机组
热源：油气两用锅炉</td><td align="center">同设计模型</td></tr>
<tr><td>性能系数</td><td colspan="2" align="center">离心式水冷冷水机组：COP=6.1；锅炉效率：94%</td><td align="center">离心式水冷冷水机组：COP=5.1；锅炉效率：89%</td></tr>
<tr><td>冷冻水供回水温度</td><td colspan="2" align="center">7℃ /12℃</td><td align="center">7℃ /12℃</td></tr>
<tr><td>冷却塔</td><td colspan="2" align="center">变频风扇，0.01 EIR</td><td align="center">定频风扇，0.01 EIR</td></tr>
<tr><td>冷冻水泵</td><td colspan="2" align="center">变频</td><td align="center">常规</td></tr>
<tr><td>热水供回水温度</td><td colspan="2" align="center">50°／40℃</td><td align="center">50°／40℃</td></tr>
<tr><td>热水泵</td><td colspan="2" align="center">变频</td><td align="center">常规</td></tr>
</table>

2）全年能耗分析

本项目建筑能耗模型动态分析的能耗系统包括燃气、照明、设备、冷水机组、水泵、风机、冷却塔。各个部分所消耗能源（电量与燃气）的总和为整个项目的能耗总和。

（1）空调、采暖、照明、设备能耗

建筑能耗模型包含空调、采暖、水泵、风机、照明和设备能耗，采暖能耗将天然耗量（m³）折算为电量（kW·h），计算结果如表 4.3-5 所示。

建筑能耗计算表 表 4.3-5

项目	设计模型	基准模型
制热（kW·h）	1067821	1263217
制冷（kW·h）	1860439	2122231
风机（kW·h）	260460	821049
水泵（kW·h）	558384	689588
冷却塔（kW·h）	411271	367588
照明（kW·h）	1852309	1852309
设备（kW·h）	4899367	4899367

（2）分项能耗分析

设计模型中空调系统各分项能耗所占比例为：制冷 45%，制热 26%，冷却塔 10%，水泵 13%，风机 6% 如图 4.3-5 所示。

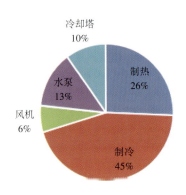

图 4.3-5　设计模型空调系统百分比

基准模型中空调系统各分项能耗所占比例为：制冷 45%，制热 26%，冷却塔 10%，水泵 13%，风机 6% 如图 4.3-6、图 4.3-7 所示。

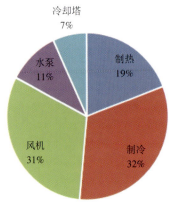

图 4.3-6　基准模型空调系统百分比

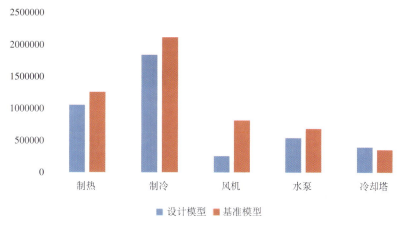

图 4.3-7　设计与基准模型空调系统能耗对比

（3）空调系统总能耗降低幅度

设计模型的供暖、通风与空调系统总能耗为 4158375kW·h，基准能耗模型的供暖、通风与空调系统总能耗为 5263671kW·h。因此设计模型的供暖、通风与空调系统总能耗降低幅度为 20.98%。二者分项能耗对比分析如图 4.3-8、图 4.3-9 所示。

图 4.3-8　设计模型逐月分项能耗对比分析

图 4.3-9　基准模型逐月分项能耗对比分析

5. 小结

本报告对深坑酒店全年 8760h 能耗模拟分析，可以得到如下结论：

设计模型的供暖、通风与空调系统总能耗为 4158375kW·h，基准能耗模型的供暖、通风与空调系统总能耗为 5263671kW·h。因此设计模型的供暖、通风与空调系统总能耗降低幅度为 20.98%。

第2篇 破茧——深坑酒店工程关键施工技术

　　本篇介绍深坑酒店工程地基基础、主体混凝土结构和钢结构、建筑防水的关键设计和施工技术。在混凝土工程施工中，创新采用堆抛石混凝土施工技术，综合考虑了坑底大量前期崖壁爆破及加固产生的崖壁岩石废弃石块，为节约资源及降低回填混凝土中的水化热温升起到良好的示范作用。综合运用BIM技术进行系列科技研发，采用三维激光扫描逆向建模和自动放线技术，实施全过程、多专业的BIM协同应用。项目团队凝练精粹关键技术，达到降低施工难度、提高施工技术水平的理想效果，以技术护航施工全过程，以创新引领高质量建设，攻破重重困难，因卓越而"破茧"，实现生态修复。

第5章　地基与基础工程关键施工技术

深坑酒店建造环境特殊，地质情况"岩""土"结合，地质情况较为复杂，坑顶裙房基础设计为嵌岩桩＋筏板基础，坑底基础直接坐落在坑底基岩上。施工中需解决桩基如何快速入岩及嵌岩情况，如何准确判定、嵌岩桩施工是否会影响崖壁安全稳定性等问题。本章重点介绍了深坑酒店复杂的地质特点及上述问题的解决方法。

5.1　深坑地质勘察

1. 采石坑概况

佘山是上海地区主要的基岩集中出露区，新中国成立后因市场对建材资源的不断需求，该地区先后有多家采石厂进行建材石料开采。这些采石坑均以下挖开采为主，形成大小不同、深浅各异的多个采石坑。采石坑属佘山基岩残丘出露区延伸地带，采石坑近似椭圆形，上宽下窄，坡度较陡，坑底高低不平。场地平面如图 5.1-1 所示。

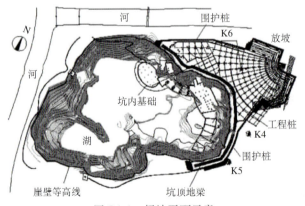

图 5.1-1　场地平面示意

2. 工程地质条件

根据区域资料，该地区内除山体所在的局部范围外，50m 以浅深度范围内的地基土均属第四系沉积物，主要由软土、黏性土、粉土和砂土组成。

1）地形、地貌

该工程场地位于长江三角洲入海口东南前缘。由于场地比较特殊，其地貌属于上海地区四大地貌单元中的湖沼平原与天马山剥蚀残丘边缘两种类型。采石坑外天然地形有一定起伏，地面标

高在 -1.32 ~ 5.01m 之间，高差 6.33m，一般地面标高在 2.00 ~ 3.70m 之间；采石坑底起伏较大，实测勘察点的地面标高在 -70.53 ~ -48.33m 之间，高差 22.20m。

2) 地基土（岩）的构成与特征

为详细查明场地各层地基土的工程地质特性、变化状况，及各层地基土的物理力学性质指标，勘察手段以工程地质测绘及工程地质调查为主，根据调查与测绘结果，采用地震物探、勘探与现场测量手段，布设勘探工作，综合分析评价，以保障勘察的完整准确。采用钻探取样、静力触探试验、剪切波速试验、地基土动力性质试验、土水试验、岩石试验及测量等多种勘察手段，并辅助数码钻孔成像检测技术，对场地进行了全面的勘察。

（1）采石坑外部：坑顶场地的地基土除基岩外均属第四纪松散沉积物，属于中软土类型。场地 20m 深度范围内无独立成层分布的饱和砂质粉土或沙土存在，不考虑地基土的地震液化影响。场地基岩由侏罗纪天马山地区火成岩组成，岩性较为单一，主要为安山岩。根据钻孔内揭露的岩层，按照岩体工程特性及风化程度区分，自上而下分为全风化安山岩，强风化安山岩，中风化安山岩，微风化安山岩。

（2）采石坑内部：坑底由人工开采的碎石块组成的碎石层和微风化安山岩组成，坑底高差较大，局部属中风化安山岩。

（3）岩体物理力学参数：通过室内岩石物理力学性质试验，得到岩体的物理力学参数见表 5.1-1。

岩体物理力学参数表　　　　　　　　　　表 5.1-1

项目名称		相对密度 G_s	密度 ρ (g/cm³)	吸水率 ω_a (%)	干密度 ρ_d (g/cm³)	孔隙率 n (%)	含水率 ω_0 (%)	软化系数	单轴抗压强度	
									饱和 (MPa)	干燥 (MPa)
中风化安山岩	平均值	2.50	2.49	0.56	2.49	0.53	0.23	0.86	33.20	38.96
	最大值	2.63	2.61	1.23	2.61	0.76	0.35	0.88	53.34	65.05
	最小值	2.44	2.43	0.09	2.42	0.18	0.08	0.82	21.72	25.26
	标准值	2.47	2.47	0.38	2.46	0.43	0.19	0.85	26.72	30.82
微风化安山岩	平均值	2.54	2.53	0.90	2.53	0.62	0.29	0.86	38.44	44.42
	最大值	2.63	2.63	2.30	2.62	0.85	0.44	0.95	67.32	76.50
	最小值	2.43	2.42	0.09	2.41	0.18	0.07	0.82	17.24	21.02
	标准值	2.51	2.50	0.54	2.49	0.48	0.20	0.84	29.73	34.53

（4）边坡软弱结构面探测：为深入了解建筑物范围边坡状况，采用数码钻孔成像检测技术，判断边坡是否存在大型的结构软弱面。在现场 3 个深约 100m 的勘察孔 K4、K5 和 K6（孔位置见图 5.1-1）之间，用 CT（Computerized Tomography）物探技术进行探测，并根据声波测试分析结果，推断孔间纵波速度对应的物质成分。根据 CT 物探结果判断：①软土层总体均匀性良好；②在测试剖面内，强风化至中风化层岩体破碎程度高，整体性差，且软弱夹层发育；③微风化层分布较均匀，仅局部存在突变衰减现象。经分析为火山岩成岩破碎风化夹层，不存在大型结构软弱面。

以上勘察结果表明：本拟建场地属于稳定场地，适宜建造本工程。

由于工程场地特殊性，需考虑边坡岩体稳定性对拟建工程的影响。边坡岩体稳定性评价应在对岩性分布、裂隙及微断裂构造发育程度、风化程度、滑坡、崩塌等调查与分析的基础上进行。

因此对坑内及坑壁工程岩体地质结构进行了研究与分析评价。

3）结构面工程地质分级及结构面调查方法

本次将被调查地区分为4个区域，采用测线法来研究基体裂隙。分区如图5.1-2所示。

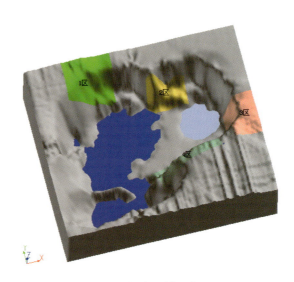

图5.1-2　调查区域示意图

根据规模对结构面进行一级划分，主要表现为三类，即Ⅰ（断层型或充填型结构面），特征：连续或近似连续，有确定的延伸方向，延伸长度一般大于100m，有一定厚度的影响带。Ⅱ（裂隙型或非填充型结构面），特征：近似连续，有确定的延伸方向，延伸长度为数十米，可有一定的厚度或影响带。Ⅲ（非贯通型岩体结构），特征：硬性结构面，随机断续分布，延伸长度为米级至十余米，具有统计优势方向。

经过调查，所在地区主要是Ⅲ级结构面（基体裂隙）。

3. 地基评价与分析

1）场地稳定性和建筑适宜性评价

（1）采石坑外

根据场地的工程地质条件，除基岩外地基土的组成主要由黏性土组成，层位分布有一定起伏。据区域地质并结合勘探资料，该地区基岩埋藏较浅，一般在3～50m之间，起伏变化较大，基岩岩性主要为燕山期英安岩。除此之外，场地及附近区域分布的基岩主要为侏罗纪黄尖组基岩，局部为寒武纪及奥陶纪基岩。

（2）采石坑内

由于场地的特殊性，深坑内场地稳定性主要取决于边坡的稳定性。根据收集的上海市地质调查研究院有关佘山地区地质灾害危险性评估报告及河海大学岩土工程研究所完成的《世茂天马酒店工程岩体深大基坑稳定性评价及关键技术研究》，坑外由于降水形成的地表径流很大部分向坑外方向分流，而不是向坑内聚集，因而坑壁岩层内垂直裂隙受到的水流冲击与补给入渗均很微弱，岩体裂隙干燥，水对岩体的强度指标影响不大。岩体内部未找到对边坡稳定影响比较大的边坡浸润线，地下水渗流场影响微弱。

边坡地形较陡，没有明显的软弱结构面和不利的断层面，边坡底部为弱风化岩体，边坡整体失稳的可能性较小。但是两组陡倾角节理切割的岩柱临空、拉裂会导致边坡向坑内倾倒而产生崩塌的可能。上覆的风化和破碎岩石则可能发生局部破坏，造成局部失稳。

通过边坡的可靠度计算分析可知，场区内的边坡在自然情况下具有一定的稳定性，稳定系数在 1.2 ~ 1.5 之间，但是普遍安全度不高，难以排除局部崩塌失稳的可能性。进行人工边坡开挖，局部形成的临空面情况下，边坡卸荷将会使得坡体的地应力重分布，从而导致边坡的安全系数下降，部分地区可能会发生小的滑动破坏与崩塌的现象。同时施工过程中的施工干扰力可能会导致崩塌、落石等地质灾害现象发生。

边坡属于永久性边坡，但是边坡的安全度不高，因此需要进行边坡治理，采用合适的坡率对边坡做放坡处理，或者对岩体进行锚固支护等有效措施，并且应该尽量采用有利于生态环境保护和美化的护面措施。

综上所述，在采石坑内对边坡进行必要的治理后，判定该场地亦属稳定场地，适宜建造深坑酒店。

2）天然地基

（1）采石坑外

根据勘察结果，采石坑外部场地内除明浜（塘）及暗浜地段外均有②层灰黄 ~ 兰灰色黏土存在，该层土质相对较好，分布基本稳定，可作为一般轻型建筑物及其附属设施的天然地基持力层，基底标高以 1.70 ~ 2.50m 为宜。局部②层面标高低于建议值时应继续深挖至层面。设计时需根据各单幢建筑物所处的地质条件确定实际的基础型式、埋深及尺寸后计算其地基承载力设计值及特征值。对于场地内的明浜（塘）及暗浜地段，需采用清淤、换垫等方法进行必要的地基加固处理。

场地地质条件极为复杂，场地内第四纪上覆盖厚度变化极大，其下伏基岩表面起伏大、风化程度不均，每个桩位的基岩顶面埋深均不同。坑外裙房地基电法地质剖面如图 5.1-3 所示。

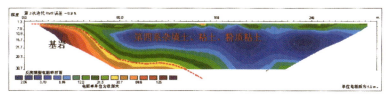

(a) 4-4 轴线高密度电法剖面解析结果（0 ~ 300m）

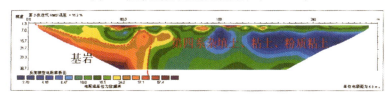

(b) 2-2 轴线高密度电法剖面解析结果（0 ~ 300m）

图 5.1-3　裙房地基电法地质剖面

（2）采石坑内

根据拟建酒店结构特性、场地岩土条件、建筑场地环境条件分析，主要考虑以下建筑基础型式：酒店主楼位于采石坑坑内底部。根据本次勘察资料，该坑底呈高低不平状，起伏较大。

按勘察工程地质资料，基底岩石类型均为火山中性熔岩、岩性以英安岩为主，岩性致密，岩体强度高，平均抗压强度为 38.96 ~ 44.42MPa，完全能满足酒店荷载承载需要，也不存在地基变形问题，且坑内基岩面为人工开采所产生后即被天然水体所埋，风化程度有限，风化厚度不大。

据勘察结果，坑内存在堆填石块、碎石及淤积物不厚，可采用机械与人工相结合方式进行清理，并于设计基底支承柱或受力柱之处进行风化层或裂隙发育处理，浇筑基底嵌岩柱基，再通过阶梯式基底，完成基础工程。

采石坑内弱风化基岩强度高，无软弱下卧层，可作为酒店主楼工程的天然地基持力层。

根据本次工程地质调查、钻探及岩石力学试验成果，判定勘察区岩体完整性程度介于完整～较破碎之间，岩体基本质量分级为Ⅰ～Ⅲ级，其中持力层岩体完整性程度介于完整～较完整之间，岩体基本质量分级为Ⅰ～Ⅱ级。依据国家及地方相关规范并结合勘察经验综合推荐的本场地岩石承载力标准值和特征值详见表 5.1-2。

岩石承载力标准值及特征值（推荐值）一览表　　　　　表 5.1-2

坑内基岩	标准值（kPa）	特征值（kPa）
强风化基岩	500～1000	450～800
中风化基岩	2000～2300	1700～2000
弱风化基岩	2500～3000	2100～2600

4. 小结

深坑酒店建设场地采石坑外除基岩外地基土的组成主要由黏性土组成，层位分布有一定起伏。采石坑内边坡地形较陡，整个崖壁为薄壁型结构，崖壁边坡上部分柱状节理发育区可能会发生小的滑动破坏与崩塌的现象，另外，由于人工进行边坡开挖，局部因边坡卸荷使得坡体地应力重分布而导致安全系数下降，有发生次生地质灾害现象的可能性。坑底弱风化基岩强度较高，适合作为天然地基。

5.2　特殊地质条件的基础计算与选型

深坑酒店坑底采用箱形基础与筏基相结合的形式，基于三维扫描得到的坑底三维实体模型，对坑底岩质地基基础进行设计。岩质地基上的独立柱基，由于地基承载力很高（坑底微风化安山岩岩石地基的承载力在 1700 kPa 左右）、基础底面尺寸较小的特点，抗冲切通常都能满足，基础高度主要由抗剪承载力来决定。

根据现行国家标准《建筑地基基础设计规范》GB 50007—2011（下称"国标《地基规范》"）第 8.1.1 条对无筋扩展基础的要求，当基础单侧扩展范围内基础底面处的平均压力值超过 300 kPa 时，应按下式计算（适用于除岩石以外的地基）：

$$V_s \leqslant 0.366 f_t A$$

式中　V_s——相应于基本组合时的地基平均净反力产生的沿墙（柱）边缘或变阶处的剪力设计值；

　　　f_t——混凝土轴心抗拉强度设计值；

　　　A——沿墙（柱）边缘或变阶处基础的垂直截面面积。

对基底反力集中于立柱附近的岩质地基，基础的抗剪验算条件应根据各地区具体情况确定。岩石地基上扩展基础的基底反力曲线是一倒置的马鞍形，呈现出中间大，两边小，到了边缘又略为增大的分布形式，反力的分布曲线主要与岩体的变形模量和基础的弹性模量比值、基础的高宽比有关。

采用有限元进行分析计算，研究岩体的变形模量和基础的弹性模量比值、基础的高宽比 2 个参数对基础承载力的影响。

1. 模量比值

采用有限元分析软件，用 20m×20m×20m 的实体模型模拟无限大空间岩石地基，上部独立基础为 3m×3m×2m，独立基础上部作用 ϕ 900 mm 钢管混凝土柱，建立如图 5.2-1 所示的三维分析模型，模型网格划分如图 5.2-1 所示。独立基础及钢管混凝土柱的混凝土强度等级采用 C60，本构模型采用混凝土损伤塑性模型，岩石地基本构模型采用摩尔 - 库伦塑性模型。

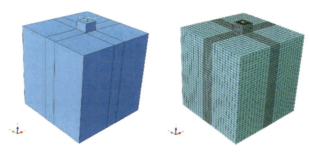

图 5.2-1　三维实体模型与网格划分

选取某个钢管混凝土柱上内力 F=15300kN，研究地基不同弹性模量情况下基底应力分布情况。计算如下 3 种工况：

1）模型 1：地基弹性模量 E_1=5.5GPa（本工程岩体实际弹性模量）。

2）模型 2：地基弹性模量 E_2=55GPa（本工程岩体实际弹性模量的 10 倍）。

3）模型 3：地基弹性模量 E_3=0.55GPa（本工程岩体实际弹性模量的 1/10）。

上述 3 个模型基底应力分布云图如图 5.2-2 所示。

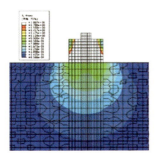 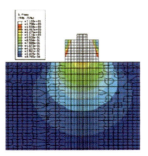 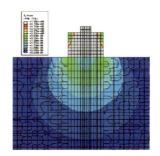

（a）模型 1 基底局部应力云图　　（b）模型 2 基底局部应力云图　　（c）模型 3 基底局部应力云图

图 5.2-2　三个模型基底应力分布云图

由基底应力分布图可知：

（1）当地基弹性模量较小时，基础底部中间应力较为均匀，边缘有明显的应力集中。

（2）随着地基弹性模量的逐渐增大，基底应力模式发生较大变化，基底应力逐渐向中间转移，呈中间大、两边小、边缘局部大的分布模式，非线性特征强。

（3）随着地基弹性模量逐渐增大，基础的破坏模式由受弯破坏逐渐向局部承压破坏转变。

（4）当深度大于 1 倍基础宽度时，地基弹性模量变化对地基内部应力分布影响较小。

因此，当地基弹性模量相对较大时，由于基底反力向中间转移，上部基础受到的实际剪力值将小于由国标《地基规范》第 8.2.9 条计算的剪力值，故按国标《地基规范》第 8.2.9 条进行基础抗剪验算时，基础设计偏于安全。当地基弹性模量较小（如软弱土层等）时，由于基底应力较为平均（除基础边缘外），按国标《地基规范》第 8.2.9 条进行基础抗剪验算时，与实际受力情况吻合较好。

2. 基础高宽比

类似上述分析过程，建立典型三维模型，研究上部基础不同高宽比情况下的基底应力分布情况。地基弹性模量根据实际情况取值，计算如下 3 种情况：

（1）模型 1：基础尺寸 3m×3m×2m，基础高宽比 2/3（本工程基础实际高宽比）。

（2）模型 4：基础尺寸 3m×3m×1m，基础高宽比 1/3。

（3）模型 5：基础尺寸 3m×3m×3m，基础高宽比 1。模型 1 基底应力分布云图详见图 5.2-2，模型 4、模型 5 基底应力分布云图如图 5.2-3 所示。

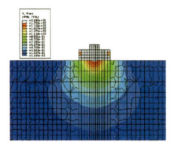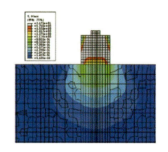

（a）模型 4 基底局部应力云图　　　　　　　（b）模型 5 基底局部应力云图

图 5.2-3　应力分布云图

由基底应力分布图可知：

（1）当基础高宽比较大时，基础底部中间应力较为均匀，边缘有明显的应力集中。

（2）高宽比愈大，基础反力分布愈均匀；高宽比愈小，基础反力分布愈不均匀。随着基础高宽比的逐渐减小，基底应力模式发生较大变化，基底应力逐渐向中间转移，呈中间大、两边小、边缘局部大的分布模式，非线性特征强。

（3）基础高宽比的减小引起的基底应力变化情况与地基弹性模量增大的情况类似。

（4）当深度大于 1 倍基础宽度时，地基弹性模量变化对地基内部应力分布影响较小。

3. 坑底基础方案

坑内主体结构采用分块箱形基础同筏形基础相结合的形式，基础持力层为微风化基岩（安山熔岩）。由于坑内地形起伏很大，为真实还原坑底实际情况，引入三维激光扫描技术。三维激光扫描技术，能完整并高精度的重建扫描实物及快速获得原始测绘数据，可以真正做到直接从实物中进行快速的逆向三维数据采集及模型重构，其激光点云中的每个三维数据都是直接采集的真实数据，为后期坑内主体结构基础设计提供真实可靠的完整数据。三维激光扫描采用独特的点云建模方式，为复杂地貌建筑物设计提供了一种全新的思路如图 5.2-4 所示。

图 5.2-4　三维激光扫描基础岩面还原

本工程坑内水下部分 2 层，水下一层为水下客房和水下特色餐饮，水下二层为机房层，层高均为 5.20m。水下部分迎水面混凝土外墙厚度为 600mm，混凝土强度等级为 C35。由于增加了地下室外墙，地下室抗侧刚度较大。钢管混凝土柱在水下部分延伸下去，并锚入底板。水下部分楼面采用现浇钢筋混凝土梁板。水下结构外墙抗渗等级为 P8 ~ P10，添加混凝土抗裂剂或微膨胀剂。因坑内的水下部分平面长度超过《混凝土结构设计规范》GB 50010 要求的钢筋混凝土结构伸缩缝最大间距，为了减少施工期间的温度应力和混凝土收缩应力，在平面中央竖向交通等部位设置施工后浇带。

4. 坑顶支座的基础方案

在坑顶坑口位置采用基础梁 + 岩石（或土层）预应力锚杆（索）作为跨越钢桁架的基础，并且设置梁板把基础梁和外围地下室底板连成整体。基础梁 3300×2375mm，基础底绝对标高 −2.950m，持力层为中风化基岩，岩石承载力特征值为 1700kPa。在基础梁上设置一圈混凝土剪力墙，起到围护挡土作用并加强支座所在部位的刚度，满足作为地上 2 层钢框架结构嵌固支座的要求。基础梁底部增设抗剪键和预应力锚杆（索）一起保证支座水平力的传递和基础梁的稳定性，详见图 5.2-5。预应力锚杆（索）根据支座处大震作用下水平力的大小，结合边坡支护进行设置。

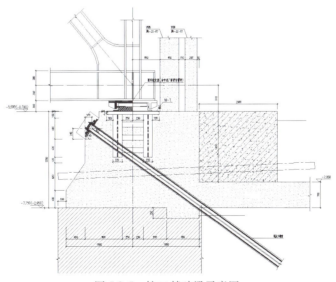

图 5.2-5　坑口基础梁示意图

5. 坑顶裙房基础方案

坑顶地下室部分区域（中风化基岩埋置较深区域）采用钢筋混凝土钻孔灌注嵌岩桩＋独立承台＋筏板，独立承台高度1400mm，基础梁500×1200mm，筏板厚度600mm；坑顶其余区域（中风化基岩埋置较浅区域）采用岩石扩展浅基础＋筏板，岩石扩展浅基础高度1400mm，连系梁500×1200mm。

钻孔灌注嵌岩桩桩径φ800mm，桩端持力层为中风化基岩（安山熔岩），分为抗压桩和抗拔桩两种：其中，抗压钻孔灌注嵌岩桩的嵌岩深度不小于1000mm，混凝土设计强度等级为C40，单桩竖向抗压承载力设计值为4300kN；抗拔嵌岩钻孔灌注当桩顶至中风化基岩面桩身长度大于15m时，桩的嵌岩深度不小于1600mm，桩顶至中风化基岩面桩身长度小于15m时，桩的嵌岩深度不小于2400mm，混凝土设计强度等级为C35，单桩竖向抗拔承载力设计值为1500kN。由于岩面起伏很大，桩长变化较大，桩长依据桩的嵌岩深度要求现场施工确定。基础混凝土强度等级为C35，抗渗等级为P8，添加混凝土抗裂剂或微膨胀剂。

本工程坑顶局部有一层地下室，外墙厚度为600mm，混凝土强度等级为C35。坑外地下室结构外墙抗渗等级为P8，添加混凝土抗裂剂或微膨胀剂。由于坑顶地下室部分平面长度超过规范要求，结合施工顺序形成的作业面设置施工后浇带。

5.3　特殊地质条件下的嵌岩桩入岩及判定技术

坑顶裙房工程桩采用直径800mm的嵌岩钻孔灌注桩，设计混凝土强度等级为水下C30，嵌岩深度：抗压桩入中风化基岩层深度不小于1000mm，抗拔桩入中风化基岩层深度不小于1600mm。

1. 技术难点

（1）根据地质勘探结果来看，场地地质条件极为复杂，场地内上覆第四纪土层变化很大，其下伏基岩表面起伏大，风化程度不均，其顶面埋深高差从0.5～25m不等，每个桩位的基岩顶面埋深均不同，给桩的入岩深度判定带来很大困难。

（2）本工程裙房工程桩需要入中风化岩层1m多，而持力岩层主要由安山岩组成，质地非常坚硬，普通的钻头根本无法满足施工要求。故钻头的选择将直接影响到本工程桩基施工的质量与进度。

2. 采取措施

1）桩基钻头的选择

经过对3km范围内的上海辰山植物园同类桩基施工情况了解，本工程桩基初步选定了采用GPS-10型，根据地质实际情况选取钻头，选取原则主要考虑岩石单轴抗压强度、是否有覆土层、基岩埋深。对于覆土层较厚，下伏基岩，可采用三翼单带刮刀钻头（图5.3-1）＋牙轮钻头（图5.3-2）进行施工。当岩层埋深较浅，岩层顶面标高高于坑定基础地梁底标高时，采用冲击钻头（图5.3-3）成孔。

2）"一桩一探"快速入岩判定方法

根据岩石的不同风化程度，钻孔过程中产生的石子粒径大小、颜色将会不同，因此，通过现场钻孔取得的判岩样品，正式施工时在护筒出口处捞取岩石样品，清洗后进行判岩。

入岩判定时，当桩基出现异样振动时，使用自制的网兜（图5.3-4）在钻孔灌注桩护筒处捞取岩石样品，进行清洗，在清洗完成后，由勘察单位人员与建设方、监理共同进行判定岩石风化程度，

图 5.3-1　三翼单带刮刀钻头

图 5.3-2　牙轮钻头

图 5.3-3　冲击钻头

对比岩石样品为本场地内原地勘取芯样品。经过多次试验得出，当判定为强风化岩后，向下钻孔每 10cm 进行一次判定，当判定为中风化岩石后，继续钻孔至设计入岩深度即可。并对强风化岩、中风化岩判定样品进行封存备查。入岩取样见图 5.3-5 ~ 图 5.3-7。

图 5.3-4　入岩判定用网兜

图 5.3-5　入岩判定样品

图 5.3-6　强风化岩层样品
（颗粒颜色灰白不一，粒径较大、不均匀）

图 5.3-7　中风化岩层样品
（颗粒颜色发青，粒径较小、均匀）

3）嵌岩钻孔灌注桩成孔施工流程

（1）岩层标高低于或者接近坑顶大梁底标高时施工流程见图 5.3-8。

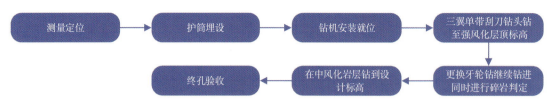

图 5.3-8　岩层标高低于或者接近坑顶大梁底标高时灌注桩成孔施工流程

（2）岩层标高高于坑顶大梁底标高时施工流程见图 5.3-9。

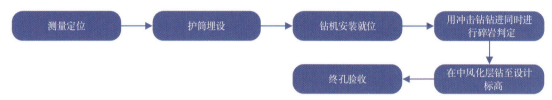

图 5.3-9　岩层标高高于坑顶大梁底标高时灌注桩成孔施工流程

3. 小结

深坑酒店通过分析地质情况，合理选择制定嵌岩钻头，利用"一桩一探"入岩快速判定方法，有效的保证是嵌岩桩的嵌岩深度，确保了桩基的承载力。

5.4　梯田式大体积回填混凝土基础施工技术

1. 技术难点

深坑酒店 19m 高梯田式回填混凝土基础，具有浇筑地形复杂、厚度大、多标高、截面不规则等特点，混凝土浇筑工艺复杂，难度很大。使用 BIM 技术确定合理地分层、分块浇筑顺序，并应用 Midas 对混凝土温度分布进行分析。

2. 采取措施

1）19m 梯田式回填混凝土施工流程与部署

梯田式基础混凝土总高 19m，共有 12 个不同的台阶高程，回填浇筑由低向高依据台阶高度和地形展开，由于面积较大，回填混凝土分为左右两块分别施工，每次浇筑完成一定高程以下的所有混凝土，整个浇筑过程大致分 12 次进行，每次浇筑高度控制在 2m 以内。具体每次浇筑范围及方量如图 5.4-1 及表 5.4-1 所示。

1　　　　　　　　　　　　2　　　　　　　　　　　　3

图 5.4-1　施工过程 BIM 模拟示意（1）

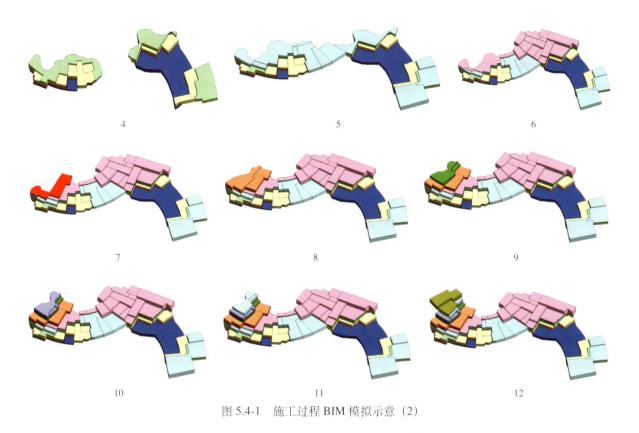

图 5.4-1　施工过程 BIM 模拟示意（2）

分层回填混凝土浇筑情况　　　　　　　　　　表 5.4-1

回填次数	左侧回填范围	左侧回填方量	右侧回填范围	右侧回填方量
1 次	−76.3m 以下	369 m³	−74.8m 以下	1384 m³
2 次	−76.3 ～ −74.75m	578 m³	−74.8 ～ −73.4m	773 m³
3 次	−74.75 ～ −73.2m	817 m³	−73.4 ～ −71.8m	932 m³
4 次	−73.2 ～ −73.2m	597 m³	−71.8 ～ −70.3m	632 m³
5 次	−73.2 ～ −70.2m	1778 m³	−70.3 ～ −69.7m	1084 m³
6 次	−70.2 ～ −69.6m	588 m³	−69.7m 以上	1346 m³
7 次	−69.6 ～ −68.15m	503 m³		
8 次	−68.15 ～ −66.2m	1052 m³		
9 次	−66.2 ～ −64.05m	563 m³		
10 次	−64.05 ～ −61.9m	558 m³		
11 次	−61.9 ～ −60m	379 m³		
12 次	−60 ～ −58.7m	255 m³		
合计		8037 m³		6151 m³

2）19m 梯田式回填混凝土浇筑方法

接力泵送混凝土浇筑系统泵管在 −50m 平台向下时依附崖壁布置，混凝土浇筑时依据各浇筑区域和浇筑方向进行泵管布置，浇筑时边浇筑边退管。一溜到底混凝土浇筑系统，则是在坑顶利用混凝土罐车将混凝土倒入料斗内，再通过溜管输送至坑底固定泵，最后固定泵将混凝土输送至浇筑区域，坑内泵管布置依据各浇筑区域和浇筑方向进行泵管布置，浇筑时同样要边浇筑边退管。回填混凝土采用 C25 混凝土，按照分层下料、分层振动、一次到顶、大斜坡推进法施工。如图 5.4-2 所示。

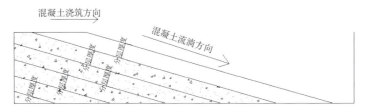

图 5.4-2　混凝土浇筑示意图

3）温度应力计算

大体积混凝土浇筑后不久，大量的水化热就会随着水泥水化的过程随之产生。由于坑底回填混凝土厚度大、多标高、截面不规则，故采用 Midas 对坑底回填混凝土整个施工过程进行水化热模拟计算，计算过程真实反映每层的浇筑时间及浇筑间隔，计算的边界条件为侧面混凝土带模养护 7d，台阶面混凝土采用一层薄膜加两层草袋保温养护 14d，整个浇筑过程混凝土内温度发展如图 5.4-3 所示。在此养护条件下每次浇筑混凝土的内外温差与表面温差均满足规范要求。每次浇筑的最大温差均出现在此次浇筑的中点与上表面 50mm 的位置，前次浇筑的混凝土对本次浇筑的混凝土温度场影响较小，故每次浇筑时只需加强对侧面及上表面的保温，即能避免出现有害的温度裂缝。

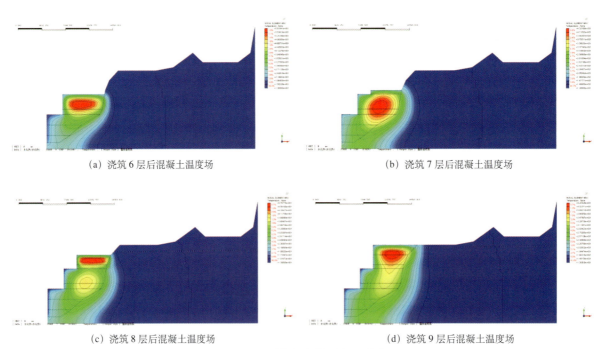

(a) 浇筑 6 层后混凝土温度场　　　　　(b) 浇筑 7 层后混凝土温度场

(c) 浇筑 8 层后混凝土温度场　　　　　(d) 浇筑 9 层后混凝土温度场

图 5.4-3　混凝土浇筑示意图（1）

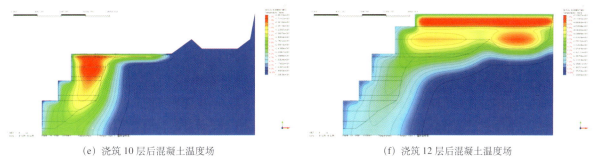

（e）浇筑 10 层后混凝土温度场　　　　　　（f）浇筑 12 层后混凝土温度场

图 5.4-3　混凝土浇筑示意图（2）

4）测量与养护

本次测温采用建筑电子测温仪进行测温，监测点的布置选取每次混凝土浇筑体有代表性的部位，监测点按平面分层布置。在每条测试轴线上，监测点宜不少于 4 处，每处测温点高度布置图如图 5.4-4 测温点布置图。

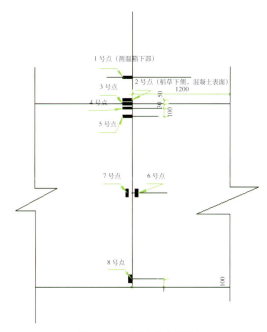

图 5.4-4　测温点布置图

采用保温隔热法对大体积混凝土进行养护。根据上述利用 Midas 对回填混凝土整个施工过程进行水化热模拟计算的结果，混凝土每浇筑完一层达初凝后立即覆盖薄膜养护，再覆盖两层稻草保温层，经计算，薄膜厚度 20mm。同时，保湿养护的持续时间不得少于 14d，应经常检查塑料薄膜的完整情况，保持混凝土表面湿润。另外，由于梯田式回填混凝土基础是分层浇筑，当下层养护到 5d 左右要进行上一层的混凝土浇筑，新层将旧层大部分覆盖，留下未覆盖的部分就是一个台阶面，台阶面还需要继续养护，模板必须保留 7d 以上，同时用双层土工布覆盖保温。并根据现场浇筑情况及测温结果随时调整养护措施。

3. 小结

19m 梯田式混凝土基础施工技术投入应用，混凝土质量良好，没有发现明显温度裂缝。

第6章 结构抗震施工技术

深坑酒店由于其特殊地质条件及周边极为陡峭的岩石壁，设计及施工中需高度重视抗震问题。本章主要针对项目所在地的地震烈度等级、崖壁抗震设计、崖壁建筑连接节点设计与施工做出了介绍，并着重介绍了建筑结构抗震施工。深坑酒店结构设计体系特殊为两点支撑式钢框架结构体系，施工过程中需充分理解该特殊结构体系的力学特性，编制科学合理的施工方案，合理进行施工组织，保证建筑结构的抗震性能。

6.1 结构抗震设计概要

深坑酒店建筑造型新颖独特，平面和立面均呈弯曲的弧线型，主体结构依靠80余米地质深坑，采用两点支承结构体系。坑内主体建筑通过分块箱形基础固结在坑底弱风化基岩上，同时在坑顶B1层楼板标高处作为水平铰接支座，对其提供水平方向约束。结构在水平荷载下的受力变形形态不是常见高层的"悬臂梁"特征，而显现出较为特殊的一端刚接另一端铰接的"简支梁"特征。结构钢桁架在顶部与坑顶基岩通过铰接支座连接，地震波将分别通过坑底和坑顶基岩传递到主体结构。

主体结构采用两点支承结构体系，两点支承高差近80m，水平最大距离近40m。主体结构复杂的建筑体型及支承形式，在国内外建筑工程中没有先例，在很多方面都超越了现行规范和规程的要求，其设计与施工的复杂性及难度之大前所未有。面对严峻的挑战，结构设计团队反复推敲，多次求证，进行了大量的技术攻关，在设计和施工中进行了大量的创新实践。

对于常规悬臂类高层建筑，地震作用的动力分析，主要以多向单点输入地震波的方式。而本工程为两点支承结构体系，需考虑多点多向地震输入问题。通过多点输入的动力分析，选择位移时程计算方法，来研究上下两点支承存在幅值差而不考虑相位差的地震作用，有效的解决了两点支承结构体系的地震响应输入问题。

本工程地震作用的特点：结构上、下两点支承，地震作用存在"幅值差"，而无"相位差"。这与一般桥梁、大跨度结构等工程中地震作用仅有"相位差"，而无"幅值差"的特点是不同。常规的地震作用计算方法对本工程不适用。

在进行地震作用计算时，动力分析通常采用加速度时程，当采用加速度时程进行多点输入分析时，当坑顶、坑底输入安评报告提供的加速度时程曲线进行小震下的时程分析时，坑顶坑底的位移漂移竟达到了5m，这明显与实际情况不符合。因此，同其他仅有相位差的考虑行波效应的多点输入不同，本工程进行多点输入时程分析时，无法采用加速度时程曲线，只能输入位移时程曲线来进行动力分析。

常规工程的地震作用设计方法为"静力反应谱分析 + 动力时程分析复核",而本工程地震作用设计研究思路为"动力时程分析研究内力分布规律 + 静力设计方法复核和包络设计"。通过研究方法的创新,解决了本工程地震作用的设计难题。

1. 多点地震作用分析

深坑酒店主体结构由 20 多榀钢桁架组成,钢桁架一端和坑内的酒店主体结构相连,另一端在下弦部位(B1 层)采用铰接支座支承在坑口的基础梁上,为酒店主体结构提供水平方向约束,坑内及坑口两个支承点之间立面落差达 80 余米。

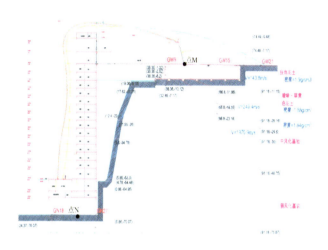

图 6.1-1　工程场地剖面图

结构分别支承在坑顶的点 M 和位于坑底的点 N 处,如图 6.1-1 所示,坑顶和坑底位置、地形及局部地质条件存在一定的差异,因此本工程地震作用同普通的建筑结构有很大的差异。

反应谱法这种常用的抗震设计方法不能解决多点输入问题。精确的计算多点输入问题只能采用时程分析法。多点地震输入时程分析的输入激励有两种:一种是将地震地面运动的位移作为动荷载建立关于绝对坐标系的动力平衡方程,称为位移输入模型;另一种是将地面运动的加速度作为动荷载建立动力平衡方程,称为加速度输入模型。

如果采用加速度时程地震波进行多点输入分析时,加速度对时间的积分是速度,加速度对时间的二次积分是位移,现有软件会直接对加速度进行二次积分,并令每次积分的常数项为零。根据积分原理在一次积分时会有一个常数项,加速度对时间的积分是速度并有一个常数项为初始速度,当加速度对时间二次积分就会有初始速度和初始位移这两个常数项,而这两个常数项很难确定,软件计算时并未对积分过程产生的常数项进行修正,从而产生位移漂移。

本工程在坑顶坑底输入安评报告提供的加速度时程曲线进行小震下的时程分析时,坑顶坑底的位移漂移竟达到了 5m,这明显与实际情况不符合。用大质量法采用有限元软件对简化的模型进行多点加速度时程分析,同样产生了坑顶坑底的位移漂移。为了防止低频漂移,中国地震局地壳应力研究所选用了高通滤波器,对位移时程波进行了修正;给出的安评报告中提供了与加速度时程曲线相对应的位移时程曲线,坑底和坑顶位移差很小,小震下不超过 1cm,大震仅为 6cm。因此,和其他仅有相位差的考虑行波效应多点输入不同,本工程进行多点输入时程分析时,无法采用加速度时程曲线，只能输入位移时程曲线。

2. 工程场地地震作用计算

场地地震作用计算，采用大型二维有限元计算软件对图 6.1-2 所示的工程场地进行动力响应分析。考虑到重点关注的 M 点及 N 点的位置以及边界条件的选取情况，计算模型水平方向取 1020m（坑壁左侧取 120m，右侧取 900m），坑底以下取 100m（坑顶地表与底边界距离 178m）。采用四边形网格进行离散，点 M 与点 N 部位的局部模型如图 6.1-3 所示。

图 6.1-2　整体计算模型

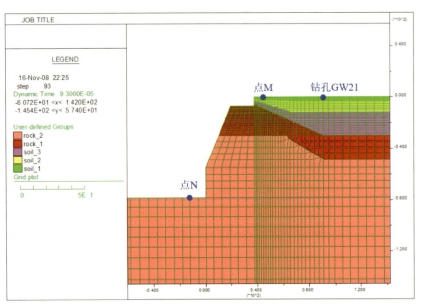

图 6.1-3　计算模型局部

根据工程勘察资料，计算范围内的工程场地共由 5 种介质构成，参数如表 6.1-1、表 6.1-2 所示。

岩（土）层计算参数　　　　　　　　　　　　　　　表 6.1-1

序号	土性描述	波速 V_s (m/s)	波速 V_p (m/s)	泊松比	密度 (kg/m³)
1	杂填土	123.8	562.6	0.47	1920
2	灰色黏土	143.8	612.3	0.47	1900
3	暗绿～草黄色黏土	249.4	1220.5	0.47	1880
4	中风化基岩	1975.9	3810.2	0.32	2800
5	弱风化基岩	2326	4485.1	0.32	2800

场地土层反应分析中土体动力非线性特性等效曲线参数　　　　　　　　　表 6.1-2

γ（%）	0.0005	0.0010	0.0050	0.0100	0.0500	0.1000	0.5000	1.0000
序号	土体动力剪切模量比 G_d/G_0 值							
1	0.961	0.954	0.902	0.841	0.469	0.289	0.070	0.051
2	0.985	0.979	0.926	0.862	0.551	0.349	0.087	0.063
3	0.995	0.989	0.929	0.870	0.576	0.381	0.098	0.072
4、5	1.000	1.000	1.000	1.000	1.000	1.000	1.000	1.000
	土体动力等效阻尼比 λ 值							
1	0.011	0.013	0.022	0.029	0.080	0.144	0.285	0.298
2	0.009	0.012	0.020	0.028	0.072	0.126	0.263	0.276
3	0.008	0.011	0.019	0.025	0.065	0.114	0.250	0.262
4、5	0.000	0.000	0.000	0.000	0.000	0.000	0.000	0.000

　　计算采用时域等效线性化法，即通过多次循环迭代，直至土层各单元的剪切刚度、阻尼比与其应变水平相匹配。为提高收敛速度，先利用一维等效线性化方法进行试算，并将计算结果作为二维迭代的初值。

　　利用数值计算模型，以反演得到的 180m 深度处输入面入射波为输入，计算不同超越概率水平下点 M（43，0.0）和点 N（−12，−78.1）以及钻孔 GW21（注：位置与 GW23 孔相近）地表点（坐标系见图 3.11）的动力响应，研究了不同点的振幅值特性及其相位差。

　　以水平方向 50 年超越概率 63% 的第一条基岩人工波反演得到的入射波为输入为例，进行计算，得到的点 M、点 N 及钻孔 GW21 地表点的加速度、位移时程分别如图 6.1-4 ～图 6.1-9 所示。

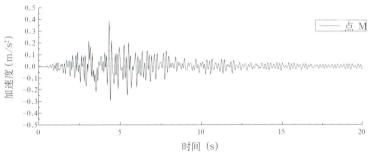

图 6.1-4　点 M 加速度响应时程

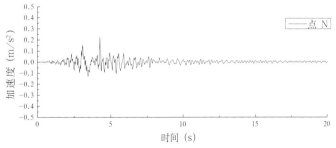

图 6.1-5　点 N 加速度响应时程

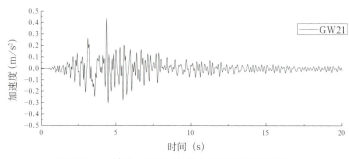

图 6.1-6　钻孔 GW21 地表点加速度响应时程

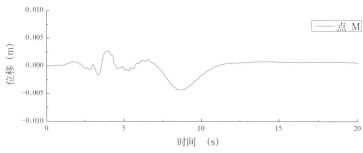

图 6.1-7　点 M 位移响应时程

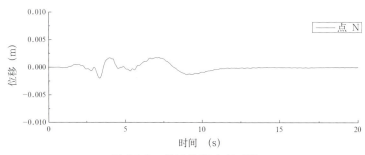

图 6.1-8　点 N 位移响应时程

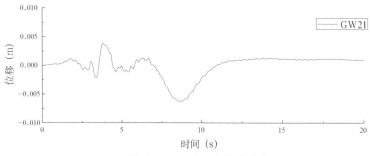

图 6.1-9　钻孔 GW21 地表点位移响应时程

　　点 M 与点 N 的相位差也是工程抗震设计关注的问题，由点 M 与点 N 的加速度响应时程曲线进行傅立叶变换，可以得到两者在不同频率离散点上的相位及相位差，但由于振动能量在频率坐标上并非均匀分布，所以直接得到的相位差并不能真实反映对结构安全造成影响的振动差异。应用 FFT（快速傅氏变换）技术得到点 M 与点 N 的幅值—频率对应关系，并计算各频率点对应的幅值加权系数，即将各频率点对应的幅值除以所有频率点幅值之和。然后将各频率离散点上的相位乘以幅值加权系数，得到加权平均的相位值。这种方法也可以理解为基于能量等效方法将原振动波转化为一个单频正弦波，由于各点响应的卓越频率比较接近，即等效后的正弦波频率可以近似认为相等，因此可以方便的比较各点振动的相位差异。

图 6.1-10 给出了各点加速度响应的幅值谱，图 6.1-10～图 6.1-12 分别给出了各点响应的相位角。计算表明，点 M、点 N 振动的等效相位角分别为 180.792° 和 184.569°，则两点相位差为 3.776°。

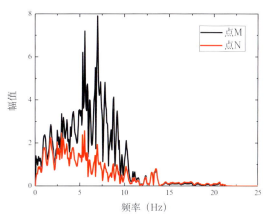

图 6.1-10　点 M 与点 N 加速度响应幅值谱

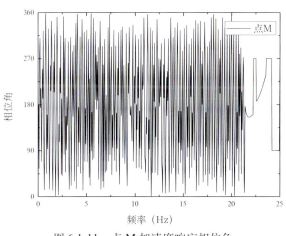

图 6.1-11　点 M 加速度响应相位角

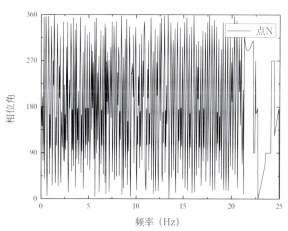

图 6.1-12　点 N 加速度响应相位角

类似计算可计算其他工况不同时程曲线水平方向计算结果，水平方向计算结果汇总如表 6.1-3 所示。

水平方向计算结果汇总　　　　　　　　　　　　　　　　表 6.1-3

超越概率	不同的时程曲线	峰值加速度（m/s²）			峰值位移（cm）			M 与 N 点相位差（°）
		坑顶部点 M	坑底部点 N	GW21	坑顶部点 M	坑底部点 N	GW21	
50 年 63%	1	0.379	0.226	0.471	0.44	0.20	0.62	3.776
	2	0.316	0.224	0.335	0.35	0.27	0.48	0.571

续表

超越概率	不同的时程曲线	峰值加速度（m/s²）			峰值位移（cm）			M 与 N 点相位差（°）
		坑顶部点 M	坑底部点 N	GW21	坑顶部点 M	坑底部点 N	GW21	
50 年 63%	3	0.380	0.228	0.435	0.50	0.36	0.68	0.333
	平均	0.358	0.226	0.413	0.43	0.27	0.59	1.560
50 年 10%	1	1.108	0.812	1.264	3.01	1.77	4.47	3.857
	2	1.185	0.812	1.312	2.50	1.25	4.60	3.635
	3	1.218	0.812	1.312	2.98	1.67	4.93	0.577
	平均	1.170	0.812	1.296	2.83	1.56	4.66	2.689
50 年 2%	1	1.772	1.735	1.689	10.89	5.07	17.00	4.447
	2	1.928	1.735	1.853	11.34	5.32	16.75	0.952
	3	1.922	1.735	1.825	12.37	6.02	18.16	2.602
	平均	1.874	1.735	1.789	11.53	5.47	17.30	2.667
100 年 63%	1	0.475	0.342	0.529	1.17	0.53	1.67	1.510
	2	0.472	0.341	0.569	1.23	0.57	1.50	5.627
	3	0.562	0.334	0.614	1.01	0.59	1.45	3.620
	平均	0.503	0.339	0.570	1.14	0.564	1.54	3.585
100 年 10%	1	1.329	1.140	1.394	5.78	2.71	7.93	0.783
	2	1.345	1.140	1.360	5.23	3.63	9.14	1.743
	3	1.278	1.140	1.348	5.61	2.85	9.25	0.117
	平均	1.317	1.140	1.367	5.54	3.06	8.77	0.881
100 年 3%	1	2.058	1.943	1.938	15.39	7.05	21.08	5.751
	2	1.985	1.943	1.968	13.64	6.91	23.05	3.563
	3	2.015	1.943	1.788	14.35	7.13	22.16	2.991
	平均	2.019	1.943	1.898	14.78	7.03	22.10	4.101

对表 6.1-3 中的数据进行对比分析可以得到如下结论：

（1）随着输入地震动强度的增大，软土层非线性发展程度增大，土体耗能能力增强，导致点 M 的峰值加速度与点 N 的峰值加速度的比值（定义为加速度放大系数）逐渐降低。当输入地震动超越概率为 50 年 63% 时，比值达到 1.58，当输入地震动超越概率为 100 年 3% 时，加速度放大系数已衰减至 1.04。与点 M 相似，钻孔 GW21 地表点的加速度放大系数也是随地震动强度的增大而逐渐降低。当输入地震动超越概率为 50 年 63% 时，放大系数达到 1.83，当输入地震动超越概率为 100 年 3% 时，放大系数已衰减至 0.98。

（2）在各种工况下，计算得到的点 M 和点 N 的等效相位差最大值约为 5°，说明基底输入的地震波经过不同的传播路径达到两点后，相位差别不大，也即两点振动的方向差别较小。

（3）在同一地震动作用下，坑底地表点 N 与坑顶地表点 M 的加速度响应振幅差最高可达 50% 以上，而相位差很小。综合以上分析，进行建筑物抗震计算时，对分别位于坑底和坑顶部位的支座，应考虑其输入激励的差异，即采用多点输入方法，坑底和坑顶部位分别采用地震安全性评价给出的不同的地震加速度峰值和反应谱数据，但多点输入分析时可不考虑相位差别。

同理，竖直方向计算结果见表 6.1-4。

竖直方向计算结果汇总　　　　　　　　　　表 6.1-4

超越概率	不同的时程曲线	峰值加速度（m/s²）			峰值位移（cm）			M 与 N 点相位差（°）
		坑顶部点 M	坑底部点 N	GW21	坑顶部点 M	坑底部点 N	GW21	
50 年 63%	1	0.156	0.105	0.175	0.13	0.05	0.13	0.197
	2	0.156	0.109	0.167	0.13	0.07	0.15	1.188
	3	0.120	0.078	0.138	0.1	0.06	0.13	4.350
	平均	0.144	0.097	0.160	0.12	0.06	0.14	1.911
50 年 10%	1	0.637	0.472	0.673	1.14	0.49	1.53	1.325
	2	0.586	0.467	0.640	1.05	0.47	1.51	1.733
	3	0.58	0.437	0.626	0.92	0.43	1.43	4.027
	平均	0.601	0.458	0.646	1.03	0.46	1.49	2.361
50 年 2%	1	1.285	1.139	1.305	5.01	2.15	7.86	2.231
	2	1.315	1.139	1.395	4.51	1.56	6.57	1.718
	3	1.374	1.174	1.380	4.81	1.75	6.89	8.051
	平均	1.325	1.150	1.360	4.77	1.82	7.11	4.000
100 年 63%	1	0.246	0.177	0.262	0.22	0.15	0.36	4.801
	2	0.256	0.175	0.270	0.28	0.12	0.4	0.996
	3	0.233	0.169	0.267	0.35	0.18	0.47	0.385
	平均	0.245	0.173	0.266	0.29	0.15	0.41	2.060
100 年 10%	1	0.900	0.697	0.914	2.18	0.98	3.33	0.246
	2	0.860	0.697	0.944	2.09	0.89	3.21	0.735
	3	0.827	0.687	0.846	2.75	1.03	3.78	2.370
	平均	0.862	0.693	0.901	2.34	0.97	3.44	1.117
100 年 3%	1	1.459	1.302	1.458	7.25	2.67	10.12	0.900
	2	1.416	1.302	1.513	6.15	2.07	9.56	0.270
	3	1.451	1.302	1.438	5.99	2.26	8.98	0.870
	平均	1.442	1.302	1.470	6.46	2.34	9.56	0.680

对上表中的数据进行对比分析可以得到如下结论：

（1）随着输入地震动强度的增大，软土层非线性发展程度增大，土体耗能能力增强，导致点 M 的峰值加速度与点 N（位于基岩地表）的峰值加速度的比值（定义为加速度放大系数）逐渐降低。当输入地震动超越概率为 50 年 63% 时，比值达到 1.48，当输入地震动超越概率为 100 年 3% 时，加速度放大系数已衰减至 1.11。与点 M 相似，钻孔 GW21 地表点的加速度放大系数也是随地震动强度的增大而逐渐降低。当输入地震动超越概率为 50 年 63% 时，放大系数达到 1.65，当输入地震动超越概率为 100 年 3% 时，放大系数已衰减至 1.13。

（2）在各种工况下，计算得到的点 M 和点 N 的等效相位差最大值约为 4°，说明基底输入的地震波经过不同的传播路径达到两点后，相位差别不大，也即两点振动的方向差别较小。

（3）与水平方向振动相比，点 M 和 GW21 点的竖向振动具有如下特点：当地震动强度较低时，竖向加速度放大系数低于水平向，但随着震动强度的加大，竖向放大系数的衰减速度明显低于水平向，因此，竖向加速度与水平加速度峰值的比值也逐渐变大。当输入地震动超越概率为 50 年63% 时，两者比值为 40% 左右；当输入地震动超越概率为 100 年 3% 时，两者比值达到 70% 以上。

（4）在同一地震动作用下，坑底点 N 与坑顶地表点 M 的加速度响应振幅差最高接近 50%，而相位差很小。综合以上分析，进行建筑物抗震计算时，对分别位于坑底和坑顶部位的支座，应考虑其输入激励的差异，即采用多点输入方法，坑底和坑顶部位分别采用地震安全性评价给出的不同的地震加速度峰值和反应谱数据，但多点输入分析时可不考虑相位差别。

应用二维有限差分方法对工程场地进行了地震响应分析，计算了不同超越概率的地震作用下坑底和坑顶部位的地震响应及其差异。计算结果汇总列于表 6.1-5 中。

计算结果汇总（平均值）　　　　　　　　表 6.1-5

超越概率	振动方向	峰值加速度（m/s²）		峰值位移（cm）		M 与 N 点相位差（°）
		坑顶部点 M	坑底部点 N	坑顶部点 M	坑底部点 N	
50 年 63%	水平向	0.358	0.226	0.43	0.27	1.560
	竖向	0.144	0.097	0.12	0.06	1.911
50 年 10%	水平向	1.170	0.812	2.83	1.56	2.689
	竖向	0.601	0.458	1.03	0.46	2.361
50 年 2%	水平向	1.874	1.735	11.53	5.47	2.667
	竖向	1.325	1.150	4.77	1.82	4.000
100 年 63%	水平向	0.503	0.339	1.14	0.564	3.585
	竖向	0.245	0.173	0.29	0.15	2.060
100 年 10%	水平向	1.317	1.140	5.54	3.06	0.881
	竖向	0.862	0.693	2.34	0.97	1.117
100 年 3%	水平向	2.019	1.943	14.78	7.03	4.101
	竖向	1.442	1.302	6.46	2.34	0.680

分析表明，无论是水平向还是竖向加速度响应，坑顶地表点 M 和坑底地表点 N 的振幅差最高可达 50% 或以上。因此，进行建筑物抗震计算时，对分别位于坑底和坑顶部位的支座，应考虑其输入激励的差异，即采用多点输入方法，坑底和坑顶部位分别采用地震安全性评价给出的不同的地震加速度峰值和反应谱数据，但多点输入分析时可不考虑相位差别。

3. 地震参数取值

在场地地震反应分析计算结果的基础上，将确定工程场地设计地震动参数。工程场地设计地震动参数包括设计地震动峰值加速度和加速度反应谱。

工程场地设计地震动加速度反应谱取为：

$$S_a(T) = A_{max}\beta(T) \tag{6-1}$$

$$\alpha_{max} = A_{max}\beta_m \tag{6-2}$$

其中，A_{max} 为设计地震动峰值加速度，$\beta(T)$ 为设计地震动加速度放大系数反应谱，α_{max} 为地震影响系数最大值，且有：

$$\beta(T) = \begin{cases} 1 & T \leqslant T_0 \\ 1+(\beta_m-1)\dfrac{T-T_0}{T_1-T_0} & T_0 < T \leqslant T_1 \\ \beta_m & T_1 < T \leqslant T_2 \\ \beta_m\left(\dfrac{T_2}{T}\right)^{\gamma} & T_2 < T \leqslant 12s \end{cases} \tag{6-3}$$

采用上面的公式分别结合地震危险性分析及工程场地地震反应计算得到的 50 年超越概率 63%、10%、2% 及 100 年超越概率 63%、10%、3% 的计算水平向及垂直向地震动加速度反应谱结果，得到相应的拟合曲线，作为工程结构钢桁架支点即位于坑顶土层的点 M 和位于坑底的点 N 处及场地地表水平向与垂直向设计地震动加速度反应谱曲线。

点 M、N、GW21 地表点水平向和垂直向地震动峰值加速度及反应谱参数值详见表 6.1-6～表 6.1-11（仅列出阻尼比 5%）。

点 M 水平向地震动峰值加速度及反应谱参数值（阻尼比 5%）　　表 6.1-6

超越概率值	T_1（s）	T_2（s）	β_m	γ	A_{max}（cm/s^2）	α_{max}（cm/s^2）
50 年 63%	0.1	0.25	2.5	1.1	34.5	86.3
50 年 10%	0.1	0.35	2.6	1.1	112.9	293.5
50 年 2%	0.1	0.4	2.6	1.1	183.9	478.1
100 年 63%	0.1	0.3	2.6	1.1	48.5	126.1
100 年 10%	0.1	0.35	2.6	1.1	130.0	338.0
100 年 3%	0.1	0.4	2.6	1.1	198.2	515.3

点 N 水平向地震动峰值加速度及反应谱参数值（阻尼比 5%）　　表 6.1-7

超越概率值	T_1（s）	T_2（s）	β_m	γ	A_{max}（cm/s^2）	α_{max}（cm/s^2）
50 年 63%	0.1	0.35	2.25	1.1	22.6	50.9
50 年 10%	0.1	0.45	2.25	1.1	81.2	182.7
50 年 2%	0.1	0.5	2.25	1.1	173.5	390.4
100 年 63%	0.1	0.4	2.25	1.1	33.9	76.3
100 年 10%	0.1	0.45	2.25	1.1	114.0	256.5
100 年 3%	0.1	0.5	2.25	1.1	194.3	437.2

GW21 地表点水平向地震动峰值加速度及反应谱参数值（阻尼比 5%）　表 6.1-8

超越概率值	T_1（s）	T_2（s）	β_m	γ	A_{max}（cm/s²）	α_{max}（cm/s²）
50 年 63%	0.1	0.3	2.5	1.0	40.3	100.8
50 年 10%	0.1	0.4	2.5	1.0	124.3	310.8
50 年 2%	0.1	0.5	2.7	1.0	178.3	481.4
100 年 63%	0.1	0.4	2.5	1.0	55.9	140.0
100 年 10%	0.1	0.5	2.6	1.0	139.2	362.0
100 年 3%	0.1	0.5	2.7	1.0	187.4	506.0

点 M 垂直向地震动峰值加速度及反应谱参数值（阻尼比 5%）　表 6.1-9

超越概率值	T_1（s）	T_2（s）	β_m	γ	A_{max}（cm/s²）	α_{max}（cm/s²）
50 年 63%	0.1	0.2	2.5	1.2	13.5	33.8
50 年 10%	0.1	0.2	2.6	1.2	58.0	150.8
50 年 2%	0.1	0.2	2.6	1.2	133.0	345.8
100 年 63%	0.1	0.2	2.5	1.2	23.7	59.3
100 年 10%	0.1	0.2	2.6	1.2	84.3	219.2
100 年 3%	0.1	0.2	2.6	1.2	142.3	370.0

点 N 垂直向地震动峰值加速度及反应谱参数值（阻尼比 5%）　表 6.1-10

超越概率值	T_1（s）	T_2（s）	β_m	γ	A_{max}（cm/s²）	α_{max}（cm/s²）
50 年 63%	0.1	0.35	2.25	1.1	9.7	21.8
50 年 10%	0.1	0.35	2.25	1.1	45.8	103.1
50 年 2%	0.1	0.35	2.4	1.1	115.0	276.0
100 年 63%	0.1	0.35	2.25	1.1	17.3	38.9
100 年 10%	0.1	0.35	2.25	1.1	69.3	155.9
100 年 3%	0.1	0.35	2.4	1.1	130.2	312.5

GW21 地表点垂直向地震动峰值加速度及反应谱参数值（阻尼比 5%）　表 6.1-11

超越概率值	T_1（s）	T_2（s）	β_m	γ	A_{max}（cm/s²）	α_{max}（cm/s²）
50 年 63%	0.1	0.2	2.65	1.1	15.1	40.0
50 年 10%	0.1	0.2	2.65	1.1	62.8	166.4
50 年 2%	0.1	0.2	2.7	1.1	136.5	368.6
100 年 63%	0.1	0.2	2.65	1.1	25.8	68.4
100 年 10%	0.1	0.2	2.65	1.1	88.5	234.5
100 年 3%	0.1	0.2	2.7	1.1	144.4	389.9

　　地震安全性评价报告提供了 N、M 及 GW21 共 3 点处的地震动参数（包括反应谱、加速度时程曲线及位移时程曲线）。其中坑底 N 点基岩出露；坑顶 M 点覆土层较薄，基岩埋深较浅；坑外远端 GW21 点覆土层较厚，基岩埋深较深。

由于主体结构主要支承在坑底 N 点及坑顶 M 点，坑外远端 GW21 点离主体结构较远，因此地震动参数的选取不考虑坑外远端 GW21 点。结合前述"多点地震计算"分析结果，选取超越概率为 50 年的 M 点地震动参数作为本工程抗震分析设计的依据，并考虑地质情况、场地类别、结构阻尼比和抗震规范的要求，即设防烈度 7 度（0.1g），设计地震分组第一组，T_g=0.25s，$α_{max}$=0.0863。

本工程小震作用下结构阻尼比取 0.035。图 6.1-13 是小震作用下阻尼比为 0.035 的规范反应谱和安评 N、M 及 GW21 反应谱结果对比，在结构前几周期范围内（结构前五阶自振周期为 0.851s、0.838s、0.811s、0.804s、0.732s、0.546s、0.505s、0.451s、0.428s），规范反应谱取值大于安评提供的坑顶 M 点反应谱，因此对结构采用规范反应谱计算来复核是需要的。

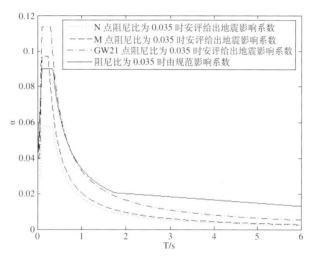

图 6.1-13　规范反应谱和安评反应谱结果对比

4. 小结

通过三维整体模型中选取了一榀典型的二维单榀模型，输入时程波进行了竖向地震时程分析，经比较，时程分析下的构件内力均小于重力荷载代表值的 5% 作用下的构件内力，由此，竖向地震作用标准值取重力荷载代表值的 5%。

6.2　两点支撑式结构体系抗震设计

1. 设计难点简述

深坑酒店主体结构依靠近 80m 崖壁建造，主体结构周边复杂的地貌环境及其独特的建筑造型，都为结构抗震设计带来极大的挑战：

（1）主支承框架坑顶、坑底的两点支承结构体系；

（2）有"幅值差"而无"相位差"的地震响应；

（3）坑底复杂地貌条件下地基基础设计；

（4）"S"形平面不规则；

（5）"外凸""内倾"立面不规则；

（6）坑顶主支承框架支座节点设计；

（7）钢管混凝土柱异形加强节点设计。

2. 两点支撑式结构体系力学特性简述

深坑酒店主体结构通过坑口基础及坑底基础进行两点支撑，坑口基础是在坑顶通过跨越钢桁架下线支承在坑口的基础大梁上，提供竖向和水平约束。坑底基础是坑内主体建筑通过大体积回填混凝土基础坐落在坑底风化基岩上进行支承。剖面图见图 6.2-1。

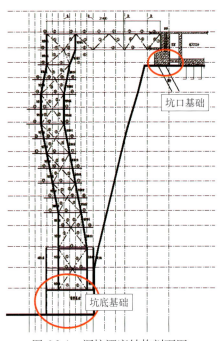

图 6.2-1　深坑酒店结构剖面图

因此本结构在水平地震作用下的变形形态不是普通结构的悬臂梁特征，而是较为特殊的一端固结、一端铰支梁特征。结构方案的选型过程中，采用了悬臂梁和一端固结一端铰支梁的简化模型进行了对比。如图 6.2-2、图 6.2-3 所示。

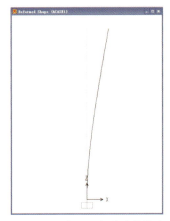

图 6.2-2　悬臂梁反应谱计算的变形

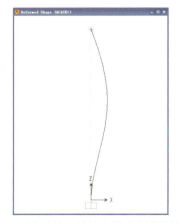

图 6.2-3　一端固结一端铰支梁反应谱计算的变形

悬臂梁模型在地震作用下上部层间剪力小，下部层间剪力大；一端固结一端铰支梁在地震作用下中部层间剪力最小，两端较大，地震作用下梁弯矩较小。悬臂梁模型在地震作用下层间位移较大，但位移成分中包含较多的无害位移；一端固结一端铰支梁在地震作用下层间位移角明显变小，但位移成分中包含较多的有害位移。从本简化模型可以看到，模型中部在地震作用下层间剪力很小，规范里的最小剪重比这一控制指标在本工程难以适用。反应谱计算结果如图 6.2-4、图 6.2-5 所示。

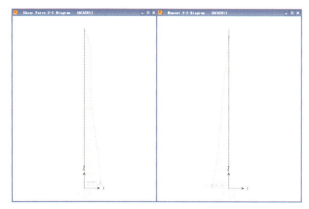
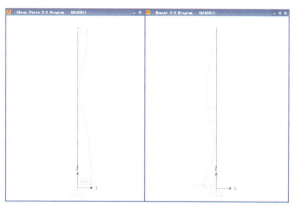

图 6.2-4　悬臂梁反应谱计算的剪力、弯矩　　　图 6.2-5　一端固结一端铰支梁反应谱计算的剪力、弯矩

3. 两点支撑式结构体系抗震设计简述

1）地震安全性评价报告结论

深坑酒店结构分别支承在坑顶的点 M 和位于坑底的点 N 处，坑顶和坑底位置、地形及局部地质条件存在一定的差异，因此本工程地震作用同普通的建筑结构有很大的差异。根据该地块的地震安全性评价报告，即中国地震局地壳应力研究所 2008 年 11 月提供的《上海世茂松江辰花路二号地块场地地震安全性评价报告》表述：

"在同一地震动作用下，坑底点 N 与坑顶地表点 M 的加速度响应振幅差最高接近 50%，而相位差很小。进行建筑物抗震计算时，对分别位于坑底和坑顶部位的支座，应考虑其输入激励的差异，即采用多点输入方法，坑底和坑顶部位分别采用地震安全性评价给出的不同的地震加速度峰值和反应谱数据，但多点输入分析时可不考虑相位差别。"地震动参数选取如表 6.2-1 所示。

2）抗震设计方法

（1）小震（50 年超越概率 63%）

采用安评报告提供的 M 点小震反应谱 + 支座强迫位移（取 M、N 点小震位移时程曲线的最大位移差）进行结构抗震分析设计，并采用规范反应谱 + 支座强迫位移进行复核。

（2）中震（50 年超越概率 10%）

采用安评报告提供的 M 点中震反应谱 + 支座强迫位移（取 M、N 点中震位移时程曲线的最大位移差）进行坑内主体结构的抗震性能设计（中震弹性或中震不屈服）。

（3）大震（50 年超越概率 2%）

采用安评报告提供的 M、N 点大震的位移时程曲线进行弹塑性时程分析。

3）抗震设计地震动参数选取

选取 M 点地震动参数作为本工程抗震分析设计的依据，即设防烈度 7 度（0.1g）、设计地震分组第一组、场地类别 II 类。

$$T_g=0.25s \qquad\qquad \alpha_{\max}=0.0863$$

地震动参数选取 表 6.2-1

地震动参数（阻尼比0.05）		安评		规范
		N 点（坑内）	M 点（坑边）	
小震（63%）	T_g（s）	0.35	0.25	0.35
	α_{max}（cm/s²）	50.9	86.3	80
中震（10%）	T_g（s）	0.45	0.35	0.35
	α_{max}（cm/s²）	187.2	293.5	224
大震（2%）	T_g（s）	0.5	0.4	0.35
	α_{max}（cm/s²）	390.4	478.1	502

4. 超限设计及采取措施

1）超限情况

深坑酒店超限情况如表 6.2-2 所示。

超限情况 表 6.2-2

结构类型		超限判别	规范要求	备注
		带支撑钢管混凝土框架		
地下室埋深		嵌固基岩	满足抗滑移；采用岩石基础，控制基础零应力区不超过基础面积的15%	基础采用岩石锚杆（索）及抗剪键等措施满足抗滑移要求；
建筑高宽比		—	—	深坑酒店结构两点支承，不会出现倾覆现象，此处可不考虑
长宽比		68/12 ≈ 5.7	6	满足要求
平面规则性	扭转规则性	> 1.2 < 1.5	≤ 1.2	双向地震计算并考虑偶然偏心
	凹凸规则性	不规则	≤ 30%总尺寸	凹凸部位配筋加强，部位区域加设水平钢支撑
	楼板局部连续性	不连续	≤ 30%楼面面积 ≤ 50%楼面典型宽度	考虑双向地震作用且开大洞处按弹性楼板分析；在洞口周边设置水平构造桁架加强平面刚度
竖向规则性	侧向刚度规则性	无软弱层	≥ 70%相邻上一楼层 ≥ 80%相邻三楼层平均	满足要求
	竖向抗侧力构件连续性	B1 层有部分梁上立柱和跨越钢桁架	连续	相关构件按转换构件设计
	楼层承载力突变	无薄弱层	≥ 80%相邻上一楼层	满足要求
	多塔结构	坑内主体结构在水面层（B14 层）和 B1 层之间设抗震缝分开，形成多塔结构		加大 B14 层和 B1 层板厚和配筋，对多塔连接部位进行有限元分析，根据需要设置水平构造桁架

2）采取措施

（1）确定关键构件抗震性能目标、提高关键构件的安全储备，见表6.2-3。

关键构件抗震性能目标　　　　　　　　　　　　　　　　表6.2-3

地震水平	多遇地震	设防烈度地震	罕遇地震
坑顶支座	保持弹性	保持弹性	不屈服
坑顶转换构件	保持弹性	保持弹性	通过抗震构造措施保证
多塔结构连接部分钢梁	保持弹性	保持弹性	
坑内结构主构件	保持弹性	保持弹性	

（2）优化结构体系

主体结构采用带支撑钢管混凝土框架结构体系，形成了由钢支撑、钢管混凝土柱－钢梁框架等组成的多道抗震防线。结构设计中对平面布置进行优化，将两个圆弧形单元设置防震缝分开，将坑内建筑分成两个平面相对规则的结构单元。

（3）加强施工监测及结构健康监测

由于结构体型复杂（坑内主要钢架均为弯曲倾斜），且坑内钢架在施工时为单点支承，故除了进行了施工模拟分析外，为保证施工安全，在施工过程中加强监测钢架的变形及构件应力，以及边坡坑顶处位移监测，控制在设计允许的范围内。

5. 小结

深坑酒店结构抗震设计充分考虑了结构的抗震性能，从设计上保证了建筑结构的抗震安全性能，但独特的抗震结构体系同时也给施工带来了极大的挑战。

6.3　坑口超长超大支承大梁施工技术

1. 技术难点

深坑酒店主体结构按照空间位置可分为坑内和地面两部分：坑内主体结构自下而上沿采石坑岩壁而建，地面主体结构位于采石坑坑口之上。作为坑内主体结构与地面主体结构连接的纽带，超长钢筋混凝土大梁（以下简称大梁）与裙房地下室底板结构相连，大梁内预埋的钢支座与从主体伸出的钢结构形成似简支梁的搭接形式。大梁位置及剖面尺寸见图6.3-1。大梁长250m，截面尺寸3200mm×2250mm，施工时，如不采取措施解决混凝土硬化过程中的收缩问题，梁收缩产生的裂缝势必影响大梁的正常使用功能，甚至影响大梁的承载能力，从而影响主体结构的抗震性能。

2. 采取措施

1）方案比选

解决大梁施工过程中的温度收缩有两种方法：常规方法为在大梁中设计温度后浇带，通过后浇带解决大梁收缩裂缝问题；另一方法为采用跳仓法施工。为充分对比分析两种施工方案的优劣，确保大梁施工质量，在正式施工前，召集行业专家研讨大梁的施工方案。通过对比分析，跳仓法施工大梁比常规的后浇带法更具有优势，确定大梁采用跳仓法施工。跳仓法和后浇带法优缺点对比见表6.3-1。

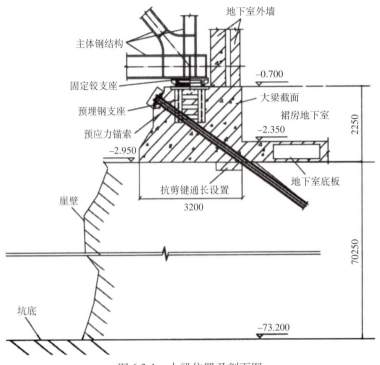

图 6.3-1　大梁位置及剖面图

跳仓法和后浇带法优缺点对比表　　　　　　　　　　表 6.3-1

方案名称	优点	缺点
跳仓法	施工周期短，节省工期，相邻仓段浇筑时间仅相差 7d，可满足工期要求施工工艺日渐成熟，有类似工程可作为借鉴，施工效果良好，可解决大梁收缩裂缝问题	施工班组采用跳仓法施工的经验不多
后浇带法	施工方法常规，应用时间长，较为普遍	分段后，施工周期长，后浇带要在两侧混凝土成型后 60d 才可浇筑；由于大梁截面尺寸大，钢筋密，浇筑前后浇带的清理难度较大

2）大梁分段

将大梁分为 6 段，每段长 34 ~ 49m。具体分段见图 6.3-2，分段长度见表 6.3-2。

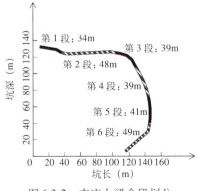

图 6.3-2　支座大梁仓段划分

大梁各仓段浇筑顺序 表6.3-2

序号	分段代号	分段长度（m）
1	第 1 段	34
2	第 2 段	48
3	第 3 段	39
4	第 4 段	39
5	第 5 段	41
6	第 6 段	49

3）增设温度筋

原设计方案中，大梁截面角部 450mm×1050mm 范围内未配置箍筋和纵向钢筋。考虑大梁在硬化过程中此处可能会出现温度裂缝，经项目部提议并经设计院认可，在大梁角部增加了温度筋，见图 6.3-3。

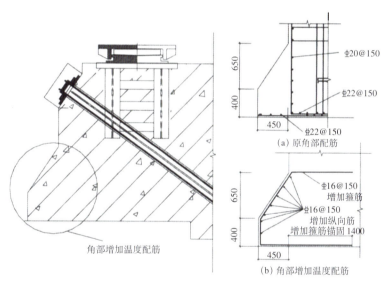

图 6.3-3 原方案配筋和增加温度配筋

4）铺设防水卷材

混凝土硬化过程中体积会收缩，外界环境对大梁的约束会增加大梁内部因收缩而产生的应力。为此，根据跳仓法"先放后抗"的原理，给结构的收缩创造有利条件，减小外界约束，在大梁底部铺设 2 层 1.5 厚 PET 无胎防水卷材。除起到防水作用外，更重要的是通过防水卷材将大梁底部和大梁垫层隔开，将柔性的防水卷材作为大梁和垫层相对位移时的缓冲层，大大减小了大梁收缩变形时所受到的外界约束，为"放"创造了有利条件。

5）仓段分割施工

仓段与仓段间，采用快易收口网进行分割。快易收口网是一种由薄形热浸镀锌钢板为原料，经加工成为有单向 U 型密肋骨架和单向立体网络的模板，其力学性能优良，自轻重，特别适应分段浇筑混凝土，具有科学性和实用价值。由于大梁高度较大，采用直径 20mm 的三级钢作为横向和纵向肋筋来加固快易收口网。快易收口网见图 6.3-4。

图 6.3-4　仓段之间安装快易收口网

6）混凝土浇筑时间选择

大梁施工正值 8、9 月，考虑到混凝土入模温度和施工人员的操作环境，将混凝土浇筑时间选在清晨或者是傍晚进行，以避开高温。大梁分 2 层浇筑混凝土，第 2 层在第 1 层初凝前进行浇筑。

7）混凝土养护

混凝土浇筑完成后，先洒水养护，待表面达到上人强度后再覆以草垫，浇水湿润后再盖上塑料薄膜。前期上午、下午各洒水 1 次，7d 以后每日洒水 1 次，14d 后不再洒水。

8）温度监测

混凝土浇筑完成后为得到大梁内部温度变化与时间的关系数据，大梁混凝土浇筑之前，在大梁中部埋置了测温装置。测温装置由测温应变片、数据线、数据处理器、数据发射端、数据接收端、数据存储器等组成。数据收集过程中，数据处理器每 5min 从测温应变片收集到的温度数据通过无线信号发送到数据存储器的数据接收端，温度数据即被记录下来。温度应变片埋设位置见图 6.3-5，大梁温度变化曲线见图 6.3-6。

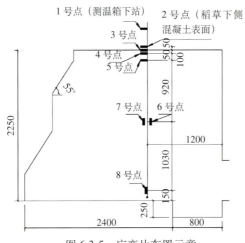

图 6.3-5　应变片布置示意

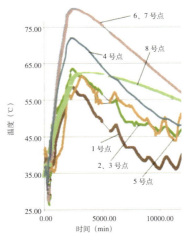

图 6.3-6　大梁混凝土温度变化曲线

3. 小结

超长钢筋混凝土大梁施工经历了方案讨论、施工准备、过程观测和后期养护等阶段。拆模后经仔细检查发现，大梁结构有少量贯穿的微小、无害裂缝，裂缝位置主要位于钢支座预埋件附近，但未发现渗水现象。大梁浇筑混凝土应用跳仓法施工技术，达到了预期的安全目标、质量目标和工期目标，为类似大体积混凝土施工积累了经验。

6.4　坑顶球形支座施工技术

1. 技术难点

深坑酒店主体建筑位于地质深坑内，酒店主体结构采用钢框架 - 两点支撑结构体系。坑内主体建筑座落在坑底基岩上，在坑顶采用 30 榀钢桁架作为跨越结构支托上部两层裙房的部分结构。钢桁架一端和坑内的酒店主体结构相连，另一端在下弦部位采用铰接支座支承在坑口的基础梁上，为酒店主体结构提供水平方向约束。深坑酒店采用球形固定支座支承坑顶桁架，球形支座（KZQZ14000GD-00）共 28 个，支座分布如图 6.4-1 所示，支座结构剖面如图 6.4-2 所示，技术参数如表 6.4-1 所示。

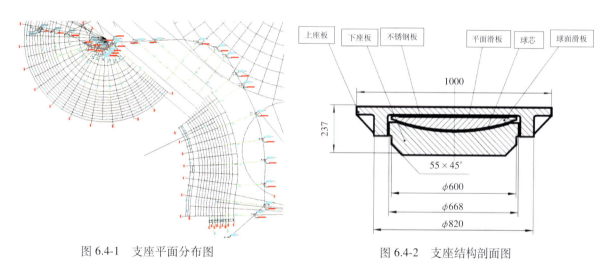

图 6.4-1　支座平面分布图　　　　　图 6.4-2　支座结构剖面图

支座技术参数　　　　　表 6.4-1

支座编号	数量	竖向压力（kN）	水平剪力（kN）沿桁架方向	水平剪力（kN）垂直桁架方向	转角	外包尺寸 长 × 宽 × 高 (mm)
1	8	14000	12500	1000	2.5°	1000×1000×237
2	2					1000×1000×243
3	3					1000×1000×243
4	8					1000×1000×249
5	5					1000×1000×254
6	1					1000×1000×264
7	1					1000×1000×378

坑顶球形支座施工主要存在以下技术难点：

（1）球形支座设置在坑口大梁上，而大梁钢筋设置复杂，支座埋件埋设困难；

（2）球形支座支承坑顶桁架，定位需精确。

2. 采取措施

1）安装流程

预埋钢板→复测及清理埋板→支座就位→临时固定→满焊固定→安装上部结构→刷涂防锈漆。

安装之前首先要对球形支座的承载力、规格、型号进行核对，检查球形支座是否完好无损，检查焊接垫板的安装方向标识，检查防配件是否齐全，核对检查无误后方能进行安装。

2）预埋钢板

坑顶基础梁支座埋件采用格构式钢埋件，通过 28 个长 1350mm×1250mm×1080mm 的大型钢结构预埋件实现球形支座的安装固定，埋件尺寸如图 6.4-3 所示。支座预埋件施工采用后安置法，预埋件水平向的容许偏差为 ±30mm，标高的容许偏差为（-30mm，0）。由于预埋件较多，并且与下部混凝土结构中的钢筋多有交错，施工过程中加强监测，浇筑混凝土时，派专人对支座定位情况进行检测，通过对施工过程的严格控制，为后续支座定位提供保障。

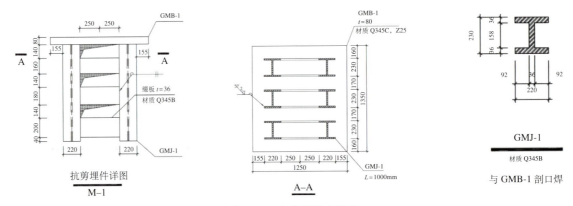

图 6.4-3　支座埋件大样图

3）复测及清理埋板

根据图纸设计要求并结合测量放点进行预埋钢板的复测。复测时测量控制点一定要准确，并与上道工序提供的控制点闭合。在预埋钢板上弹出支座中心定位线，并注意预埋钢板的标高。球形支座安装前，对埋板进行清理，并采用钢刷除去表面铁锈。

4）支座就位与固定

采用塔吊将支座吊装就位，根据埋板上的中心线和支座上弹出的中心线，以"中对中"方式将球形支座调整就位。在支座水平位置就位后，在支座四边利用小块钢板竖直焊在预埋钢板上，保证标高调整时其水平位置不会随之改变，支座临时固定如图 6.4-4 所示。然后利用钢楔子调整支座标高，以控制相互垂直的两条直径的四个端点平面高差在 2 mm 以内。

调整完毕，对支座水平位置以及高程进行检测。高程允许偏差控制在 ±3mm 以内，支座就位允许偏差控制在 2mm 以内。全部符合要求后即可进行满焊固定。采取对称间断焊方式，将焊接区域焊满，每次焊缝长度 50mm，间断 50mm 再行施焊下一条。如此往复，直至将支座底部 25 mm×45° 焊接区域焊满。焊接时要防止支座钢体过热，以免烧坏硅脂、改性聚四氟乙烯板及引起支座本身变形。

可以使用湿布并分时分段焊接或跳焊，湿布应放在焊缝和橡胶密封圈附近。焊缝应采用多道分层焊接，每层焊后用小锤敲打，去除焊药并释放焊接应力。

图 6.4-4　支座临时固定

图 6.4-5　支座上部桁架安装

5）安装上部结构

上部结构桁架安装前，需再次测量球形支座顶部标高，并且在支座上部板上弹出桁架中心定位线。桁架下弦与支座上部板采用焊接连接，采取对称间断焊方式，将焊接区域焊满。焊接方法与注意事项与上文相同。支座上部结构安装如图 6.4-5 所示。

焊接完毕后再拆除支座上盖与底座间的连接钢板，使支座能自由转动。并且上盖和底座的连接钢板不得作为起吊支座和安装的吊点。

支座出厂时仅涂刷防锈底漆，球形支座安装完毕尚需补涂防锈底漆，并涂刷防锈面漆。

6.5　主体结构施工模拟分析

1. 技术难点

深坑酒店由于建筑立面的要求，钢柱竖向呈曲线形状，结构在竖向及水平荷载作用下的水平位移明显，会产生 $P\text{-}\Delta$ 效应。结构发生的水平侧移绝对值越大，$P\text{-}\Delta$ 效应越显著，若结构的水平变形过大，可能因重力二阶效应而导致结构失稳。为减少施工过程中的 $P\text{-}\Delta$ 效应及减少 $P\text{-}\Delta$ 效应给结构带来的应力损伤从而影响抗震性能，需要合理的施工部署。因此深坑酒店主体结构施工模拟分析一方面需考虑结构安全一方面又需保证施工进度。

2. 采取措施

1）三种方案比选

工况一：主框架钢结构在荷载与刚度同时形成的一次性加载。

工况二：跨越桁架施工完成（刚度形成后），再逐层施工楼面荷载（图 6.5-1）。

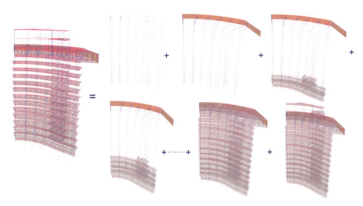

图 6.5-1 逐层施加楼面荷载示意图

工况三：荷载与刚度均逐层施加（图 6.5-2）。

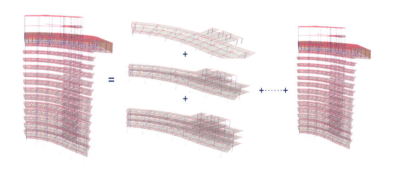

图 6.5-2 荷载与刚度均逐层施加示意图

仅考虑自重工况，经过计算逐层加载工况内力变化最大，最大轴力增加达 60% 左右，此施工顺序不合理。跨越桁架刚度形成后再逐层施工楼面工况二，内力增大幅度较小，但对工期有一定影响。经过多方协调综合考虑后，最终采用施工三层楼面后停止浇筑其余楼面混凝土，待上下支座约束形成后再补充浇筑楼面混凝土的施工方案。钢结构与混凝土施工顺序为：框架支撑体系先施工，框架施工时楼承板同步铺设，B8 层～地下室楼板混凝土同步浇筑，B8 层以上楼板混凝土暂不浇筑，等框架结构与楼顶大桁架相连形成整体受力体系之后，释放桁架顶的临时约束，坑顶滑动支座开始受力，然后再分段浇筑 B8 层以上楼板（注：钢筋桁架楼承板需与框架同步铺设，并且打上栓钉，利用楼承板的平面内刚度为钢框梁提供侧向支撑并为结构提供一定的面内刚度），最后砌筑内隔墙，结构整体进入设计理论要求的受力模式。施工步骤如表 6.5-1 所示。

施工步骤   表 6.5-1

施工步	施工顺序
第一步	施工一节钢骨柱及地下室墙体，地下钢柱的刚性约束形成
第二步（CS1）～第四步（CS3）	施工 2～4 节柱及支撑、钢梁（B13～B8 层），楼承板铺设，并浇筑楼板混凝土。（楼板荷载按自重考虑，施工楼层考虑 1.5 kN/m² 的施工活载）
第五步（CS4）～第八步（CS7）	施工 5～8 节柱及支撑、钢梁（B7～1 层），楼承板铺设但并不浇筑楼板混凝土
第九步（CS8）～第十一步（CS10）	完成跨域桁架施工

续表

施工步	施工顺序
第十二步(CS11)～第十三步(CS12)	施工 9 节柱及支撑、钢梁（2 层，2 层顶），楼承板铺设但不浇筑混凝土 坑顶桁架下弦盆式支座进入工作状态
第十四步(CS13)～第十七步(CS16)	浇筑剩余楼板混凝土（施工楼层考虑 1.5 kN/m² 的施工活载）
第十八步（CS17）	加楼面装修荷载、楼面活、隔墙荷载、计算正常使用状态下结构受力情况

采用迈达斯技术有限公司的 **MIDAS GEN** 软件（8.0 版本）对采用的施工顺序进行分析验证，基于施工模拟分析结果，在现场实测的基础上，对钢构件进行预变形及施工补偿。分析验证结构如图 6.5-3 ～图 6.5-6 所示。

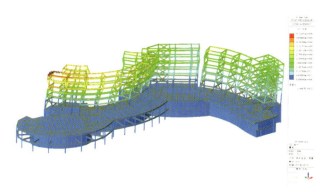

图 6.5-3　CS3 施工完成后变形（最大水平位移 5.1mm）

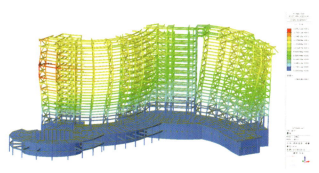

图 6.5-4　CS7 施工完成后变形（最大水平位移 18.9mm）

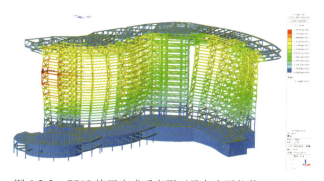

图 6.5-5　CS10 施工完成后变形（最大水平位移 19.4mm）

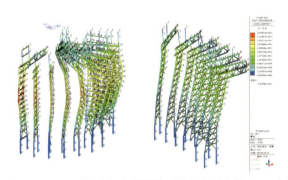

图 6.5-6　CS16 施工完成后变形（最大水平位移 34mm）

3. 小结

通过施工模拟分析，科学合理的确定了深坑酒店主体结构的施工顺序，有效的减小了 P-Δ 效应，保证了施工过程中结构的安全及建筑结构的抗震性能。

6.6　坑顶支座大梁跳仓施工长度变化实测与理论分析

1. 技术概况

在深坑酒店项目施工前，对采用跳仓法施工的混凝土结构的单个仓段温度变化和尺寸变化的研究以及仓段之间相互约束的研究较为少见。深坑酒店项目坑顶支座大梁截面尺寸为 3.2m×2.25m，采用跳仓法施工，大梁底部设有 2 道 1.5mm 厚 PET 无胎卷材防水层。大梁截面尺寸较大，混凝土施工时大梁内部温度较高，温度引起的长度变化较为明显，以坑顶支座大梁为研究对象，对防水层在减少垫层对大梁约束中的作用，以及先浇仓段对后浇仓段的约束影响进行研究。

2. 研究过程

1）仓段划分

坑顶支座大梁位于坑边上口，大梁采用 C40 混凝土，配筋率为 0.46%，大梁垫层底部为坚硬的安山岩。

为减少垫层对大梁的摩擦约束力，在垫层与大梁之间设置了 2 道 1.5mm 厚 PET 无胎卷材防水层。大梁混凝土浇筑完成后，顶部采用草垫+塑料薄膜进行覆盖，定期洒水养护，侧面模板晚拆。现场温度和长度测量装置埋设在大梁第 1 仓段和第 2 仓段内，2 个仓段分别代表了单仓段和填仓段。支座大梁全长 250m，仓段划分及各仓段长度如图 6.6-1 所示，各仓段浇筑顺序如表 6.6-1 所示。

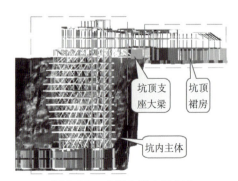

图 6.6-1　支座大梁仓段划分

大梁各仓段浇筑顺序 表 6.6-1

浇筑次序	浇筑仓段	开始浇筑日期（年 - 月 - 日）
第 1 次	第 1 段	2013-08-16
第 2 次	第 2 段	2013-08-25
第 3 次	第 3 段	2013-08-31
第 4 次	第 4 段	2013-09-08
第 5 次	第 5 段	2013-09-10
第 6 次	第 6 段	2013-09-15

2）温度和长度测量装置

（1）测温装置

测温装置由测温应变片、数据线、数据收集器、信号发射器、信号接收器和数据记录器组成。混凝土浇筑前，先将应变片捆扎在 1 根钢筋龙骨上，再将此钢筋龙骨埋设在大梁内，应变片布置位置及埋设深度如图 6.6-2 所示。测温装置开始工作后，信号发射器可每 5min 向数据记录器发送 1 次温度数据，随时间推移即可得到不同深度处的混凝土从开始浇筑到终凝再到降至环境温度整个过程的温度变化情况。

（2）长度测量装置

长度测量装置由 Leica 激光测距仪（精度 0.1mm）、测距仪固定槽、激光标靶组成，如图 6.6-3 所示。大梁混凝土初凝后，每隔一段时间对测距仪固定槽和激光标靶之间的距离进行一组测量（每组测量 30 个数据）并记录，测量工作持续至混凝土内部温度降至环境温度。

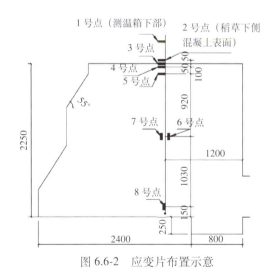

图 6.6-2 应变片布置示意

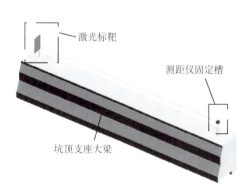

图 6.6-3 变形测量装置示意

3）单仓情况分析

（1）大梁平均温度

根据某一时刻各应变片测出的大梁温度计算其平均温度，有 2 种计算方法。

①方法 1

$$\overline{T}_{1j} = (t_{3j} + t_{4j} + t_{5j} + t_{6j} + t_{7j} + t_{8j}) / 6 \tag{6-4}$$

式中，$\overline{T}_{1j}$ 为用方法 1 计算出的 j 时刻大梁平均温度（℃）；t_{3j}、t_{4j}、t_{5j}、t_{6j}、t_{7j}、t_{8j} 为 j 时刻，3 ～ 8 号应变片所测得的温度（℃）。计算得出在混凝土浇筑完成后的第 2879min，大梁平均温度最高，为 70.58℃。

②方法 2

$$\overline{T}_{6j+7j}=\left(t_{6j}+t_{7j}\right)/2 \tag{6-5}$$

$$\overline{T}_{2j}=(t_{3j}+t_{4j})\times50/2+(t_{4j}+t_{5j})\times100/2+(t_{5j}+\overline{T}_{6j+7j})\times920/2+(\overline{T}_{6j+7j}+t_{8j})\times1030/(50+100+920+1030) \tag{6-6}$$

式中，$\overline{T}_{2j}$ 为用方法 2 计算出的 j 时刻大梁加权平均温度（℃）。

计算得出在混凝土浇筑完成后的第 2901min，大梁平均温度最高，为 70.41℃。

以时间为横轴，以 $\overline{T}_{1j}$ 和 $\overline{T}_{2j}$ 为纵轴，生成大梁平均温度与时间的关系如图 6.6-4 所示。

以时间为横轴，以 $\overline{T}_{1j}$ 减去 $\overline{T}_{2j}$ 得到的数据为纵轴，生成 2 种计算方法的温差图，如图 6.6-5 所示。

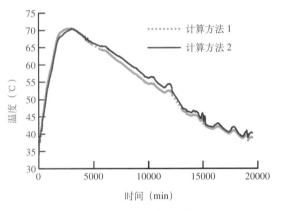

图 6.6-4　大梁平均温度与时间的关系

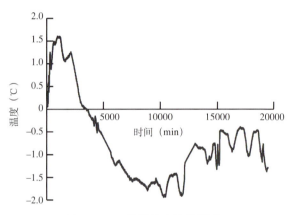

图 6.6-5　2 种计算方法的温差

根据图中得出，2 种方法计算出的大梁平均温度随时间的变化基本是一致的，温差在 ±2℃ 以内。后续大梁平均温度均按方法 2 进行计算。

（2）大梁长度特征值

根据每次测出的大梁长度数据，计算大梁当时的长度 L_{ti}（由第 i 次测量数据计算出的大梁长度）。

计算原则：①如测量数据较为整齐（数据极差 <0.5mm），则去掉 1 个最大值和 1 个最小值后取余数算术平均值为大梁长度；②如测量数据离散较大（数据极差 >1.5mm），则先总数算术平均，再去掉离算术平均值较大的 3 个最大值和 3 个最小值后再取余数算术平均值为大梁长度；③其余情况（0.5 ≤数据极差≤ 1.5mm），则去掉 2 个最大值和 2 个最小值后取余数算术平均值为大梁长度。

第 1 次测得的大梁长度数据散点如图 6.6-6 所示。

由于此次测出的数据 0.5mm ≤数据极差 ≤ 1.5mm，所以去掉两个最大值和两个最小值后取余数平均值为第 1 次测得的大梁长度，得

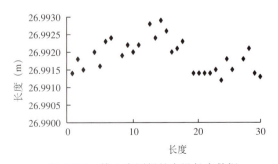

图 6.6-6　第 1 次测得的大梁长度数据

出 L_{t1}=26.9919m。按上述原则得出的整个温度变化过程中各时间点的大梁长度如表 6.6-2 所示。

各时间点的大梁长度　　　　　　　　　　　　　　　　表 6.6-2

时间（min）	长度（m）	时间（min）	长度（m）
0	26.9919	2835	26.9967
620	26.9926	3407	26.993
800	26.9923	4210	26.9947
1170	26.9948	5882	26.9949
1525	26.9953	6302	26.9938
1904	26.9963	8662	26.9917
2108	26.9978	10050	26.9899

（3）理论变形值与实测变形值比较

①按式（6-6）计算出大梁平均温度，再计算大梁理论长度变化值。

$$\Delta L_{cj}=\Delta T_{cj}L\alpha \tag{6-7}$$

$$\Delta T_{cj}=\overline{T}_{2j}-T_{cs} \tag{6-8}$$

式中，T_{cs} 为混凝土初始入模温度，取 33.5513℃；T_{cj} 为第 j 时刻，大梁温度变化值（℃）；L 为大梁长度初始距离，取 26.9919m；ΔL_{cj}：第 j 时刻，大梁理论长度变化值（m）；α 为混凝土线膨胀系数，取 1.0×10^{-5}。

②计算大梁的实测变形值。

$$\Delta L_{ti}=L_{ti}-L \tag{6-9}$$

式中，ΔL_{ti} 为第 i 次测得的大梁变形值（m）。

以时间为横轴，以 ΔL_{cj} 和 ΔL_{ti} 为纵轴，绘出大梁理论变形值和实测变形值的关系如图 6.6-7 所示。

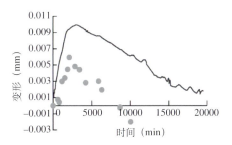

图 6.6-7　大梁理论变形值和实测变形值的关系

从图 6.6-7 中可得，第 2108min 为大梁实测变形值最大的时间点，以此时间点为研究对象，此时 ΔL_{t7}=5.9mm，ΔL_{cj}=9.4mm，则因卷材防水层的约束作用未发生的应变为：

$$\varepsilon=\Delta L_{yi}/L \tag{6-10}$$

$$\Delta L_{ti}=\Delta L_{cj}-\Delta L_{ti} \tag{6-11}$$

式中，ΔL_{yi} 为与第 i 大梁形变实测值对应的未发生的长度变化值，此处 δL_{y7} =9.4-5.9=3.5mm。ε 为应变，此处 ε=3.5/26991.9=0.1297×10^{-3} 大梁混凝土内部压应力：

$$\sigma=E_{t}\varepsilon \tag{6-12}$$

$$E_t = E_c \ (1 - e^{-0.09t}) \tag{6-13}$$

式中 E_c 为混凝土的最终弹性模量（N/mm²），此处取 C40 混凝土 28d 的弹性模量 3.25×10^4。e 为常数，取 2.718；t 为混凝土从浇筑到计算时的天数（d），由于混凝土弹性模量是时间的函数，此处 t 取实际时间的一半，计算得 $t=0.73$d，则 $\sigma=0.2680$MPa。大梁内部的压应力是由于底部受到卷材防水层的约束造成的，底部受到的摩擦阻力 F 与大梁内部压应力的关系为：

$$F = \sigma A \tag{6-14}$$

同时：

$$F = F_N \mu = V\gamma\mu/2 \tag{6-15}$$

$$F_N = V\gamma/2 \tag{6-16}$$

$$V = AL \tag{6-17}$$

式中，A 为大梁的截面面积；L 为大梁仓段的长度，取 26.9919m；γ 为大梁重度，取 24kN/m³；F_N 为作用在垫层上的正压力；μ 为铺设有卷材防水层的垫层对混凝土大梁的摩擦系数，取 $\mu=0.827$。

因此，位于坚硬地基上的垫层在铺设 3mm 厚无胎卷材防水层后，垫层与上部混凝土结构之间的摩擦系数 $\mu=0.827$。

3. 填仓情况分析

采用与单仓情况相同的测温、长度测量和数据处理方式，对填仓段（第 2 仓段）进行温度、长度测量和数据处理。其中，测得的大梁中心最高温度基本与单仓段相同，但相对于第 1 仓段，第 2 仓段大梁平均温度略低，同时未测到填仓段的长度变化。由于单仓段在 8 月 16 日开始浇筑，填仓段在 9 月 15 日开始浇筑，填仓段环境温度略低于单仓段环境温度，前者表面温度下降速度大于后者，则前者平均温度低于后者，又因大梁截面较大，中心水化热温度散发较慢，所以填仓段中心最高温度与单仓段中心温度基本相同。从单仓段长度变化可知，本仓段自身重力产生的摩擦力可约束自身一半的长度变化，填仓段两端为 34m 和 39m 的仓段，可全部约束第 2 仓段的长度变化，故第 2 仓段长度未测到明显变化。

4. 小结

通过对坑顶支座大梁第 1 仓段进行温度和长度的监测和计算，得到了在有无胎卷材防水层的情况下，垫层与上部混凝土结构之间的摩擦系数 μ=0.827 的结论，并通过对第 2 仓段进行温度和长度的监测和计算，验证了这一结论。

第 7 章　混凝土工程施工技术

深坑酒店 19m 高靠不规则崖壁梯田式回填混凝土基础，具有浇筑地形复杂、厚度大、多标高、截面不规则等特点，故钢筋加工安装、模板支设、混凝土浇筑工艺复杂，难度很大。使用 BIM 技术确定合理地分层、分块浇筑顺序，并应用有限元软件对混凝土温度分布进行分析，为实际养护提供了参考。另外，通过电子测温仪进行测温，实时跟踪，保证了回填混凝土基础的质量。同时利用堆抛石混凝土技术，充分利用崖壁爆破下来的碎石，进行基础混凝土施工，一方面减小了水化热效应，另一方面保证了绿色施工，实现环保效益。

7.1　单侧不规则弧形立面回填混凝土基础内钢筋施工技术

1. 技术难点

由于现场崖壁起伏不定，回填混凝土水平筋下料需根据现场情况进行放样下料。每层浇筑的混凝土均为不规则体，实际工程中需要根据径向和环向具体要求配筋。钢筋放样及加工无法批量工作，且工作要求精度高。

2. 采取措施

1）地形地貌三维数据模型获取

根据现场实际情况，对坑内的地形地貌运用了三维激光扫描技术，基于扫描的精细点云生成坑内地形地貌的三维地形模型，可从三维地形模型中自动提取等高线，获取二维及三维数据资料，实现一次测量。本次测绘采用了徕卡 ScanStation C10 三维激光扫描仪（图 7.1-1），获得的三维地形模型如图 7.1-2、图 7.1-3 所示。

图 7.1-1　三维激光扫描仪

图 7.1-2　采用 GEOMAGIC 多边形网格建模的崖壁模型图

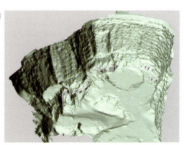
图 7.1-3　三维崖壁模型

2）钢筋三维数据模型放样

结合地形地貌的三维数据模型，利用 BIM 技术进行钢筋三维数据模型放样，生成各钢筋加工下料长度，图 7.1-4 是最底层（第一次浇筑层）现场三维数据钢筋放样布置图。

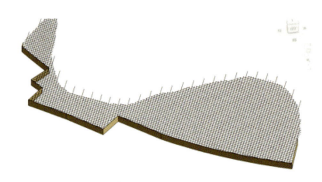

图 7.1-4　现场三维数据钢筋放样布置图

3）钢筋的安装

钢筋绑扎之前，根据结构钢筋网的间距和现场坑底情况，先在坑底弹出黑色墨线，放出墙位置边线。为了便于日后定位插筋方便，在各边线每隔 2.0m 划上红色油漆三角。下网应先铺短向、后铺长向，上网则刚好相反。小于 2.0m 厚的底板上下层钢筋之间采用直径 25mm 的钢筋加工制作的"工"字形马镫铁支撑，间距 1.2m，外墙马镫距外墙里皮 0.5m 处开始设置作为导墙模板焊接支撑点用。大于等于 2.0m 厚底板采用型钢支撑。底板钢筋接头采用直螺纹连接，下铁在跨中搭接，上铁在支座搭接。焊接采用帮条焊和搭接焊。单面焊接长度 10d，双面焊接长度 5d。HPB235 和 HRB335 钢筋选用 E43×× 焊条焊接，HRB400 钢筋选用 E50×× 焊条焊接。

7.2　梯田式回填混凝土基础单侧模板支设技术

1. 技术难点

坑底梯田式回填混凝土基础，标高错落复杂，模板支设困难。靠近岩壁一侧以崖壁为浇筑面，岩壁外侧均需采用单面支撑的方式进行模板支撑。模板受力和设计要求特殊，对模板支撑提出较高要求。

2. 采取措施

1）三角支架模板支设方案

模板支撑为三角支架支撑体系，采用 18mm 厚胶合板，50×100 木方作骨架，Φ48×3.5 钢管及槽钢和工字钢作支撑加固。梯田式混凝土基础可视作为若干台阶的组合叠加，台阶尺寸众多，难以统一。类型基本归纳有 h 型和 $b×h$ 型两大类，单个数字 h 表示台阶高度，此台阶宽度可以满足常规支撑斜杆下脚水平宽度或在最下层台阶，$b×h$ 表示台阶宽乘以高。工程中选取具有代表性的台阶进行设计，其余可按此类具代表性台阶模板支撑进行适当调整。深坑酒店模板高度划分为1.4m 级、3.4m 级、5.2m 和 6.83m 级四个等级。

首先选取高度最高台阶 6.83m 按 4m×6.9m 进行设计。模板竖向 2m 一道分布，最上部 2m 的侧压力最大，使用 Midas 对该三角支架应力应变进行分析，整体稳定，满足受力要求。应力应变如图 7.2-1 所示。

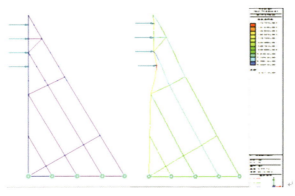

图 7.2-1　4m×6.9m 型支架应力应变图

实际工程中相应调整最顶端外龙骨间距，最外侧支撑斜杆相应调整，但角度不变。当至 5.2m 高度时，最外侧支撑杆与由外往里数第二道支撑杆重叠，这时可撤一道支撑杆，按 3.085m×5.2m 设计。同理对 3.4m 级高度台阶按 3m×3.4m 设计，对 1.4m 级高度台阶按 1.5m×1.4m 设计。不同高度下模板支撑结构和适用范围见图 7.2-2。

为增加施工效率，方便模板支撑加工拆卸安装周转，此槽钢模板支撑定型化，以此模板支撑进行模板支撑架设，模板安装至设计高度。这四类可以视具体工况进行交叉轮转使用，达到就地拆装，就地转移，循环使用的目的。

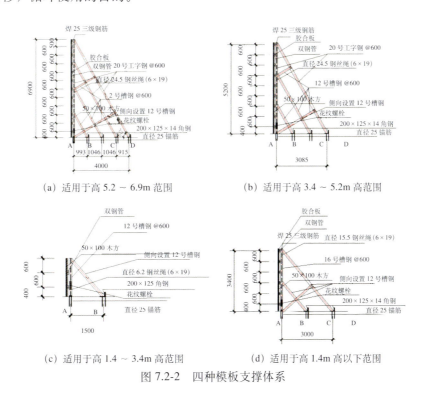

（a）适用于高 5.2～6.9m 范围　　　（b）适用于高 3.4～5.2m 高范围

（c）适用于高 1.4～3.4m 高范围　　　（d）适用于高 1.4m 高以下范围

图 7.2-2　四种模板支撑体系

2）对拉钢筋模板支设方案

设计上梯田式大体积回填混凝土配筋如下：①每个台阶面处配置双向钢筋 ϕ28@300；②大体

积混凝土中配置温度筋，要求为每 2m 高范围内需配置双向通长 $\phi 16@300$。当岩体倾角大于 60°时，温度钢筋通长筋水平方向每隔 1.2m，竖直方向每隔 2m 需将水平钢筋值入岩体，植入长度约 1m。对拉钢筋方案利用这些植入的水平钢筋与对拉螺栓连接用于拉结模板体系。如图 7.2-3、图 7.2-4 所示。

模板体系为木模板加木方次龙骨加槽钢主龙骨加对拉螺栓。木方模板每 200mm 设置一道，主龙骨采用 20 号槽钢，次龙骨采用高 2m 的木方。当浇筑混凝土时，实际每根槽钢分担着 1.0m×1.2m 的混凝土侧向压力，约为 33.5kN；而次龙骨木方承受了 0.2m×2.0 m 的混凝土侧压力，约为 11.2kN；根径向对拉钢筋承受 1.2m×1.0m 的侧压力，约为 33.5kN。验算均满足要求。

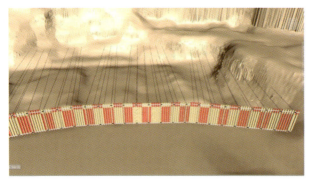

图 7.2-3　第一层对拉钢筋支模局部图

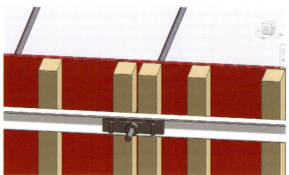

图 7.2-4　对拉螺栓拉结模板节点图

3）方案比选

通过对设计图纸和 BIM 模拟的情况分析，一方面由于坑底及岩壁起伏不规则，每次回填混凝土模板支设异形且多变，部分区域特别是环向支模时，采用钢筋对拉方式操作困难且难以达到受力要求，可行性不高。另一方面为了满足设计要求，梯田式回填混凝土划分为若干台阶，局部台阶形式不规则且尺寸偏小，支设三角支撑钢架操作空间难以满足，存在安全隐患，故不宜选择三角支架固定模板。综合考虑，回填混凝土模板采用三角支架支撑和钢筋对拉相结合的方法。

3. 小结

通过上述两种方案的结合，有效地保证了梯田式混凝土模板单侧支设的安全性、实用性和经济性。

7.3　堆抛石混凝土施工技术

1. 技术难点

深坑酒店项目建造在陡峭深坑内，原设计为坑底嵌岩基础，但由于坑底地形复杂，高差大，坑底爆破技术难度大，费用昂贵，而且爆破可能会对前期处理过的崖壁，造成不利的应力和位移影响。综合考虑，设计将坑底嵌岩基础调整为坑底回填混凝土基础，即坑底先采取强度为 C25 的大体积混凝土进行找平，然后在找平大体积混凝土上施工柱承台与两层箱型基础。坑底回填大体积回填呈梯田式，标高错落复杂，共有 12 个不同的台阶高程，最高处 19m。深坑酒店项目回填混凝土基础施工需要考虑节约环保及降低回填混凝土中的水化热温升。

2. 采取措施

1）堆抛石混凝土施工方案

考虑到坑底现场有大量前期崖壁爆破及加固产生的崖壁岩石废弃石块，为节约资源及降低回填混凝土中的水化热温升，设计院与项目技术部决定在部分机械运输方便的回填混凝土区采用堆抛石混凝土施工。堆抛石混凝土的块石采用崖壁爆破及加固产生的块石。块石采用挖土机装至筛分架上进行筛分，筛分出粒径大于 300mm 的大石料与粒径在 100～200mm 的小石料，用挖土机将合格石料装载至自卸汽车（翻斗车）上，由自卸汽车（翻斗车）运至塔吊能吊装的料场位置堆放，使用高压水枪将石料冲洗干净。

堆抛石混凝土施工流程如图 7.3-1 所示。

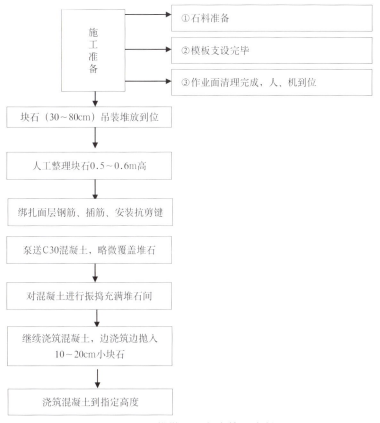

图 7.3-1　堆抛石混凝土施工流程

灌入混凝土的性能要求为：①强度等级为 C30；②粗骨料粒级配为 5～25cm 连续级配；③混凝土入模塌落度为 180±20mm；④混凝土入模扩展度 ≥ 400mm。

2）岩石性能检测与样板试验

为确保堆抛石混凝土的强度达到设计要求的 C25，对堆抛石岩块的力学性能进行检测，检测内容包括不同应变率下，试样的峰值应力与破坏应变。同时对施工方法进行样板试验，按照施工方案做一个 1m×1m×1m 的标准堆抛石混凝土块，然后在标准堆抛石混凝土块的各部位钻芯取样，检测芯样的强度。

（1）岩石性能检测

考虑到不同区域岩石的性能可能会有差异，试验岩石的试样来自于爆破产生的粒径在 500mm 以上的不同岩块中，并且保证试样无肉眼可见裂缝及其他可见缺陷。取出的试样在室内进行切割打磨成圆柱形岩石试样（图 7.3-2），单轴压缩试验采用微机控制刚性伺服三轴压力试验机，该机可实现不同应变率下的单轴加载试验。本次试验的应变率分为 6 个，分别为 1×10^{-5}/s、1×10^{-4}/s、1×10^{-3}/s、1×10^{-2}/s、1×10^{-2}/s 和 1/s。试验步骤具体为将试样安装到试验设备上，然后设定应变率所对应的荷载施加速度，观察试样的破坏形式，记录应力 - 应变及破坏荷载，收集后再对试验数据进行分析。为了减少试验误差，不同尺寸的试样均做 3 次平行试验。

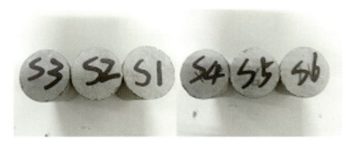

图 7.3-2　岩石试样

试验结果为不同应变率下安山岩性能如表 7.3-1 所示。

不同应变率下岩石单轴压缩的力学性能指标　　　　　　　　　　　　　　表 7.3-1

应变率 ε (/s)	加载速率（mm/min）	峰值应力 σ_p（MPa）	竖向变形（mm）	破坏应变 ε_f（%）
试件直径 D=38mm，长径比（L/D）=1				
1×10^{-5}/s	0.0228	104.88	0.885	2.3
1×10^{-4}/s	0.228	128.88	1.398	3.7
1×10^{-3}/s	2.28	135.06	1.638	4.3
1×10^{-2}/s	22.8	98.41	1.935	5.1
1×10^{-1}/s	228	90.08	1.243	3.3
1/s	2280	84.13	1.073	1.07

从表中可看出在最大 1/s 应变率下，现场安山岩的峰值强度为 84.13 MPa，可用作配制 C25 混凝土的粗骨料。

（2）样板试验

使用模板定做一个 $1 \times 1 \times 1m^3$ 的木箱子，在木箱内随机堆放粒级≥ 300mm 的石料，堆石高度为 300 ~ 600mm，堆石体积约占木箱体积的 30% ~ 50%，如图 7.3-3、图 7.3-4 所示。

堆石完毕后往箱内浇筑 C30 混凝土，灌入混凝土粗骨料粒级配为 5 ~ 25cm 连续级配，入模塌落度 180±20mm，入模扩展度≥ 400mm。对浇入的混凝土进行振捣，使混凝土均匀渗入堆石的空隙中，在浇筑混凝土的过程中均匀抛入粒径在 100 ~ 200mm 的小碎石，直到浇筑满整个箱体。一个星期后对样板堆石区混凝土试件进行钻蕊取样，检查堆石区混凝土的密实度，取芯试样如图 7.3-5、图 7.3-6 所示，从芯样可看出堆石的间隙中充满了混凝土，这种施工方案能保证堆抛石混凝

图 7.3-3　样板中的堆石与小石子　　　　　　　　图 7.3-4　样板中振捣密实与抛入石子

土的密实性。

图 7.3-5　取芯试件　　　　　　　图 7.3-6　蕊样处原位混凝土

28 天后对样板堆抛石混凝土钻芯样进行强度检测，共钻取 6 个芯样进行强度试验，6 个芯样的试验强度如表 7.3-2 所示，从表中可看 6 个芯样的强度均满足设计的要求，6 个芯样的平均强度为 29.9 MPa。

样板堆抛石混凝土钻芯强度			表 7.3-2
序号	位置及类别	设计强度等级（MPa）	抗压强度换算值
1	样板 1 号芯样	C25	26.6
2	样板 1 号芯样	C25	31.9
3	样板 1 号芯样	C25	29.5
4	样板 1 号芯样	C25	34.5
5	样板 1 号芯样	C25	27.8
6	样板 1 号芯样	C25	29.1

第 4 与第 5 个芯样试件，钻芯时取到了大的堆石岩块，两个芯样试件及被压坏的照片如图 7.3-7 所示。从图中可看出 5 试件的部分破坏面沿着堆石岩块与灌入混凝土的交界面，而图 7.3-8 试件中破坏面并未出现在堆石岩块与灌入混凝土的交界面上。这一现象表明虽然所有芯样的强度均满足设计要求，但堆石岩块与灌入混凝土的交界面仍是堆抛石混凝土中较为薄弱的环节，尤其是当交界面与受力方向成一定斜交角度时，交界面更易发生破坏。

图 7.3-7　强度试件 5 及试验照片　　　　　　图 7.3-8　强度试件 4 及试验照片

3）堆抛石混凝土施工

在岩石性能检测完成与样板试验成功后进行现场堆抛石混凝土施工。测量放线后将待浇筑回填找平混凝土的岩石表面清理干净，清除浮土与松散破碎岩层。直接用挖土机将冲洗合格后的石料堆放在待浇筑混凝土位置，控制堆石的高度在 300～600mm，控制石料距墙体钢筋或周边模板边沿 1m 以上距离，挖土机堆石结束后，人工进行码放修整，检查确保堆石体间空隙合理。当浇筑块面层钢筋绑扎、抗剪插筋及抗剪键安装完毕后，将坍落度 180+20mm，扩展度 400mm 以上的 C30 混凝土浇筑在码放整齐的石料上，等混凝土完全覆盖堆石后，使用振动棒对混凝土进行振捣，确保混凝土充满堆石空隙内。随着混凝土的浇筑使用塔吊抛入粒径在 100～200mm 的小碎石，直到浇筑达到规定标高。堆石码放与混凝土浇筑振捣如图 7.3-9、图 7.3-10 所示。

图 7.3-9　现场堆石高度　　　　　　图 7.3-10　振捣作用下混凝土在堆石间的流动

3. 小结

通过采用堆抛石混凝土，节省混凝土 4000m³，同时降低了大体积回填混凝土中的水化热温升，减小了基础混凝土的开裂风险。

第8章 主体钢结构关键施工技术

近年来异型钢结构越来越被广泛采用，如何保证施工过程安全，严控目标位形，关键在于施工过程的分析与计算。施工控制就是为了确保施工过程中结构的安全，保证结构成形后变形及受力状态基本符合设计要求。

首先采用 Midas 软件对"深坑酒店"双曲异型钢结构整个安装过程进行模拟计算分析，得出结构在安装过程中产生的应力及变形量。然后通过控制安装顺序及楼板浇筑次序，尽量利用结构自身重心找平衡，以控制施工过程中的结构应力变形和位移量，另外详细介绍了双曲异型主体钢结构的施工安装技术及施工过程误差控制。

8.1 钢结构施工过程结构安全计算关键技术

1. 技术概况

深坑酒店工程结构为带支撑钢框架结构体系，主体塔楼大部分位于深坑内，标高从 −64.6m 至 10m。酒店平面分为 A 区和 B 区，其中 A 区立面为双向侧倾，B 区立面为单向侧倾，通过地下一层的钢桁架与坑外地面结构连接。坑外为裙房部分，结构形式为钢框架结构。主体总用钢量约 6846t，楼承板 56330m²。

主体结构塔楼部分，框架柱为圆管钢柱，截面规格主要为 $\phi 600 \times 25$、$\phi 600 \times 22$、$\phi 600 \times 20$、$\phi 550 \times 28$、$\phi 550 \times 25$、$\phi 550 \times 22$、$\phi 550 \times 20$、$\phi 750 \times 35$，材质为 Q345-B 和 Q345GJ-B。钢梁最大截面规格为 H1600×450×28×40，斜撑最大截面规格为 □500×250×30×10。坑下一层桁架截面高度 5m，最大跨度为 30.1m（TR-5A），最大重量 38t（TR-5C 含立柱重），弦杆最大截面规格为 H700×450×30×35，腹杆最大截面规格 H500×500×30×35，下弦杆最重 8.6t（TR-5C），钢梁、斜撑、桁架材质均为 Q345-B。

坑外地上裙房部分，钢框架柱截面规格主要为 $\phi 750 \times 35$、$\phi 550 \times 28$，材质为 Q345-B。钢梁最大截面规格 H1400×350×20×32，材质为 Q345-B。

通过利用钢结构施工过程安全技术关键技术，验证施工部署的合理性，并严格按照经过验证合理的施工部署进行钢结构施工，较好的控制了钢结构施工过程中的位移和变形，保证了结构的安全稳定性。

2. 钢结构施工工艺流程

根据工程特点及施工进度要求，施工流程如下：

（1）钢结构吊装：钢结构吊装按 2 层一节柱进行吊装。

(2) 钢结构与混凝土施工顺序：框架支撑体系先施工，框架施工时楼承板同步铺设，B8 层～地下室楼板混凝土同步浇筑，B8 层以上楼板混凝土暂不浇筑，等框架结构与楼顶大桁架相连形成整体受力体系之后，释放桁架顶的临时约束，坑顶滑动支座开始受力，然后再分段浇筑层以上楼板（注：钢筋桁架楼承板需与框架同步铺设，并且打上栓钉，利用楼承板的平面内刚度为钢框梁提供侧向支撑并为结构提供一定的面内刚度），最后砌筑内隔墙，结构整体进入设计理论要求的受力模式。本施工方案主要目的为了避免楼板与框架同步施工时，由于钢柱顶端不受约束导致钢柱应力以及楼层水平位移偏大的情况，同时保证了施工进度。

(3) 施工步骤：整个施工主要分为 18 个施工步骤，其中第一步为埋设地下室钢骨柱及施工底部混凝土墙，在模型中不进行另行分析，计算模型中在 2 节柱开始安装之后定义为第一施工阶段（CS1），共计 17 个施工阶段分别命名为 CS1～CS17，分析各个不同施工阶段完成后，由于结构自重和施工荷载造成的结构支座（包括临时支座）及关键构件内力及结构变形情况。

各施工阶段的主要施工顺序如下：

第一步：施工一节钢骨柱及地下室墙体。地下钢柱的刚性约束形成。

第二步（CS1）：施工 2 节柱及支撑、钢梁（B13，B12 层），楼承板铺设，并浇筑楼板混凝土。（楼板荷载按自重考虑，施工楼层考虑 1.5 kN/m² 的施工活载）。

第三步（CS2）：施工 3 节柱及支撑、钢梁（B11，B10 层），楼承板铺设，并浇筑楼板混凝土（楼板荷载按自重考虑，施工楼层考虑 1.5 kN/m² 的施工活载）。

第四步（CS3）：施工 4 节柱及支撑、钢梁（B9，B8 层），楼承板铺设并浇筑楼板混凝土（楼板荷载按自重考虑，施工楼层考虑 1.5 kN/m² 的施工活载）。

第五步（CS4）：施工 5 节柱及支撑、钢梁（B7，B6 层），楼承板铺设但不浇筑混凝土。

第六步（CS5）：施工 6 节柱及支撑、钢梁（B5，B4 层），楼承板铺设但不浇筑混凝土。

第七步（CS6）：施工 7 节柱及支撑、钢梁（B3，B2 层），楼承板铺设但不浇筑混凝土。此时 TR-3A 及 TR-5B 已到达不利位置点，需考虑风荷载的不利影响，施加风荷载。

第八步（CS7）：施工 8 节柱及支撑、钢梁（B1，1 层），楼承板铺设但不浇筑混凝土。

第九步（CS8）：吊装坑顶桁架第一分段，桁架端头上下弦各加 1 个临时约束支座（坑顶埋件需预埋）。

第十步（CS9）：完成桁架下弦杆与坑底支撑框架的连接。

第十一步（CS10）：完成桁架上弦及腹杆连接，同时完成坑顶 2 层其他钢结构的安装，楼承板铺设，形成初步整体受力体系。

第十二步（CS11）：施工 9 节柱及支撑、钢梁（2 层，2 层顶），楼承板铺设但不浇筑混凝土。

第十三步（CS12）：卸载：拆除坑顶桁架的临时支座，滑动支座进入工作状态。

第十四步（CS13）：浇筑 B7，B6，B5 层楼板（施工楼层考虑 1.5 kN/m² 的施工活载）。

第十五步（CS14）：浇筑 B4，B3，B2 层楼板（施工楼层考虑 1.5 kN/m² 的施工活载）。

第十六步（CS15）：浇筑 B1，1 层楼板（施工楼层考虑 1.5 kN/m² 的施工活载）。

第十七步（CS16）：浇筑 2 层及屋面楼板（施工楼层考虑 1.5 kN/m² 的施工活载）。

第十八步（CS17）：加楼面装修荷载 2.5kN/m²，楼面活载（酒店房间 2.0 kN/m²），隔墙荷载 1.0kN/m²，计算正常使用状态下结构受力情况。

3. 钢结构施工模拟受力分析及验算

施工模拟采用 midas GEN 软件进行分析。

1）荷载及荷载组合

（1）恒载：①构件自重：程序自动计算（包括梁、柱、支撑及楼板自重）；②隔墙荷载：1.0kN/m²；C、装修荷载：2.5kN/m²。

（2）活载：①施工阶段活荷载：1.5kN/m²；②使用阶段活荷载：2.0kN/m²。

（3）风荷载：① 50 年基本风压：0.55kN/m²；②风压高度变化系数：1.0；③风荷载体形系数：0.8。

（4）荷载组：① 1.2 恒 +1.4 活；② 1.35 恒 +0.98 活；③ 1.2 恒 ±1.4 风；④ 1.2 恒 +0.98 活 ±1.4 风；⑤ 1.0 恒 +0.98 活 ±1.4 风；⑥ 1.2 恒 +1.4 活 ±0.84 风；⑦ 1.0 恒 +1.4 活 ±0.84 风。

2）$P\text{-}\Delta$ 效应

$P\text{-}\Delta$ 效应是指由于结构的水平变形而引起的重力附加效应，可称之为重力二阶效应，结构在水平力（风荷载或水平地震力）作用下发生水平变形后，重力荷载因该水平变形而引起附加效应，结构发生的水平侧移绝对值越大，$P\text{-}\Delta$ 效应越显著，若结构的水平变形过大，可能因重力二阶效应而导致结构失稳。

深坑酒店工程中，由于建筑立面的要求，钢柱竖向呈曲线形状，结构在竖向及水平荷载作用下的水平位移明显，因此必须考虑 $P\text{-}\Delta$ 效应。

3）安装流程及模型分析情况

整体模型如图 8.1-1 所示。

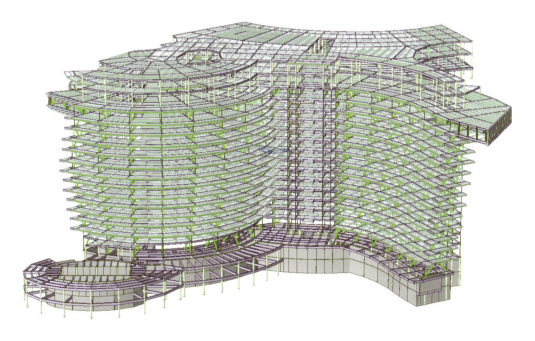

图 8.1-1　结构整体模型

第一步：安装第一节钢柱（地下室钢骨柱）及地下室墙体。

第二步（CS1）：安装第二节钢柱（2 层一节）及相关构件如图 8.1-2 ～图 8.1-7 所示。

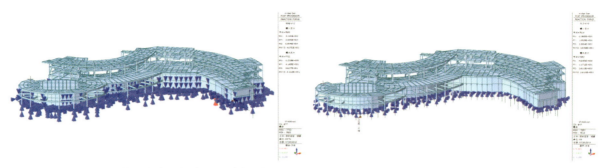

图 8.1-2　CS1 施工完成后基底反力（内力）　　　　图 8.1-3　CS1 施工完成后基底反力（弯矩）

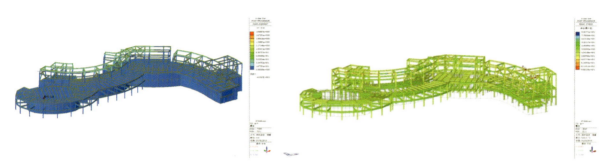

图 8.1-4　CS1 施工完成后变形（最大水平位移 1.8mm）　　　图 8.1-5　CS1 施工完成后构件整体应力

图 8.1-6　CS1 施工完成后单榀"凸"框架 TR-3A 应力及水平位移

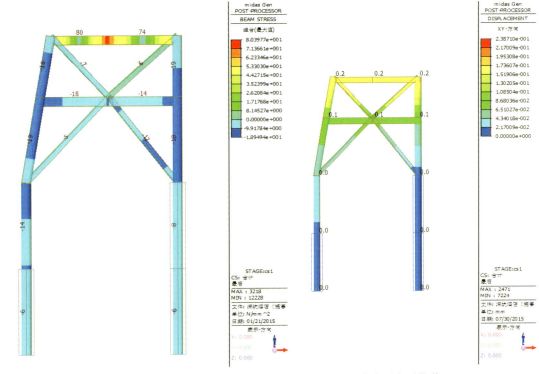

图 8.1-7　CS1 施工完成后单榀"凹"框架 TR-5B 应力及水平位移

第三步（CS2）：安装第三节柱（2 层一节）及相关构件如图 8.1-8 ～图 8.1-13 所示。

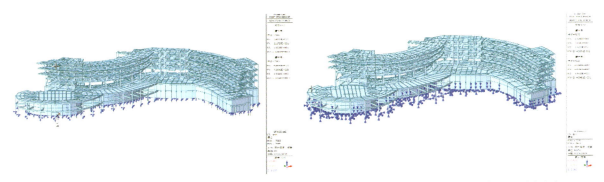

图 8.1-8　CS2 施工完成后基底反力（内力）　　　图 8.1-9　CS2 施工完成后基底反力（弯矩）

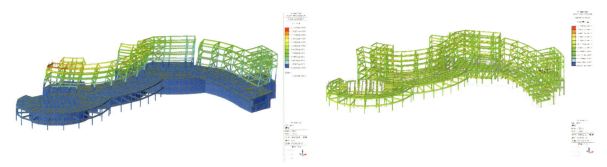

图 8.1-10　CS2 施工完成后变形（最大水平位移 2.1mm）　　　图 8.1-11　CS2 施工完成后整体应力

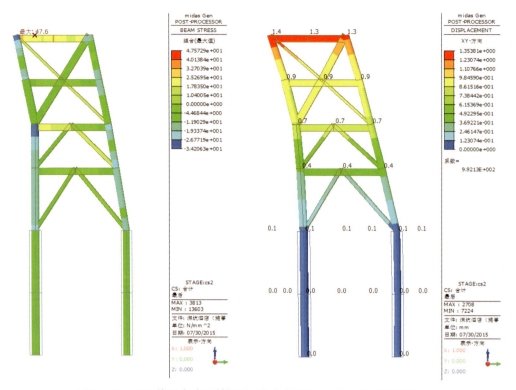

图 8.1-12　CS2 施工完成后单榀"凸"框架 TR-3A 应力及水平位移

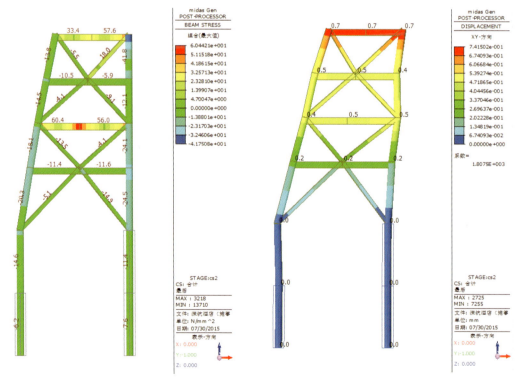

图 8.1-13　CS2 施工完成后单榀"凹"框架 TR-5B 应力及水平位移

第四步（CS3）：安装第四节柱（2 层一节）及相关构件如图 8.1-14 ～图 8.1-19 所示。

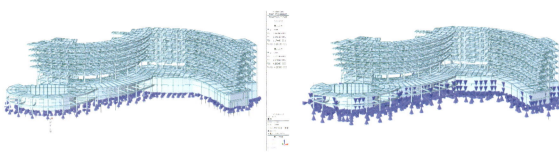

图 8.1-14　CS3 施工完成后基底反力（内力）　　　　图 8.1-15　CS3 施工完成后基底反力（弯矩）

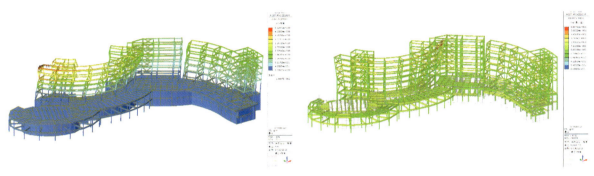

图 8.1-16　CS3 施工完成后变形（最大水平位 5.1mm）　　　图 8.1-17　CS3 施工完成后整体应力

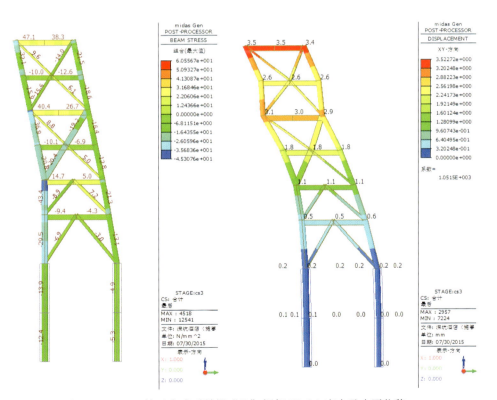

图 8.1-18　CS3 施工完成后单榀"凸"框架 TR-3A 应力及水平位移

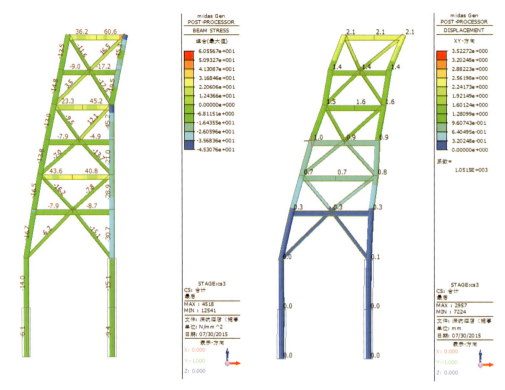

图 8.1-19　CS3 施工完成后单榀"凹"框架 TR-5B 应力及水平位移

第五步（CS4）：安装第五节柱（2 层一节）及相关构件如图 8.1-20 ～图 8.1-25 所示。

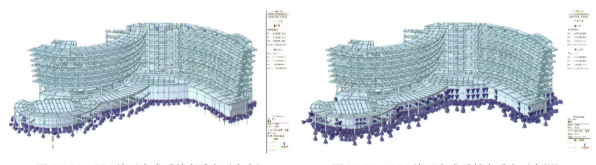

图 8.1-20　CS4 施工完成后基底反力（内力）　　　图 8.1-21　CS4 施工完成后基底反力（弯矩）

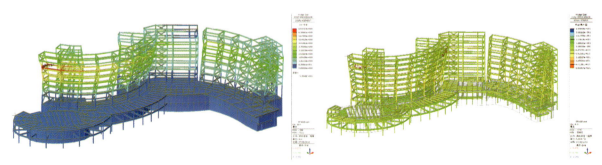

图 8.1-22　CS4 施工完成后变形最大水平位移 6.9mm　　　图 8.1-23　CS4 施工完成后构件整体应力

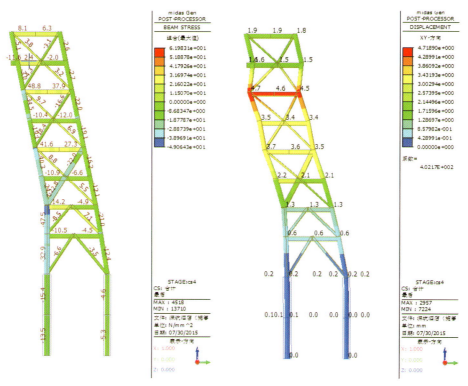

图 8.1-24 CS4 施工完成后单榀"凸"框架 TR-3A 应力及水平位移

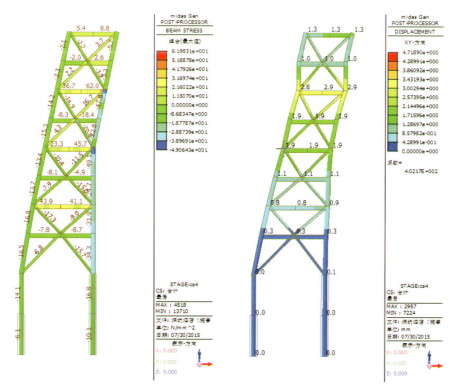

图 8.1-25 CS4 施工完成后单榀"凹"框架 TR-5B 应力及水平位移

第六步（CS5）：安装第六节柱（2 层一节）及相关构件如图 8.1-26 ～ 图 8.1-31 所示。

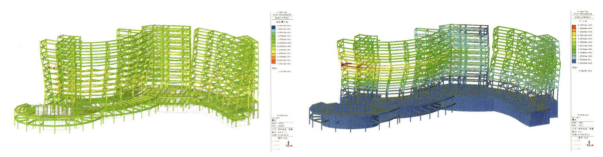

图 8.1-26　CS5 施工完成后基底反力（内力）　　　　　图 8.1-27　CS5 施工完成后基底反力（弯矩）

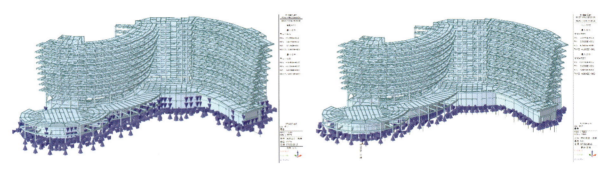

图 8.1-28　CS5 施工完成后变形最大水平位移 8.8mm　　　图 8.1-29　CS5 施工完成后构件整体应力

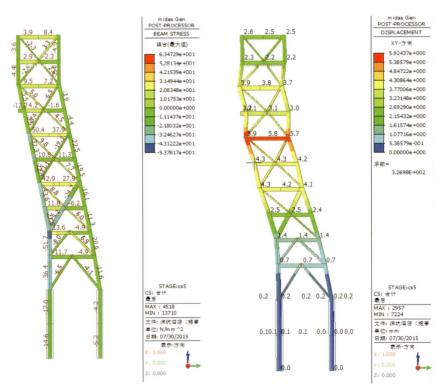

图 8.1-30　CS5 施工完成后单榀"凸"框架 TR-3A 应力及水平位移

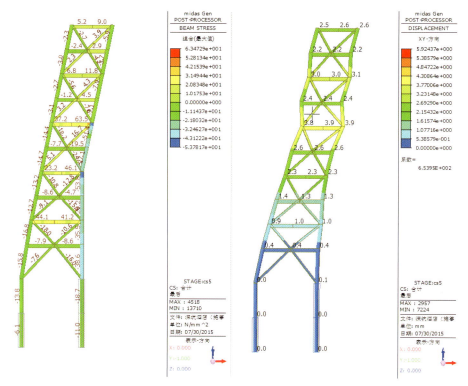

图 8.1-31　CS5 施工完成后单榀"凹"框架 TR-5B 应力及水平位移

第七步（CS6）：安装第七节柱（2 层一节）及相关构件如图 8.1-32 ～图 8.1-37。

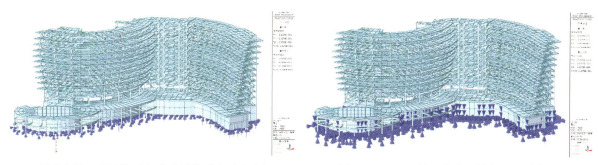

图 8.1-32　CS6 施工完成后基底反力（内力）　　　　图 8.1-33　CS6 施工完成后基底反力（弯矩）

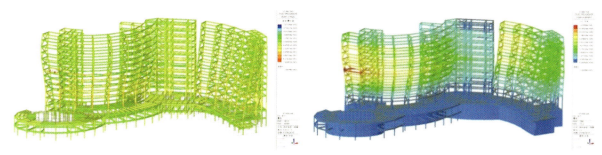

图 8.1-34　CS6 施工完成后变形最大水平位移 10.3mm　　　图 8.1-35　CS6 施工完成后整体应力

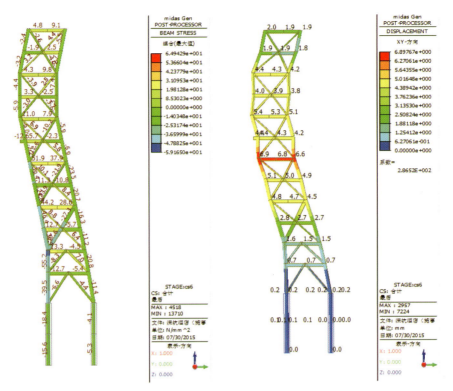

图 8.1-36　CS6 施工完成后单榀"凸"框架 TR-3A 应力及水平位移

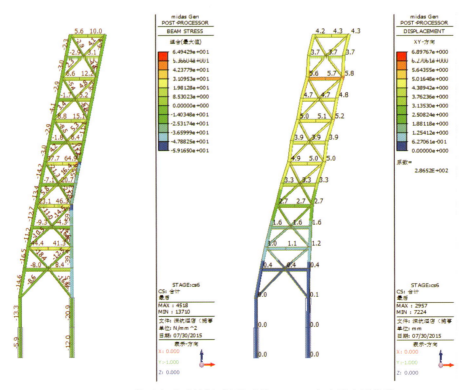

图 8.1-37　CS6 施工完成后单榀"凹"框架 TR-5B 应力及水平位移

第八步（CS7）：安装第六节柱（2 层一节）及相关构件如图 8.1-38～图 8.1-43 所示。

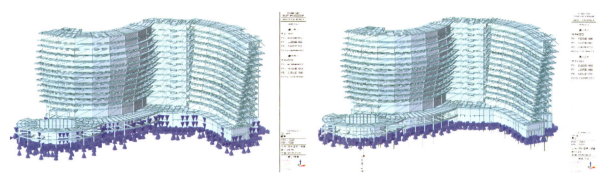

图 8.1-38　CS7 施工完成后基底内力　　　　　　图 8.1-39　CS7 施工完成后基底弯矩

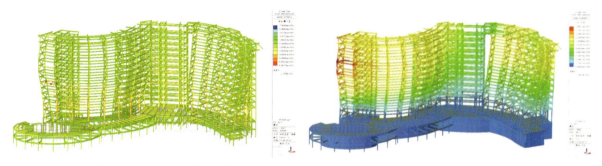

图 8.1-40　CS7 施工完成后变形最大水平位移 18.9mm　　　　图 8.1-41　CS7 施工完成后整体应力

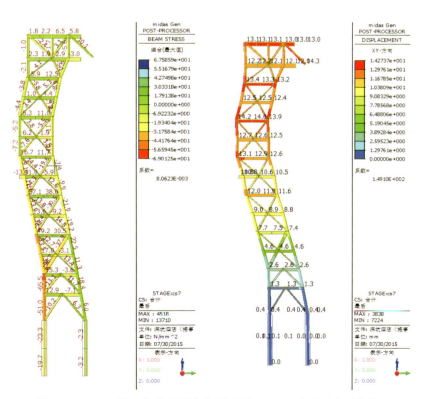

图 8.1-42　CS7 施工完成后单榀"凸"框架 TR-3A 应力及水平位移

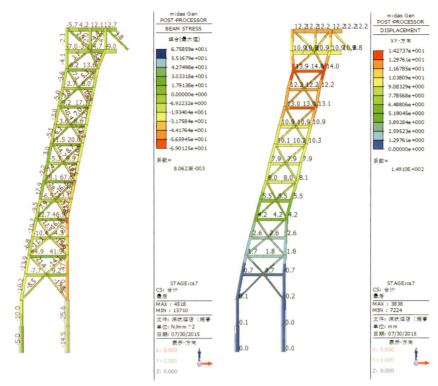

图 8.1-43 CS7 施工完成后单榀"凹"框架 TR-5B 应力及水平位移

第九步（CS8）：安装坑顶大桁架的第一个吊装分段，并在坑顶压顶梁及墙边设置临时支撑如图 8.1-44 ～图 8.1-49 所示。

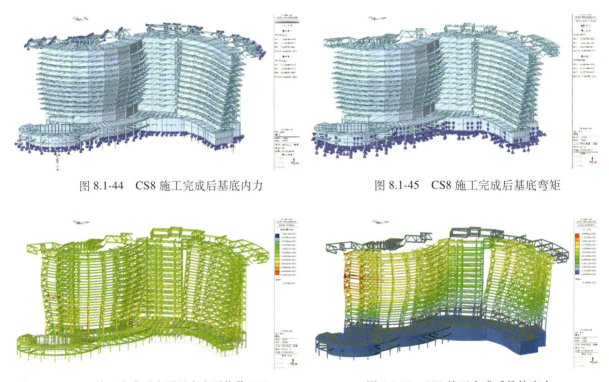

图 8.1-44 CS8 施工完成后基底内力　　　　　图 8.1-45 CS8 施工完成后基底弯矩

图 8.1-46 CS8 施工完成后变形最大水平位移 18.9mm　　　图 8.1-47 CS8 施工完成后整体应力

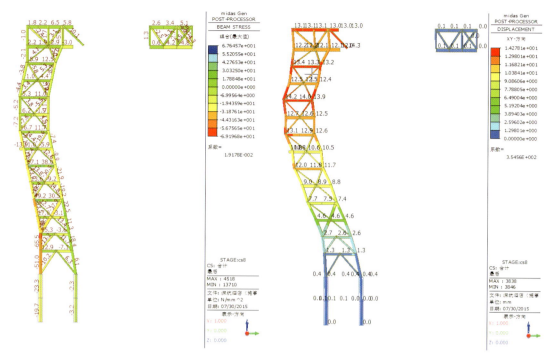

图 8.1-48　CS8 施工完成后单榀"凸"框架 TR-3A 应力及水平位移

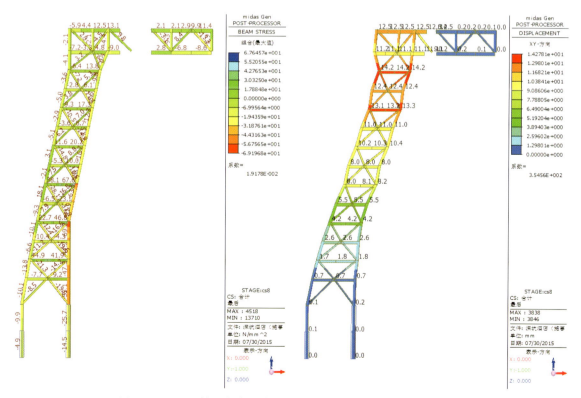

图 8.1-49　CS8 施工完成后单榀"凹"框架 TR-5B 应力及水平位移

第十步（CS9）：继续安装坑顶大桁架的下弦杆与主楼进行连接，并逐步完成桁架的腹杆、上弦杆的安装如图 8.1-50 ～图 8.1-55 所示。

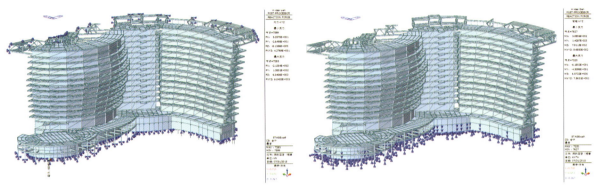

图 8.1-50　CS9 施工完成后基底内力　　　　　图 8.1-51　CS9 施工完成后基底弯矩

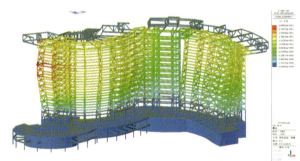

图 8.1-52　CS9 施工完成后变形最大水平位移 19.1mm　　　　图 8.1-53　CS9 施工完成后整体应力

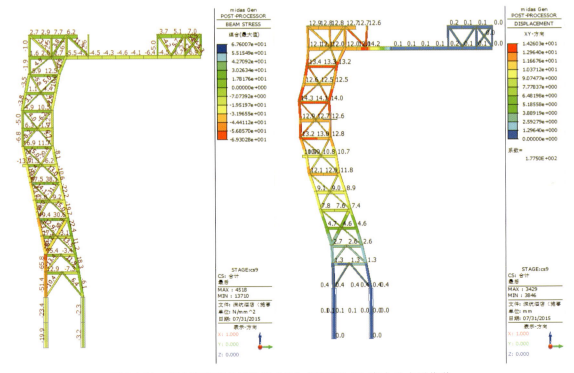

图 8.1-54　CS9 施工完成后单榀"凸"框架 TR-3A 应力及水平位移

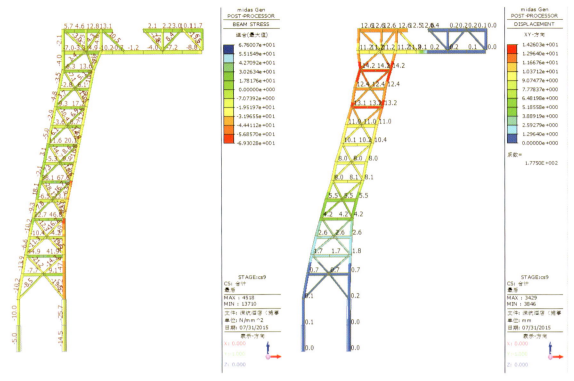

图 8.1-55　CS9 施工完成后单榀"凹"框架 TR-5B 应力及水平位移

第十一步（CS10）：完成坑顶桁架的安装，如图 8.1-56 ～图 8.1-63 所示。

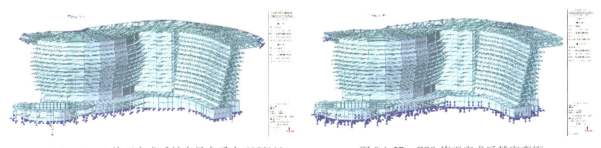

图 8.1-56　CS10 施工完成后基底最大反力 6073kN　　　　图 8.1-57　CS8 施工完成后基底弯矩

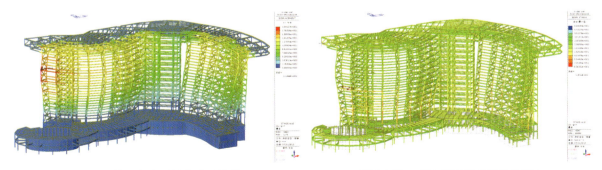

图 8.1-58　CS10 施工完成后最大水平位移 19.4mm　　　　图 8.1-59　CS8 施工完成后整体应力

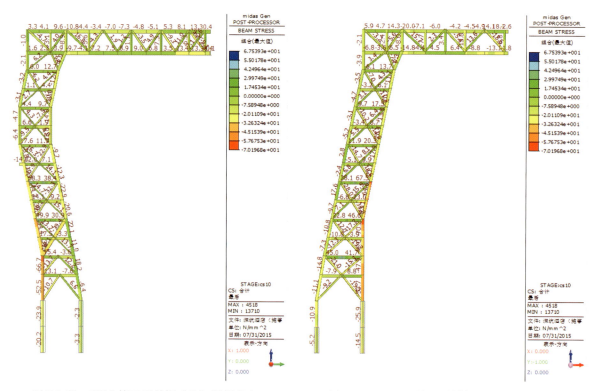

图 8.1-60　CS10 施工后单榀"凸"框架应力　　　　图 8.1-61　CS10 施工后单榀"凹"框架应力

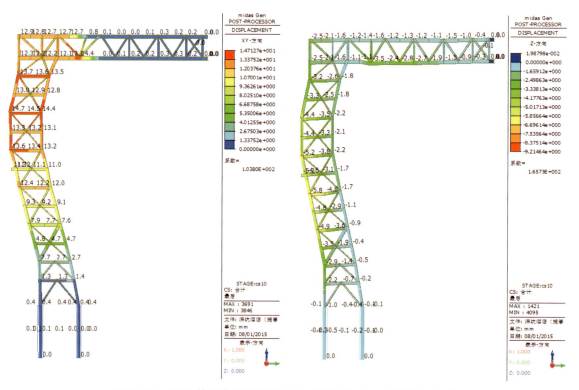

图 8.1-62　CS10 施工完成后单榀"凸"框架 TR-3A 水平及竖向位移

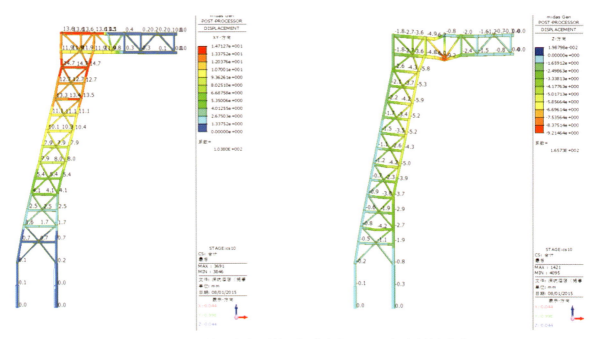

图 8.1-63　CS10 施工完成后单榀"凹"框架 TR-5B 水平及竖向位移

第十二步（CS11）：完成坑顶 2 层钢结构吊装，如图 8.1-64 ～图 8.1-72 所示。

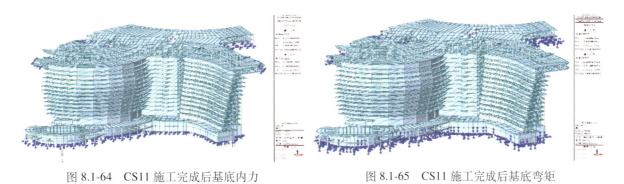

图 8.1-64　CS11 施工完成后基底内力　　　　图 8.1-65　CS11 施工完成后基底弯矩

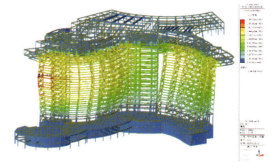

图 8.1-66　CS11 施工完成后桁架支座反力　　　图 8.1-67　施工完成后最大水平位移 19.8mm

图 8.1-68　CS11 施工完成后构件整体应力

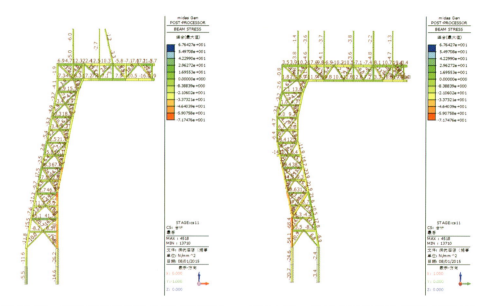

图 8.1-69　CS11 施工后单榀"凸"框架应力　　图 8.1-70　CS11 施工后单榀"凹"框架应力

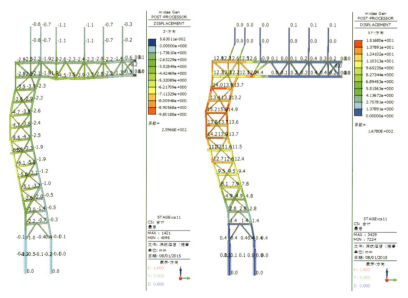

图 8.1-71　CS11 施工完成后单榀"凸"框架 TR-3A 水平及竖向位移

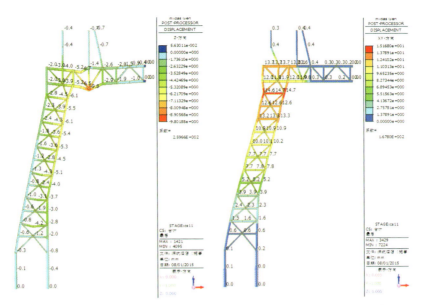

图 8.1-72　CS11 施工完成后单榀"凹"框架 TR-5B 水平及竖向位移

第十三步（CS12）：释放桁架约束，变为滑动支座，如图 8.1-73～图 8.1-80 所示。

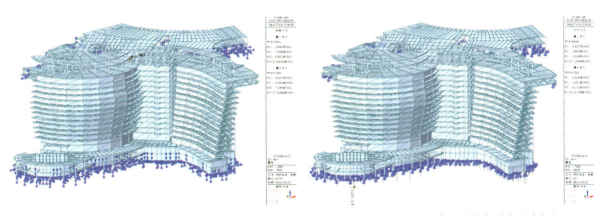

图 8.1-73　CS12 施工后基底反力（内力）　　　图 8.1-74　CS12 施工后基底反力（弯矩）

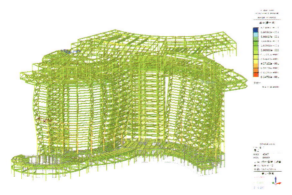
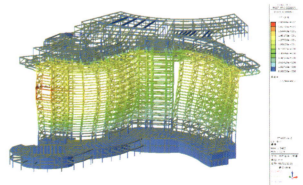

图 8.1-75　CS12 施工后变形最大水平位移 20mm　　　图 8.1-76　CS12 施工后构件整体应力

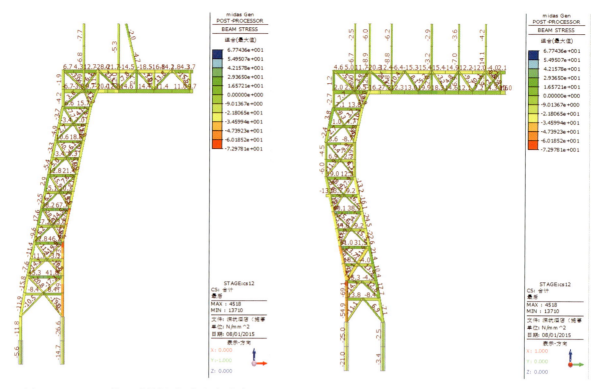

図 8.1-77　CS12 施工后单榀"凸"框架应力　　　図 8.1-78　CS12 施工后单榀"凹"框架应力

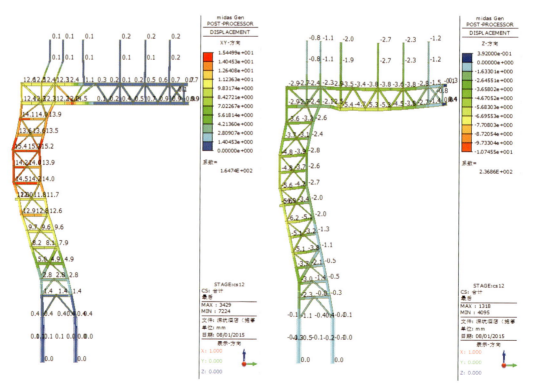

图 8.1-79　CS12 施工完成后单榀"凸"框架 TR-3A 水平及竖向位移

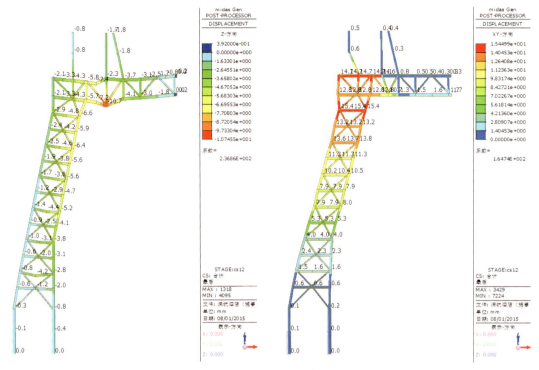

图 8.1-80　CS12 施工完成后单榀"凹"框架 TR-5B 水平及竖向位移

第十四步（CS13）：浇筑 B7，B6，B5 层楼板，如图 8.1-81 ～图 8.1-88。

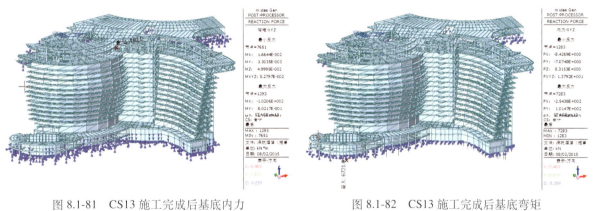

图 8.1-81　CS13 施工完成后基底内力　　　　图 8.1-82　CS13 施工完成后基底弯矩

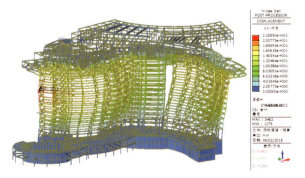
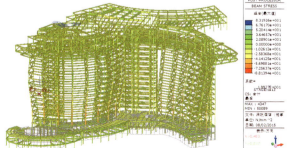

图 8.1-83　CS13 施工后最大水平位移 22.1mm　　　图 8.1-84　CS13 施工后构件整体应力

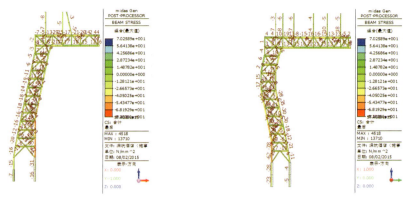

图 8.1-85　CS13 施工后单榀"凸"框架应力　　图 8.1-86　CS13 施工后单榀"凹"框架应力

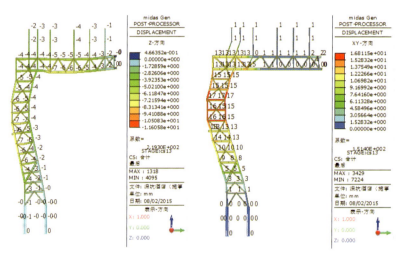

图 8.1-87　CS13 施工完成后单榀"凸"框架 TR-3A 应力水平及竖向位移

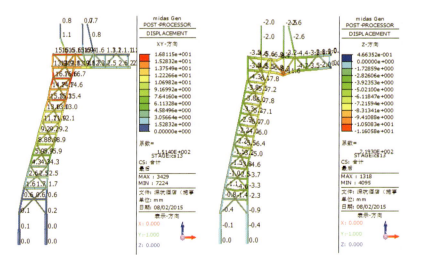

图 8.1-88　CS13 施工完成后单榀"凹"框架 TR-5B 水平及竖向位移

第十五步（CS14）：浇筑 B4，B3，B2 层楼板，如图 8.1-89～图 8.1-96 所示。

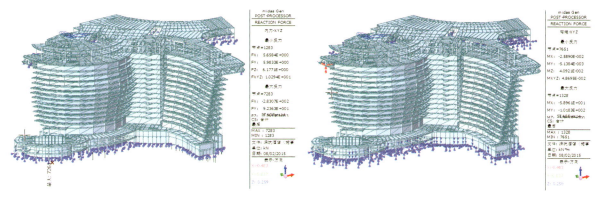

图 8.1-89　CS14 施工后基底反力（内力）　　　图 8.1-90　CS14 施工后基底反力（弯矩）

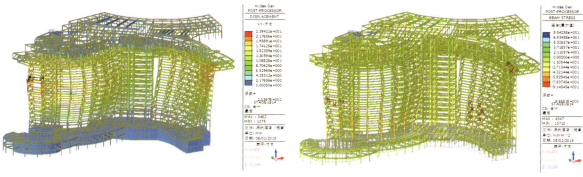

图 8.1-91　CS14 施工后变形最大水平位移 24mm　　　图 8.1-92　CS14 施工后构件整体应力

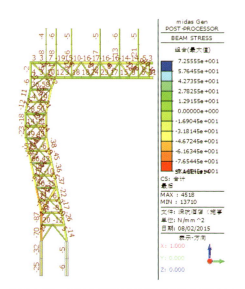

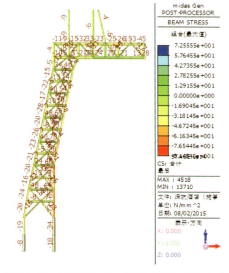

图 8.1-93　CS14 施工后单榀"凸"框架应力　　　图 8.1-94　CS14 施工后单榀"凹"框架应力

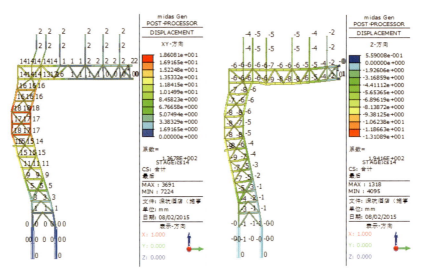

图 8.1-95　CS14 施工完成后单榀"凸"框架 TR-3A 水平及竖向位移

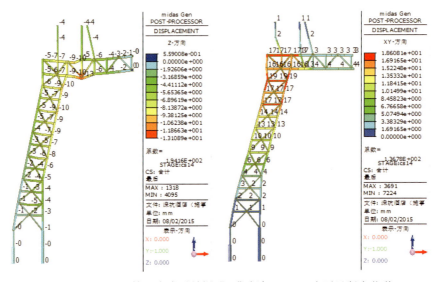

图 8.1-96　CS14 施工完成后单榀"凹"框架 TR-5B 水平及竖向位移

第十六步（CS15）：浇筑 B1，1 层楼板，如图 8.1-97 ～图 8.1-104 所示。

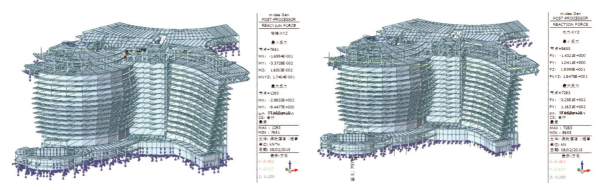

图 8.1-97　CS15 施工后基底反力（内力）　　　　图 8.1-98　CS15 施工后基底反力（弯矩）

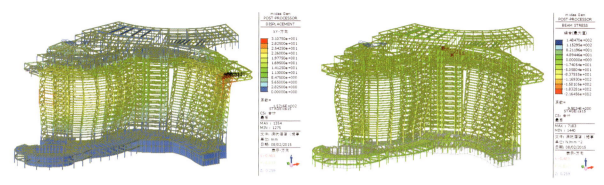

图 8.1-99　CS15 施工后变形最大水平位移 31mm　　　　图 8.1-100　CS15 施工后构件整体应力

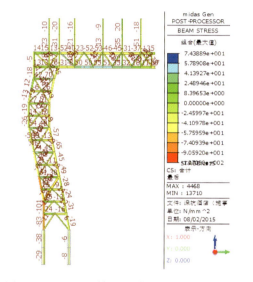
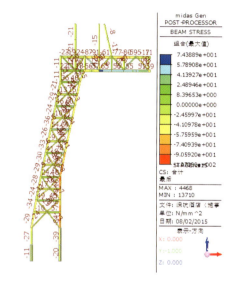

图 8.1-101　CS15 施工后单榀"凸"框架应力　　　　图 8.1-102　CS15 施工后单榀"凹"框架应力

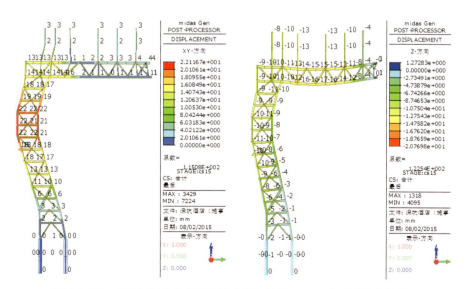

图 8.1-103　CS15 施工完成后单榀"凸"框架 TR-3A 水平及竖向位移

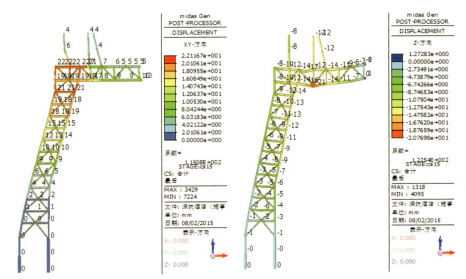

图 8.1-104　CS15 施工完成后单榀"凹"框架 TR-5B 水平及竖向位移

第十七步（CS16）：浇筑 2 层、屋面楼板，如图 8.1-105 ～图 8.1-112 所示。

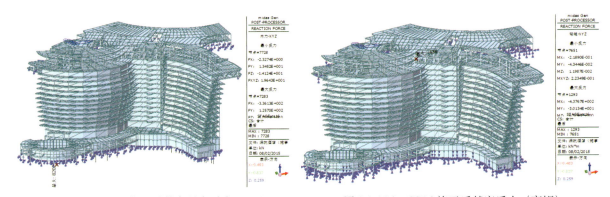

图 8.1-105　CS16 施工后基底最大反力 8202kN　　　图 8.1-106　CS16 施工后基底反力（弯矩）

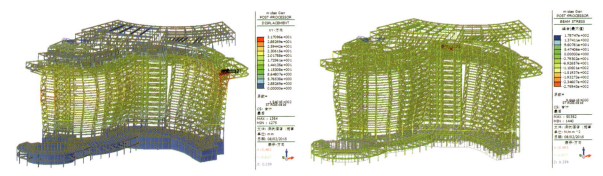

图 8.1-107　CS16 施工后最大位移 32mm　　　图 8.1-108　CS16 施工后构件整体应力

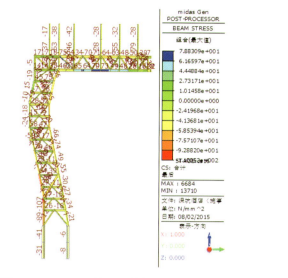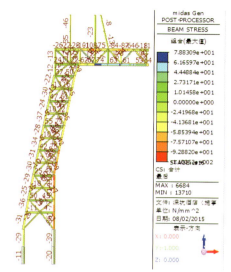

图 8.1-109　CS16 施工后单榀"凸"框架应力　　　　图 8.1-110　CS16 施工后单榀"凹"框架应力

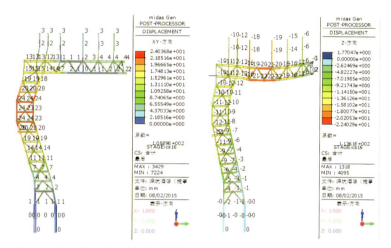

图 8.1-111　CS16 施工完成后单榀"凸"框架 TR-3A 水平及竖向位移

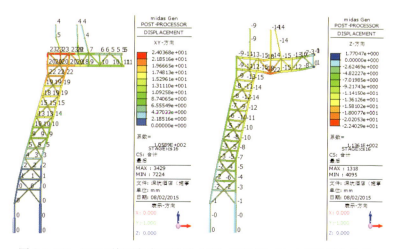

图 8.1-112　CS16 施工完成后单榀"凹"框架 TR-5B 水平及竖向位移

第十八步（CS17）：添加使用荷载（装修面层和活载，隔墙荷载），如图8.1-113～图8.1-120所示。

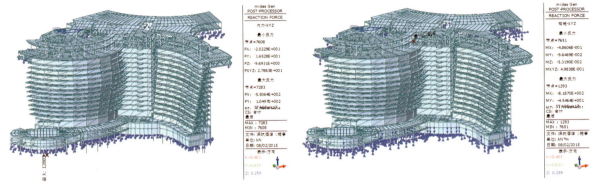

图8.1-113　CS17施工后基底最大反力12883kN　　　图8.1-114　CS17施工后基底反力（弯矩）

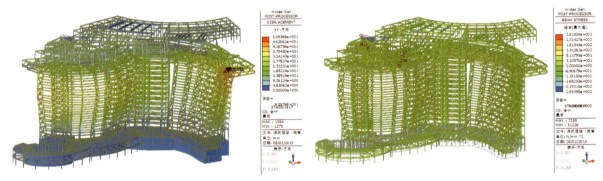

图8.1-115　CS17施工后最大位移51mm　　　图8.1-116　CS17施工后整体应力（282N/mm²）

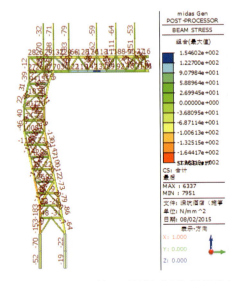
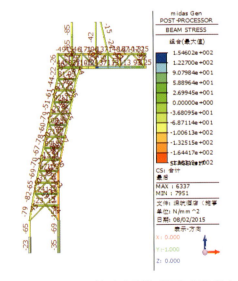

图8.1-117　CS17施工后单榀"凸"框架应力　　　图8.1-118　CS17施工后单榀"凹"框架应力

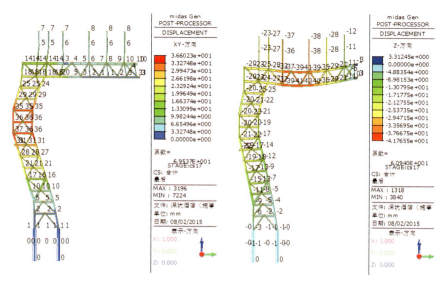

图 8.1-119 CS17 施工完成后单榀"凸"框架 TR-3A 水平及竖向位移

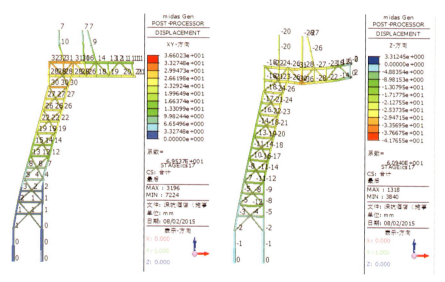

图 8.1-120 CS17 施工完成后单榀"凹"框架 TR-5B 水平及竖向位移

4）计算结果分析

（1）结构整体受力变化规律：

从施工模拟计算过程可以看出，CS1 ~ CS7 工况（竖向桁架形成阶段）作用下，构件的内力及位移逐步增加。

TR-3A 桁架在构件逐渐形成的过程中，由于构件形态的原因造成偏心距很大而形成拐点，从计算结果可以看出，拐点处内力及变形最大，如外拐点"5""12"及内拐点"18"。

TR-5B 桁架在构件逐渐形成的过程中，由于竖向构件往一边倾斜，桁架内侧钢柱受力（受压）最大，外侧钢柱在倾覆弯矩的作用下内力逐渐减小直至出现拉力。从计算结果可以看出，拐点处内力及变形最大，TR-5B 的内拐点为"10"节点及"26"节点。

CS8 ~ CS11 为跨越桁架形成阶段，此阶段由于不浇筑混凝土，荷载较小，相应的内力及位移变化较小；CS12 工况为拆除坑顶桁架临时支座，滑动支座进入工作状态，此时由于跨越桁架上方的 2 层钢结构构件已安装，此部分构件与坑顶地基完全固结，并将跨越桁架及坑顶以下的框架结构完全拉住，形成整体受力结构体系。CS13 ～ CS16 为浇筑 B7 ～屋面层楼板阶段，CS17 为装修及使用阶段工况，此阶段由于荷载较大，内力及位移变化明显。TR-3A 最大水平位移为 37mm，跨越桁架最大挠度 42mm；TR-5B 最大水平位移为 30mm，跨越桁架最大挠度 36mm。

（2）风荷载的影响：

由于竖向桁架的不规则性，水平力对结构的影响非常敏感，因此必须考虑风荷载的不利影响。施工模拟在 CS7 工况施加水平风荷载，计算结果表明，从 CS6 ～ CS7 位移增量明显（从 10.6mm 到 18.9mm），CS7 工况若不考虑风荷载的影响，TR-3A 及 TR-5B 的位移如图 8.1-121 所示。

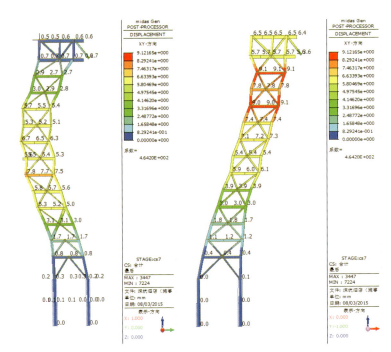

图 8.1-121　CS7（不考虑风荷载的影响）施工完成后单榀框架水平位移

（3）施工模拟计算结果与一次性加载对比分析

从计算结果中可以看出，施工模拟计算的内力均小于一次性加载的构件内力。

4. 小结

总的来说，在楼板浇筑之前，构件应力处于非常小的状态，水平位移也非常小，释放临时约束并完成所有楼板浇筑之后，构件应力处于可控范围内。结构的位移和应力水平较框架与楼板同时施工方案有很大改善。

8.2　双曲线异形钢结构施工安装技术

1. 技术概况

主体钢结构 A 区立面为双向侧倾，B 区立面为单向侧倾，造成了钢柱呈不同方向倾斜上升，所以除了控制其平面位置及标高外，还采用了三维空间坐标测量法来实现对构件的安装校正。通过科学合理的施工顺序以及施工方法来实现双曲线异形钢结构的安装，结果表明该工程采用的关键技术处理方法切实可行，满足现场施工的质量安全要求。这对于各种类型的高层异形复杂结构的施工测量和安装校正具有借鉴作用。

2. 施工部署

钢结构平面施工分区：深坑酒店钢结构施工平面上划分为四个区块，先同时施工一区、四区，后接着施工二区、三区。平面分区如图 8.2-1 所示。

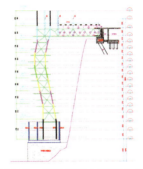

图 8.2-1　钢结构平面施工分区图　　　　图 8.2-2　钢结构竖向施工分段图

钢结构竖向施工流水段划分：主体结构从下到上按照钢柱分段进行竖向施工流水段的划分，共划分为 10 个施工流水段。竖向分段如图 8.2-2 所示。

3. 总体流程

钢结构主要采用布置在坑顶的两台 TC7052 型塔吊进行吊装。按照从下到上，从坑内到坑外的顺序施工，B14 层以上钢柱按照每 2 层一节进行分段，以钢柱分段划分竖向施工流水节拍。平面上一区和四区同时施工，然后再施工二区、三区。

从分区内中间节间开始，以一个节间的柱网为一个吊装单元，先吊装钢柱，初校后进行临时固定，在吊装柱间的钢梁，用普通螺栓进行临时连接，再进行整体校正，校正完毕后再进行焊接以及高强螺栓的初拧和终拧工作。以空间稳定单元为中心，向两端进行扩展安装，形成稳定体系，以减少安装误差。第一个节间框架安装如图 8.2-3 所示。楼层压型钢板跟随钢结构钢梁施工，施工段内钢梁安装完，找正并栓焊完后即可进行楼层楼承板施工。总体流程如图 8.2-4 所示。

图 8.2-3　钢结构第一节间框架安装示意图

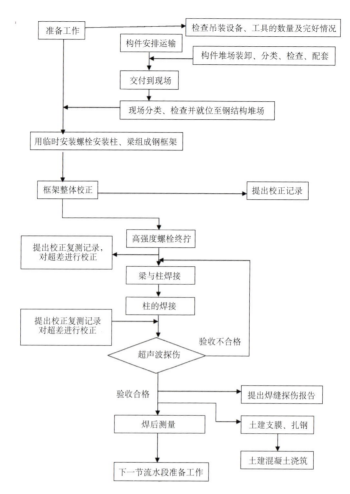

图 8.2-4　钢结构安装总体流程图

4. 主要构件施工工艺

1）钢柱安装

（1）钢柱分段：钢柱在保证塔吊的起吊能力及运输限制的条件下，2 层分为一段，分段处位于钢梁顶面 1.3m 处。考虑土建柱内混凝土浇筑方便，按土建要求钢柱从 B16 层往上共分为 10 段，分段长度最长为 8.9m，分段重量最重为 4.8t。

（2）第一段钢柱的吊装：因为钢柱柱脚埋件已经安装好，塔吊吊起钢柱后直接安装就位。钢柱用塔吊提升到位后，放置在已安装好的钢柱柱脚埋件上，并将柱的四面定位中心线与地面定位中心线对齐吻合，上部拉上揽风绳固定，即为完成钢柱的就位工作。必须注意的是，钢柱吊与柱脚埋件接触时，需要有作业人员调节就位。

（3）上部钢柱的吊装：上部钢柱的安装与首段钢柱的安装不同点在于柱头采用临时连接板和连接螺栓固定，相对较为简单。吊装前，下节钢柱顶面和本节钢柱底面的渣土和浮锈要清除干净，以保证上下节钢柱对接焊接时焊道内的清洁。下节钢柱的顶面标高和轴线偏差、钢柱扭曲值一定要调整控制在规范以内，在上节钢柱吊装时要考虑进行反向偏移回归原位的处理，逐节进行纠偏，避免造成累积误差过大。

（4）钢柱吊装到位后，钢柱的中心线应与下面一段钢柱的中心线吻合，并四面兼顾，调节临时连接板平稳插入下节柱对应的安装耳板上，穿好连接螺栓，连接好临时连接夹板，并及时拉设缆风绳对钢柱进一步进行稳固。钢柱吊装就位如图 8.2-5 所示。

图 8.2-5　钢柱校正图

图 8.2-6　钢柱吊装就位图

2）钢柱校正

此结构外形为双曲异型，靠传统的经纬仪无法满足现场测量精度要求。采用全站仪坐标测量校正方法，将坑顶原始坐标投射到坑底，在钢柱校正时，对每一根钢柱进行三点坐标控制，即柱顶中心点、两个方向牛腿端部的上翼缘中心点坐标。步骤如下：

（1）用钢尺检查上下两节柱是否对齐，并用粉笔做出标记，确定所需调整方向和距离后用千斤顶调整，即可使上节柱与下节柱的柱面对齐。

（2）焊接夹板连接上下两节柱，而上节柱部位仅仅是点焊。确保之后的校正工作不会使上下两节柱柱面偏移。

（3）通过全站仪坐标测量出柱顶三维坐标，根据钢柱定位点的理论坐标与实际观测坐标值的 Δx，Δy，Δz 进行调整，直至达到精度要求。Δx，Δy，可通过拉设的钢丝绳配合倒链来进行调节 x，y 坐标。根据 Δz 值，可切割上节柱的衬垫板（3mm 内）或加高垫板（5mm 内），进行上节柱的标高偏差调整。

（4）柱身旋转的调整。将小棱镜放在柱子牛腿外边缘，同样通过全站仪测量坐标值得出 Δx，Δy，Δz。首先利用 Δx，Δy 值，利用千斤顶调整柱身的旋转，调整结束后，利用 Δz 值通过钢丝绳和倒链来调整，直至复合要求。

（5）将小棱镜放在柱子圆心位移，检查坐标值是否变动，若不符则反复进行第三部和第四部，直到柱顶坐标值和牛腿坐标值复合要求。见图 8.2-6 所示。

3）钢梁安装

（1）钢梁安装顺序：钢梁的安装顺序为先主梁后次梁，由内部向外部，先下层后上层。先安装平台梁后再安装悬挑梁。待该流水段（区域）平台梁全部安装完且与钢柱栓焊完毕再安装与柱倾斜方向相反侧悬挑梁，最后再安装该区域与倾斜方向相同侧悬挑梁。

（2）钢梁的就位与临时固定：钢梁吊装前，应清理钢梁表面的杂物、浮锈、油污等。待吊装的钢梁应装配好附带的连接板，钢梁挂钩时要注意钢梁的安装方向，避免出现吊上吊下的现象发生。钢梁安装就位时，及时夹好连接板，对孔洞有少许偏差的接头应用冲钉配合调整跨间距，然后再用普通螺栓临时连接。普通安装螺栓数量按规范要求不得少于该节点螺栓总数的30%，且不得少于两个。待调校完毕后，更换为高强螺栓并按设计和规范要求进行高强螺栓的初拧及终拧，最后进行钢梁上下翼板焊接。

5. 小结

钢结构施工中利用全站仪进行了变形监测，根据施工模拟在钢结构施工过程中，变形最大的B8层和B6层设置了6个棱镜，以便对钢结构进行长期的变形监测。通过对检测数据的整理分析，得到如图8.2-7和图8.2-8所示的位移折线图。现阶段最大水平位移为29.98mm，最大竖向位移为12.65mm。通过分析可知在不同的施工阶段各点的变形值均与施工模拟变形值相符，并且满足规范要求。

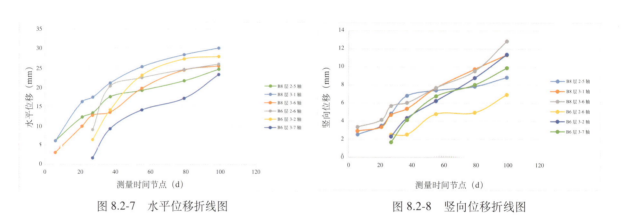

图 8.2-7　水平位移折线图　　　　　　　　图 8.2-8　竖向位移折线图

8.3　双曲线异形钢结构施工过程误差控制技术

1. 技术概况

钢结构安装分平面控制、高程控制、局部控制三部分，遵循"由整体到局部"的原则。钢结构施工主要控制柱脚预埋件施工，直钢管柱的安装，变角度、多曲率钢管柱的安装精度，三维坐标的控制精度，钢梁的安装精度。

钢管柱的定位控制应从基础面基础轴线开始，每层安装均以基础轴线为参考，避免以其他为参考的累计误差。钢管柱的安装主要控制标高、水平位移和垂直度。依据规范，先调整标高，再调整水平位移，最后调整垂直度。

2. 柱脚预埋件精度控制

为了精确的放置埋件，如图8.3-1中①进行测量放线使预埋件轴线与基面中心线精确对正，放置埋件，进行临时固定安装过程中测量跟踪校正。②预埋件浇筑混凝土，浇筑过程对预埋件进行监控测量，防止振捣过程预埋件出现位移。锚栓的精度关系到预埋件定位，预埋件的定位影响钢结构的安装精度，用平面控制网的每一条轴线投测到基础面上控制此精度。③定位测量无误后安装钢柱柱脚预埋部分。④复测钢管安装定位精度，进行第二次灌浆。

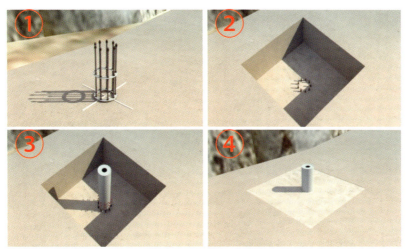

图 8.3-1　预埋件的施工全过程

3. 直立柱精度控制

安装柱的过程：将柱的四面定位中心线与下部定位中心线对齐吻合，柱上部拉上揽风绳固定，即为完成钢柱的就位工作，然后调整柱的精准位置。

1）标高调整

每安装一节钢管柱对柱顶进行一次标高测量，在柱顶架设水准仪，测量各柱顶标高，记录安装偏差，安装下一节柱时通过焊缝和钢管尺寸调整偏差。在安装中可切割上节柱的衬垫板（3mm内）或加高垫板（5mm内），进行上节柱的标高偏差调整。每节柱测量标高数据反馈到加工工厂，在生产中预调钢管柱生产尺寸，保证钢管柱的安装误差在 2 节柱之内调整到位，避免安装过程的误差累计，使安装位置到达设计标高。

2）水平位移和垂直度调整

吊装时上节柱和下节柱均弹上十字控制线，上节柱以下节柱柱顶的轴线为基准，安装钢柱的底部中心对准下节钢柱中心，即可对准水平位置。

如图 8.3-2 是直钢柱校正示意图。利用千斤顶和手拉葫芦缆风绳调整钢柱的位置和垂直度，采用十字交汇法测量控制垂直度，在两条呈 90°的轴线上分别布置经纬仪，观测钢立柱上设置的控制点，直到两个方向的轴线上下为同一垂直线。钢立柱焊接完成后，按以上观测方法对钢柱进行复测。

4. 变角度倾斜钢柱精度控制

倾斜钢管柱的标高和水平位移校正与直钢管柱的矫正方法相同，深坑酒店钢结构复杂，钢管柱为每层变角度、多曲率，因倾斜钢管柱成空间位形，在校正钢管柱底部轴线后，同时采用三点坐标测量法在柱顶校正监测。图 8.3-3 为三点坐标监测的示意图，即把柱顶截面十字架的点作为校正点，根据三个点的定位坐标进行校正控制。依据图纸计算出柱顶监测点的三维坐标，在监测控制点上贴反光片，用全站仪监测待就位钢柱上端的监测点，将所得的实际坐标与其理论坐标进行比对，利用千斤顶和缆风绳对钢柱进行微调，直至钢柱就位精度符合规范要求。

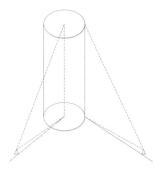

图 8.3-2　钢柱垂直度校正　　　　　图 8.3-3　倾斜钢柱的校正

5. 钢梁的精度控制

1）钢梁标高控制

以引测的高程为依据，用水准仪控制钢柱牛腿与钢柱连接板的标高，如果钢柱牛腿与连接板标高存在偏差，则需调整钢柱的柱底标高，以此来控制钢梁的安装高度，确保钢梁处于同一设计平面。

2）钢梁垂直度观测

钢梁标高与直线度调校完毕后，即采用平移法进行钢梁垂直度控制。将测量定位轴线向同一侧平移 0.7 ~ 1.2m（视具体通视情况定），得两平移点，在一平移点上架设经纬仪，后视另一平移点，在钢梁中间起拱处水平放置钢卷尺，用经纬仪纵丝截面进行读数，结果与平移值比较，以此确定钢梁跨中垂直度。钢梁跨中垂直度偏差允许值应不大于 $H/250$，且不应大于 15mm。

3）钢梁挠度变形观测

在钢梁吊装之前，将反射贴片粘贴于钢梁的下翼缘跨中位置，等钢梁安装完成后，架设全站仪于控制点上，直接照准反射贴片中心得出此时高度坐标并做好记录，待钢梁加载楼面荷载后用同样的方法，再观测相同位置的高度坐标，比较两次高差即得出钢桁架下挠值，并做好记录。

6. 小结

通过对双曲异形钢结构施工过程中涉及的柱脚预埋件、梁、柱、桁架的安装测量控制，实现了主体钢结构的安装控制要求，特别是倾斜钢管柱的三点坐标空间定位方法，解决了异形钢结构定位困难的问题，加快了施工进度，保证了工程质量。

8.4　两点支撑式钢桁架免支撑胎架施工技术

1. 技术概况

施工前，通过有限元软件，对施工过程进行仿真计算分析，验算桁架分段合理性及位移值、应力值；施工时，利用高强度柔性反向拉索系统固定各分段桁架的杆件并校核杆件空间坐标，按照分段下弦杆→下层水平支撑→下层楼承板→分段上弦杆→上层水平支撑→腹杆→上层楼承板的顺序，从桁架一端向另一端逐段施工，直至完成整榀桁架拼装完成。

2. 工艺流程

工艺流程如图 8.4-1 所示。

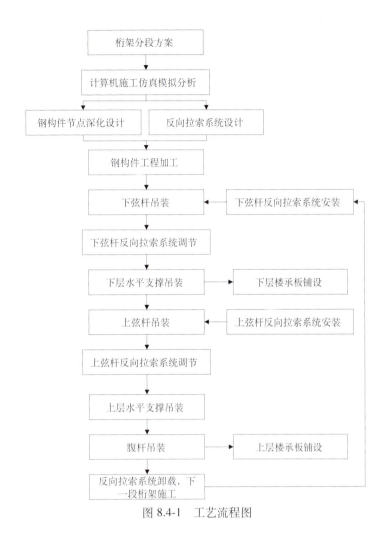

图 8.4-1 工艺流程图

3. 操作要点

1）桁架分段

根据桁架受力特点，考虑施工方便，确定桁架进行分段长度和构件分解，桁架下弦与上弦分断点应错开，下弦一般比上弦长 1m。

2）计算机施工仿真模拟分析

采用有限元软件，对结构施工过程进行仿真计算分析，验算分段合理性，确定整体的安装顺序，各构件起拱值及坐标等，计算结果，作为施工过程中的控制参考数值。

3）钢构件节点深化设计

对梁柱连接、梁梁连接、桁架的弦杆腹杆连接节点进行深化设计。

4）反向拉索系统设计

桁架上下弦分别设计反向拉索装置，拉索装置设计满足安装受力要求。下弦拉索对称设置，上弦拉索居中设置。在设置桁架下弦拉索装置时，为了不影响桁架上弦及腹杆的安装，拉索装置应比下弦翼缘宽 3 ~ 5cm。桁架节点均在工厂加工制作好，现场拼装杆件，如图 8.4-2、图 8.4-3 所示。

图 8.4-2　下弦拉索节点示意图　　　　　图 8.4-3　上弦拉索节点示意图

5）下弦杆反向拉索系统安装

反向拉索系统安装前对节点位置、节点焊缝、锁具等进行检查，合格后再行安装。安装的桁架下弦两侧的拉索长度及受力性能必须一致。为确保桁架下弦杆临时固定和稳定，可安装局部腹杆作为辅助拉索体系，以增强施工过程中桁架平面内的刚度，如图 8.4-4、图 8.4-5 所示。

图 8.4-4　拉索体系安装　　　　　　　　图 8.4-5　中间刚性支撑安装

6）下弦杆吊装与反向拉索系统调节

下弦杆安装先从楼梯间、电梯井等结构比较稳固的位置开始，下弦杆吊装就位与主体结构连接，并与反向拉索系统连接，调节桁架下弦杆平衡后卸载吊装的钢丝绳，完全卸载后再一次校对下弦杆端部三维坐标点的准确度，出现偏差，运用反向拉索系统进行微调，如图 8.4-6 所示。

图 8.4-6　下弦杆吊装

7）下层水平支撑吊装

在完成每两榀桁架下弦之后要及时同步安装水平连系梁，即下层水平支撑，使桁架下层尽快形成完整的平面，如图 8.4-7 所示。

图 8.4-7　下层水平支撑安装

8）下层楼承板铺设

桁架下层钢筋桁架楼承板铺设，一方面为桁架上层构件的安装提供了安装平台，另一方面也为上部构件安装提供了安全保障，如图 8.4-8 所示。

图 8.4-8　下层楼承板铺设

9）上弦杆吊装与反向拉索系统调节

采用与下弦杆吊装相同的办法吊装上弦杆，上弦杆吊装就位与主体结构连接，并与反向拉索系统连接，调节桁架上弦杆平衡后卸载吊装的钢丝绳，完全卸载后再一次校对上弦杆端部三维坐标点的准确度，出现偏差，运用反向拉索系统进行微调。

10）上层水平支撑安装

桁架上弦杆之间的水平连系梁（水平支撑）的安装同下弦水平连系梁的安装方法一样，从一端向另一端渐进式推移法安装，以确保平面内刚度，如图 8.4-9 所示。

11）腹杆吊装

采用葫芦配合塔吊，吊装腹杆，如图 8.4-10 所示。

12）监测点布置及监测

在下弦杆和上弦杆两端各设置两个测点，中间设置一个测点。安装过程中，每根杆件安装后

图 8.4-9　上层水平支撑安装

图 8.4-10　腹杆安装完成

需进行复测，对测量数据进行分析，及时分析偏差原因并进行校正，如图 8.4-11 所示。

图 8.4-11　坐标点复核

4. 小结

深坑酒店主体结构通过地下一层的 30 榀钢桁架与坑外地面结构连接，由于结构形式的复杂以及施工场地条件的限制，常规的桁架安装方法已经不能适用，通过科学合理的桁架分段以及安装步骤，解决了深坑酒店施工的一大难题，同时对于类似的大跨度巨型桁架的安装具有借鉴作用。

8.5　钢筋桁架楼承板施工技术

1. 技术概况

钢筋桁架式楼承板以经济效益高，安装施工便捷，节约工期，安全可靠，技术参数优良等诸多优点，得到建筑工程的青睐。楼承板面积 56330m²。以 B1 层为例，采用 TD4-150 型号钢筋桁架楼承板，长度 0.9 ~ 10.96m 不等，单板宽 0.576m。楼承板结构如图 8.5-1 所示，B1 层钢筋桁架楼承板排版如图 8.5-2 所示，TD4-150 型号钢筋桁架楼承板材料明细如表 8.5-1 所示。

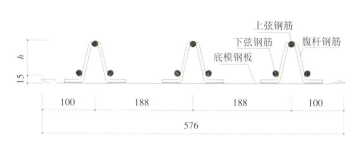

图 8.5-1　钢筋桁架楼承板大样图

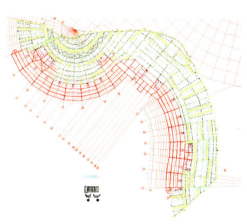

图 8.5-2　B1 层钢筋桁架楼承板

B1 层钢筋桁架楼承板材料表　　　　　　　　　　表 8.5-1

楼承板型号	上弦钢筋	下弦钢筋	腹杆钢筋	H_t（mm）	底模钢板	施工阶段最大无支撑跨度（m）	
						简支板	连续板
TD4-150	10	10	5.5	150	0.5mm 厚镀锌板	3.8	4.2
备注	①上、下弦钢筋采用热轧钢筋 HRB400 级，腹杆钢筋采用冷轧光圆钢筋。②底模板屈服强度不小于 260N/mm²，镀锌层两面总计不小于 Z120 级						

2. 钢筋桁架楼承板施工技术

1）施工工艺流程

钢筋桁架楼承板主要施工流程为：材料进场及存放→测量铺设基准线及吊装就位→钢筋桁架楼承板安装→栓钉焊接→附加钢筋绑扎→边模板安装→清理验收→混凝土浇筑、养护。在整体施工过程中，测放出铺设基准线、钢筋桁架楼承板的铺设、边模收口以及栓钉焊接关键环节是把握的重点，应该予以重视。

2）钢筋桁架楼承板安装

楼层板安装紧跟钢梁安装，即该（施工段）区域钢梁全部校正、装焊完毕并经验收合格，楼层板即可进行施工。由于楼层平面为曲面非规则形状，工厂在钢筋桁架楼层板生产时必须根据设计部门给出的排版布置图进行生产加工并严格按排版图编号打包发运，现场安装时按排版图进行安装。

（1）堆放及吊装注意事项

楼承板运至现场，需妥善保护，不得有任何损坏和污染，特别是不得沾染油污。堆放时应成捆离地斜放以免积水。钢筋桁架楼承板在装、卸时采用皮带吊索，严禁直接用钢丝绳绑扎起吊，避免钢承板变形。吊装前先核对楼承板捆好及吊装位置是否正确，包装是否稳固；起吊前应先行试吊，以检查重心是否稳定，待安全无虑时方可起吊。起吊时每捆应有两条皮带分别捆于两端四分之一钢板长度处；吊装时由下往上楼层吊装，避免因先行吊放上层材料后阻碍下一层楼吊装作业。

（2）安装要点

钢筋桁架楼承板铺设前需确认钢结构已完成校正、焊接、检验后方可施工。钢筋桁架楼承板铺设前对弯曲变形的应校正好。一节柱的钢筋桁架楼承板先安装最上层，再安装下层，安装好的上层钢板可有效阻挡高空坠物，保证人员在下层施工时安全。

钢筋桁架楼层板安装时，于楼层板两端部弹设基准线，跨钢梁翼缘边不应小于50mm。铺设时每片楼层板宽以有效宽度定位，并以片为单位，边铺设边定位。铺设时以楼承板母扣为基准起始边，本着先里后外（先铺通主要的辐射道路）的原则进行依次铺设。通过端部与钢梁翼缘点焊固定，间距为200mm，或钢板的每个肋部，钢筋桁架楼承板纵向与梁连接时用挑焊固定，间距450～600mm，相邻两块钢筋桁架楼承板搭接同样用挑焊固定，以防止因风吹移动。下料、切孔采用等离子切割机进行切割，严禁用氧气乙炔火焰切割。铺设完毕、调直固定后应及时用锁口机具进行锁口，防止由于堆放施工材料和人员交通造成压型板咬口分离。钢筋桁架楼承板安装如图8.5-3所示。

图8.5-3　钢筋桁架楼承板安装图

安装完毕，及时清扫施工垃圾，剪切下来的边角料应收集到地面上集中堆放。加强成品保护，铺设人员交通马道，减少人员在钢筋桁架楼承板上不必要的走动，严禁在钢筋桁架楼承板上堆放重物。

3. 钢筋桁架楼承板混凝土裂缝控制技术

1）成因分析

钢筋桁架楼承板混凝土的裂缝原因大致归为以下几类：

（1）施工过程中钢筋骨架与金属压型钢板脱焊，引起楼承板拼缝处脱落开裂，造成板底漏浆，从而导致混凝土顶板钢筋的混凝土保护层局部偏小，引起表面裂缝。

（2）在运输吊装过程中易造成板缝变形，导致楼承板拼缝时造成拼缝不严密，进而引起混凝土在板缝处漏浆。

（3）当楼承板跨度较大时，在上部施工荷载的作用下，挠度变形增大。楼承板安装完成后由于堆放钢筋等集中荷载、绑扎钢筋时施工人员直接踩踏金属钢板面、泵管浇筑时引起的剧烈震动等均会引起楼承板钢筋骨架脱落，减小楼承板的整体强度。

（4）楼承板现浇混凝土质量是关键因素，混凝土泵送须具有良好的流动性和可泵性，但是易导致混凝土出现离析等现象，另外混凝土初凝过快均会导致混凝土顶板出现裂缝。混凝土一旦覆盖且养护不及时，在顶板混凝土浇筑及初凝过程中易引起干缩裂缝。

2）控制措施

针对上述裂缝产生的原因，从严格把控钢筋桁架楼承板安装施工质量以及提升泵送混凝土质量两方面着手，避免钢筋桁架楼承板混凝土裂缝的产生。

钢筋桁架楼承板在装、卸时采用皮带吊索，严禁直接用钢丝绳绑扎起吊，避免钢承板变形。如果存在变形，吊装前应进行调直。钢筋桁架楼承板铺设完毕、调直固定后应及时用锁口机具进行锁口，防止由于堆放施工材料和人员交通造成压型板咬口分离。严格控制焊接质量，使钢筋桁架楼承板固定牢靠。加强成品保护，铺设人员交通马道，减少人员在钢筋桁架楼承板上不必要的走动，严禁在钢筋桁架楼承板上堆放重物。堆放钢筋等材料时，楼承板上放置方木，使较大荷载传递到钢梁部位。

混凝土浇筑过程采用自行设计的超深一溜到底混凝土输送装置，本装置的成功运用为楼承板混凝土浇筑质量提供了保证。在每次浇筑过程中必须进行混凝土塌落度试验。混凝土输送泵管在楼承板的支点位置应铺设木板，并放置汽车轮胎，避免应力集中。在跨度较大的钢筋桁架楼承板下部增加支撑，提高楼承板抵抗上部施工荷载的强度，减小顶板混凝土的挠度变形。支撑方式采用在跨中加设双立杆临时支撑，混凝土强度达到设计要求后，方可拆除支撑。混凝土浇筑过程中，应及时将混凝土铲平分散，严禁将混凝土堆积过高，高度不应超过两倍楼板厚度。浇筑完毕，应进行铺膜养护。

4. 小结

钢筋桁架楼承板施工质量控制是一个持续性的过程控制，影响因素多，不同环节紧密相连，这就要求在保证材料质量合格的情况下，施工单位对吊装运输、铺设安装、混凝土浇筑等各个环节严格把关，保证工程质量。深坑酒店项目在钢筋桁架楼承板施工中，严格执行上述的施工顺序及操作要点，重点把关施工质量，取得很好的效果。

8.6　深坑内倾斜结构标高测量与复核控制

1. 技术概况

由于主体钢结构呈现双曲异形，结构形式特殊，钢结构定位安装测量精度和结构变形控制要求高；施工场地大，永久参照物少，控制轴线标识困难，日照、风雨也影响测量精度；施工专业多，而且各专业间对测量精度、误差要求不同，容易在不同工种的工作面交接中造成误差积累。因此选择合理和可靠的高精度测量技术，包括基准控制网的设置，测量仪器的选用，测点布置，数据传递和多系统校核等，是本工程结构安装确保施工质量的关键。

2. 采取措施

1）测量控制内容及思路

本工程钢结构测量分平面控制、高程控制、局部控制三部分，测量应遵循"由整体到局部"的原则，如表 8.6-1 所示。

测量控制内容及思路　　　　　　　　　　　　　　　　　表 8.6-1

序号	内容	思路
1	平面控制网的测设	根据现场通视条件，先测设主控制轴线，然后在此基础上加密各建筑轴线
2	平面控制网的垂直引测	用激光铅垂仪垂直引测已测设好的轴线控制点
3	高程传递	采用塔尺竖向传递法进行高程传递
4	主楼与裙房的钢构件	采用坐标法测量控制

2）平面控制网的布设

根据本工程的特点，围绕整个施工场地布置 16 个主控点，如图 8.6-1 所示，并使用全站仪对主楼控制轴线进行放样。

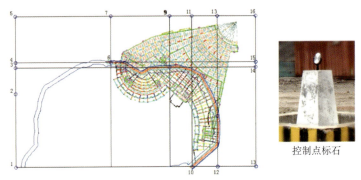

控制点标石

图 8.6-1　测量控制点布置图及控制点标石

3）平面控制网的垂直引测

使用激光铅垂仪对主楼控制轴线进行逐层引测，如图 8.6-2 所示。

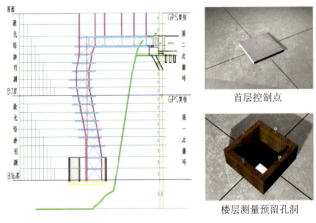

首层控制点

楼层测量预留孔洞

图 8.6-2　平面控制网垂直引测示意图

4）高程传递

为了保证满足高程向上传递的精度要求，本工程采用塔尺竖向引测法，即使用塔尺沿电梯井钢柱向上竖直量测，如图 8.6-3 所示。

图 8.6-3　高层传递示意图

5）构件安装测量

构件安装时采用"四点坐标定位法"进行控制，如图 8.6-4 所示，工程制作时将定位十字线分别打在柱顶和柱底，各四组，位置分布在主中心十字线边缘四个方位，安装时便于控制轴线。

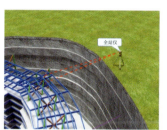

图 8.6-4　构件安装测量示意图

6）施工过程监测

施工过程监测内容见表 8.6-2。

施工过程监测内容　　　　表 8.6-2

序号	监测系统	监测类型	监测部位	监测内容	监测方法
1	建筑物监测	变形监测	各框架柱标高面	竖向位移监测	全站仪
				水平位移监测	
			框架梁中间	挠度监测	
			各楼层组合楼板	竖向位移监测	
				水平位移监测	
		应力监测	外框架柱	应力测试	振弦式钢筋应变计测量
			框架梁		
2	现场气象监测	气象监测	现场地面及各施工楼层	温度测试	温度传感器测量
				湿度测试	湿度传感器测量
				风速测试	风速仪测量
				噪声测试	噪声仪测量

续表

序号	监测系统	监测类型	监测部位	监测内容	监测方法
3	现场环境监测	环境监测	现场地面及各施工楼层	污水排放监测	水质检测仪

3. 小结

针对"深坑酒店"工程特殊的地理环境，建立了精确的、适用于双曲异型钢结构的测量控制网，包括平面控制网的布设、垂直引测，以及高程传递，为双曲异型钢结构施工提供了测量控制标准线。

8.7　三维激光扫描技术在钢结构变形监测中的应用

1. 技术概况

三维激光扫描仪作为一种可以快速获取空间数据的新型技术，越来越多地被应用于工程建设领域，它利用激光测量单元进行非接触式全自动高精度测量，得到完整、连续的全景点三维坐标。三维激光扫描测量技术的优势表现在：非接触式；高精度、高分辨率；数据采样率高和采样速度快；数字化程度高，扩展性强；可重建三维模型，实现可视化等方面。

本项目测绘采用了 Trimble TX5 三维激光扫描仪，该扫描仪测量精度为 1mm，最大扫描半径 120m，最快测速每秒 97.6 万点，能快速全方位非接触式获取建筑室内外表面的精确数据。一般钢结构变形监测对比主要是设定监测点进行逐点监测对比，工作量大且可能漏掉变形较大的地方。对于特大异形钢结构，安装与卸载变形具有无法预知性，利用三维激光扫描变形测量技术既可以实现变形监测特征点的三维位移分析，也可以实现多点整体变形分析。

2. 三维激光变形监测方案

根据现场勘查以及照片信息找到整个扫描过程中的难点，要尽可能从各个角度去对实物进行扫描，因此需要合理的选择站点。综合考虑之后，本次扫描过程设置两个站点，通过两个站点分别对钢结构的 A 区和 B 区进行扫描。现场扫描如图 8.7-1 所示。

图 8.7-1　现场扫描照片

为了实现各个测站的拼接配准，在测站周围的崖壁以及底层混凝土结构上设置有三块标靶板，其中包括一块共用的标靶板，标靶板设置如图 8.7-2 所示。本项目没有采用传统的标靶牌或者仪器厂商提供的球形标靶，主要是考虑到距离较远时，传统的标靶太小，内业时不便于找到目标，并且传统标靶球不便于固定，不能长期为变形监测提供准确配准位置。所以在现场扫描时制作了图

8.7-2 中的标靶板，标靶板尺寸为 0.5m×0.5m，对角区域分别刷白色、蓝色油漆。

　　同时，在变形最大的 B8 层设置三块标靶板，B6 层设置两块标靶板，以便于配准之后进行变形监测。钢结构上的标靶板设置与棱镜位置上下交叉错开，以便于两者形成对比。具体如图 8.7-3 所示。

图 8.7-2　标靶板照片　　　　　　　　　　　图 8.7-3　钢结构上标靶板、棱镜位置图

　　首先将三维激光扫描仪器架设在所选定的站点上，开机进行扫描参数设置，主要包括工程文件名、文件存储位置、扫描范围、分辨率等。完成上述工作后即可开始扫描，在扫描过程中，尽量使扫描区中无人走动，以免造成遮挡。

　　3. 监测结果分析

　　现场扫描数据导入 Trimble Realworks，将前后两次扫描的文件解压，打开"tzf"格式文件，在文件列表中选中前后两次扫描得到的文件，选择"Registration"模式，在下拉菜单中选择"Target-Based Registration Tool"，按照提示步骤进行配准，在选择目标时手动选择标靶板建立目标，并且配准，配准精度 2mm。配准目标如图 8.7-4 所示，配准模型如图 8.7-5 所示。

　　选择"Office Survey"模式，利用测量工具对配准之后的钢结构上的标靶板进行距离测量，测量十次取平均值作为该点位移。并且将三维激光扫描仪测量值与用全站仪结合棱镜测得的位移值进行比较分析，分析结果如表 8.7-1 所示。通过两种不同方式测得的变形值的分析比较可以得知：利用三维激光扫描技术，通过在钢结构上设置的标靶板对结构进行变形监测的方法是切实可行的。

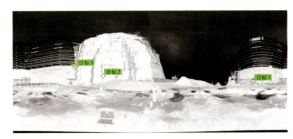

图 8.7-4　建立配准目标

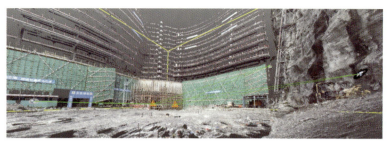

图 8.7-5 配准模型

变形监测结果对比 表 8.7-1

	A 区		B 区			
	1 号	2 号	3 号	4 号	5 号	6 号
B6 层	22.05mm	19.043mm	21.756mm	18.77mm	16.01mm	16.683mm
B8 层	21.977mm	21.56mm	19.32mm	16.905mm	14.789mm	17.72mm
备注	表中有两位小数位的代表利用三维激光扫描技术测得的位移值，有三位小数位的代表利用全站仪结合棱镜测得的位移值					

4. 小结

深坑酒店钢结构复杂，呈双曲异形。本项目通过建立扫描站点，设置标靶板进行三维激光扫描，对扫描点云模型进行配准，分析异形钢结构的变形。最后通过三维激光扫描变形监测结果和全站仪变形监测结果对比分析表明，三维扫描技术能较好地用于异形钢结构的整体变形监测。

第9章 深坑酒店建筑防水设计与施工

深坑酒店建成后坑内将蓄水约 27m 深，B15、B16 层将永久性处于水下。如何确保永久性水下结构的抗渗性能以及确保水下情景套房结构及水位变化区结构的抗腐蚀性能，是水下永久性结构施工的关键及难点。

9.1 水下永久性钢筋混凝土结构耐腐蚀性技术

1. 技术难点

由于深坑中可能出现枯水期或水位的变化区，使得水下钢筋混凝土结构表面部位处于干湿交替的环境。对于经常遭受干湿循环的钢筋混凝土构件往往会产生严重的耐久性破坏，其中又以混凝土内钢筋的锈蚀引起的耐久性破坏为主。

混凝土是一种多孔介质，具有干缩湿胀的特性。干湿循环引发混凝土内部水分含量的变化，内部水分含量增加，混凝土会膨胀；反之，混凝土会产生收缩。已有研究表明，混凝土内部湿度呈梯度分布，当混凝土尺寸较大，湿度梯度将在混凝土内部引发较大的内应力。当应力超过一定限制时，混凝土就会开裂。其次，干湿循环引起的持续的温度变化也会导致混凝土内部不断地产生温度微裂缝，随着循环次数增长，温度损伤不断积累。这样便加速了有害介质如硫酸盐、氯盐入侵混凝土内部的速率，加速钢筋的锈蚀。

钢筋锈蚀对钢筋混凝土结构性能的影响主要体现在三方面：

（1）钢筋锈蚀直接使钢筋截面减小，从而使钢筋的承载力下降，极限延伸率减少；

（2）钢筋锈蚀产生的体积比锈蚀前的体积大得多（一般可达 2 ~ 3 倍），体积膨胀压力使钢筋外围混凝土产生拉应力，发生顺筋开裂，使结构耐久性降低；

（3）钢筋锈蚀使钢筋与混凝土之间的粘结力下降。

因此，确保水下永久结构钢筋混凝土耐腐蚀性是确保结构安全及正常建筑功能的一大关键点。需解决好干湿循环环境的影响。

2. 采取措施

1）材料选择

混凝土原材料选用根据设计要求，低水化热、抗冻性能好、低收缩率、碱含量小的水泥，粗细骨料选择结合级配和配合比的影响考虑碱性含量、耐蚀性和吸水性，提高混凝土密实度。水下结构混凝土等级采用 C35P8，联合搅拌站对深坑酒店水下永久性结构混凝土进行了针对性的配合比设计，在混凝土中掺入亚硝酸钙阻锈剂，防止钢筋腐蚀，并且采用多元矿物掺合料分别与引气剂、聚丙烯纤维复掺增强混凝土的抗侵蚀性能。

2）防止干湿循环破坏

结构钢筋绑扎完成后，采用静电喷涂环氧树脂粉末对钢筋进行防护，形成严密的防护膜保护钢筋。保护钢筋在正常使用年限内能正常的发挥作用。同时在水下混凝土表面涂刷聚合物涂料，利用上述材料分子聚合度较高，固化后形成的固态膜分子空间构造较密实的特点，作为混凝土构筑物的防腐蚀覆盖面，完全封闭混凝土表面，使混凝土与腐蚀介质隔离以达到防护目的。

3）选择合理的保护层厚度

根据相关要求，按照设计使用年限，水下结构保护层厚度设定为50mm，并增设抗裂钢丝网片，一方面保证结构耐久性要求，一方面确保经济合理。

4）加强施工管理，严格控制施工工艺

（1）混凝土的拌制

混凝土配合比应考虑强度、弹性模量、初凝时间、工作度等因素并通过实验来确定。混凝土原材料应严格按照施工配合比进行准确称量，称量最大允许偏差应符合下列规定（按重量计）：胶凝材料（水泥、掺合料等）±1%；外加剂±1%；骨料±2%；拌合用水±1%。搅拌混凝土前，应严格测定细骨料的含水率，准确测定因天气变化而引起的粗细骨料含水量的变化，以便及时调整施工配合比。混凝土搅拌时投料顺序为：先向搅拌机投入细骨料、水泥、矿物掺和料和外加剂，搅拌均匀后，再加入所需用水量，待砂浆充分搅拌后再投入粗骨料，并继续搅拌至均匀为止。上述每一阶段的搅拌时间不应少于30s，总搅拌时间不应少于2 min，也不宜超过3 min。混凝土拌合物入模前进行含气量测试，并控制在2%～4%的范围内。

（2）混凝土的输送

当采用泵送时，输送管路的起始水平段长度不小于15m，除出口处采用软管外，输送管路其它部分不得采用软管或锥形管。输送管路应固定牢固，且不得与模板或钢筋直接接触。混凝土应连续输送，输送时间间隔不大于45min，且坍落度损失不大于10%。输送泵接料斗格网上不得堆满混凝土，要控制供料流量，及时清除超径的骨料及异物。

（3）混凝土浇筑

浇筑混凝土前，针对工程特点、施工环境条件与施工条件事先设计浇筑方案，包括浇筑起点、浇筑进展方向和浇筑厚度等；混凝土浇筑过程中，不得无故更改事先确定的浇筑方案。应仔细检查钢筋型号、数量、间距、保护层厚度及其紧固程度。构件侧面和底面的垫块至少应为每米4个，绑扎垫块和钢筋的铁丝头不得伸入保护层内。

混凝土浇筑时的自由倾落高度不得大于2m；当大于2m时，应采用滑槽、串筒、漏斗等器具辅助输送混凝土，确保混凝土不出现分层离析现象。混凝土的浇筑应采用分层连续推移的方式进行，间隙时间不得超过90min；混凝土的一次摊铺厚度不大于300mm。

混凝土的浇筑应尽量选择在一天中气温适宜时进行，混凝土的入模温度为5～30℃，夏季气温较高时采用冷却水拌合混凝土，使其入模温度符合要求。模板的温度为5～35℃，夏季气温较高时采用冷却水喷洒模板，并采取遮荫措施。在低温条件下浇筑混凝土时，应采用适当的保温防冻措施，防止混凝土受冻。

（4）混凝土振捣

①混凝土振捣采用φ50和φ30振捣棒（φ30振捣棒用于钢筋密集处），使用时应快插慢拔，

插点要均匀排列，逐点移动，按顺序进行，不得遗漏，做到均匀振实。移动间距不大于振捣作用半径的 1.5 倍（一般为 30～40cm）。振捣棒不得触及钢筋和模板。振捣时间以表面泛浆为度，一般为 15～30s。并且在 20～30min 后对其进行二次复振，以消除混凝土结构面层中的气泡。

②对于墙柱采取分层浇筑、分层振捣，每层厚度不大于 40cm（用标尺杆并辅以高能电筒照明随时检查混凝土高度及振捣情况），振捣上层时，应插入下层 5～10cm。墙体混凝土浇筑高度应高出板底 20～30mm。混凝土墙体浇筑完毕之后，将上口甩出的钢筋加以整理，用木抹子按标高线将墙上表面混凝土找平。

③对于洞口部位，为防止出现漏振，须在洞口两侧同时振捣，振动棒距洞边 30cm 以上，下灰高度也要大体一致。大洞口的洞底模板应开排气孔，并在此处浇筑振捣。

（5）混凝土养护

混凝土养护温度控制的原则是：升温不要太早和太高；降温不要太快；混凝土中心和表面之间、新老混凝土之间以及混凝土表面和大气之间的温差不要太大。

温度控制的方法和制度要根据气温（季节）、混凝土内部温度、构件尺寸、约束情况、混凝土配合比等具体条件来确定。

（6）混凝土的拆模

混凝土拆模时的强度应符合设计要求，还应考虑拆模时的混凝土温度（由水泥水化热引起）不能过高，以免混凝土接触空气时降温过快而开裂，更不能在此时浇注凉水养护。

混凝土内部开始降温以前以及混凝土内部温度最高时不得拆模。一般情况下，结构或构件芯部混凝土与表层混凝土之间的温差、表层混凝土与环境之间的温差大于 20℃（截面较为复杂时，温差大于 15℃）时不宜拆模。大风或气温急剧变化时不宜拆模。在寒冷季节，若环境温度低于 0℃时不宜拆模。

在炎热和大风干燥季节，应采取逐段拆模、边拆边盖的拆模工艺。拆模按立模顺序逆向进行，不得损伤混凝土，并减少模板破损。当模板与混凝土脱离后，方可拆卸、吊运模板。拆模后的混凝土结构应在混凝土达到 100% 的设计强度后，方可承受全部设计荷载。

3. 小结

混凝土结构耐久性提升需综合考虑原材料、环境、施工工艺、设计要求等各种因素的影响。结合工程特点采用具体的措施。

9.2　水下永久性建筑防水技术

1. 技术难点

水下建筑永久性处于水环境中，水下永久性防水技术不仅需防止结构渗漏，还需防止大的水压力下毛细水的渗透。

2. 采取措施

水下永久性结构主要防水部位为 B16～B15 层外墙和 B16 层底板。为了保证结构的正常使用功能，采取疏防结合的设计。对于 B16～B15 外墙，设计成"两墙合一"的做法，即在外墙内侧增设一道防水混凝土内衬墙，两道墙体之间间隔 20cm，用于设置排水沟。直接与坑内水体接触的外墙和 B16 层底板采用疏水板、防水卷材或涂料等防水措施，设下了第一道严实的防线。排水沟的设计为建筑防水提供了第二重保障，及时将少量外墙及底板渗水排除，确保建筑的正常使用功能。

由于 B16 层底板迎水面防水层无法连续，在箱型基础墙体处沿墙体垂直向下延伸 500mm。具体防水构造做法如图 9.2-1 所示。

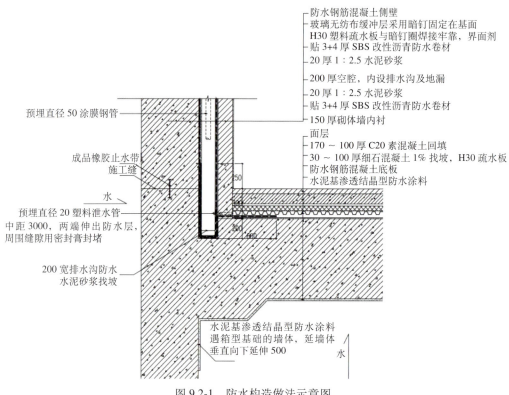

图 9.2-1　防水构造做法示意图

1）底板防水

水下永久性结构有防水要求的底板为 B16 层底板，其防水构造做法如下（由下至上）：

水泥基渗透结晶型防水涂料（用量不少于 1.5kg/m³，且厚度不小于 1mm），在箱形基础墙体处沿墙体垂直向下延伸 500mm →现浇 C35、P8 钢筋混凝土底板→ 30 ～ 100 厚细石混凝土找坡（1%）找平→ H30 塑料疏水板→ 170 ～ 100 厚 C20 素混凝土回填→面层。

2）侧壁防水

水下永久性结构有防水要求的侧壁为 B16、B15 层钢筋混凝土外墙，由于无法与 B16 层底板防水共同形成连续的迎水面的防水层，在防水钢筋混凝土外墙内侧增加一道 150mm 厚的防水钢筋混凝土内衬墙，两墙间距为 200mm，中间设置一条排水沟。具体防水构造做法如下（由外至内）：

钢筋混凝土侧壁→玻璃无纺布缓冲层采用暗钉圈固定在基面→ H30 塑料疏水板与暗钉圈焊接牢靠→界面剂→贴 3 ～ 4 厚 SBS 改性沥青防水卷材→排水沟→ 150 厚防水钢筋混凝土内衬墙→ 1 厚水泥基渗透结晶型防水涂料（变电所等强弱电机房区域）。

3. 小结

深坑酒店利用水下永久性建筑防水技术已施工完成水下结构防水工作，水下结构未出现有害裂缝，为水下永久性建筑的抗渗抗腐蚀提供了良好的基础。水下建筑未出现渗水现象，保证了建筑功能的正常使用。

第 10 章　深坑酒店 BIM 技术应用

深坑酒店施工过程中，通过三维激光扫描技术逆向建立了崖壁三维模型，采用 BIM 软件正向建立酒店主体设计模型，并将崖壁三维模型与主体设计模型进行了整合。整合后的模型被用于辅助施工方案设计和协同管理，不仅提高了施工方案的科学性和合理性，还对现场施工进度、质量和安全等起到积极效果。

10.1　三维激光扫描逆向建立崖壁模型

1. 技术概况

三维激光扫描技术是通过向被测对象发射激光束，接收由被测物反射回的激光信号获取被测对象的空间坐标信息；点云模型是基于三维激光扫描技术，对已有物体进行实景复制的建模技术。在深坑酒店建造过程中，通过对不规则的崖壁进行三维激光扫描获取崖壁点云模型，然后制作崖壁三维模型，并将该模型与酒店主体 BIM 模型进行整合，为工程管理人员提供精确的工程数据信息，为项目安全、质量、进度等管理提供精确的数据支持。

2. 实施步骤

1）站点布设

为获得完整、全面、连续的全景点云数据，需对崖壁进行多角度、多方位的扫描，即需要设置多个站点，并需确保每两个将进行数据拼接的站点（相邻站点）之间至少有 15% 的重合区域。为保证数据采集的准确性，站点与崖壁之间应无杂物遮挡，视野开阔，角度良好，且尽量避免其他光源等因素对扫描精度的影响。

2）参考点布设

在相邻站点的重合区域设置 3 个不共线的标志球，作为后续点云数据拼接的控制点。另外，布设 3 个不共线的标靶，作为模型配准的参考点，标靶设置在独立于崖壁扫描区域之外的固定位置，并采用全站仪测定标靶的大地坐标。

3）扫描

将三维激光扫描仪依次架设在所选站点处，通过扫描仪自带软件识别并扫描标靶，然后设定视景范围和扫描精度，开始对崖壁进行扫描。扫描过程中，避免人员及物体穿过扫描区域造成遮挡。

4）点云数据处理及拼接

使用 Trimble TX5 配套数据处理软件，将各个站点扫描所得数据进行解压获得点云模型。点云模型导入 Realworks 后，通过曲线检查法、角度判断法、弦高差法等算法自动识别噪声点并删除。

其次，进行点云拼接。利用相邻站点重合区域的标志球作为控制点，通过平移、旋转变换，使得相邻站点中的所有控制点一一对齐，实现相邻站点的拼接。然后，利用数据融合功能将重合部分的数据进行归并，避免数据的冗余和不一致。最后，为标靶添加采用全站仪测得的大地坐标值，通过坐标校正，将完整的点云模型纳入统一的大地坐标系中。

5）逆向三维建模

利用 Realworks 软件中 Office Survey 模块下的 Mesh Creation Tool（格网创建工具）命令，将完整的点云数据创建成三维模型。三维模型创建完成后，检查模型中是否存在由孤点生成的多余、杂乱三角网，利用 Mesh Editing Tool（格网编辑工具）对生成的三角网进行手动删除和编辑处理。

深坑酒店采用的三维激光扫描仪型号为徕卡 ScanStation C10，如图 10.1-1 中（a）所示。生成的矿坑地形三维模型如图 10.1-1 中（b）、（c）所示。

  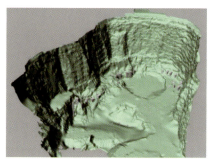

（a）现场扫描矿坑　　（b）采用 GEOMAGIC 多边形网格建模生成崖壁模型　　（c）逆向建模生成崖壁三维模型
地貌

图 10.1-1　三维激光扫描逆向建模生成崖壁三维模型

6）崖壁三维模型与酒店设计模型整合

利用 Realworks 软件讲逆向建模创建的三维扫描模型导出为 .dwg 格式，在导入 Revit 软件中，与正向建立的酒店设计模型进行匹配。

3. 实施效果

通过三维激光扫描与点云模型处理，建立了精确的崖壁三维模型；将崖壁模型与酒店设计模型整合，为深坑酒店设计优化和方案模拟优化奠定了基础。

10.2　BIM 技术辅助施工方案设计

1. 技术概况

深坑酒店利用崖壁三维模型和酒店主体设计模型对施工方案进行设计、模拟和优化：从崖壁三维模型和酒店设计模型中提取数据，用于指导施工方案编制和工程量计算，主要有崖壁爆破方案和爆破方量计算；在崖壁三维模型与酒店设计模型中进行施工方案模拟，对方案进行优化，主要有坑内施工升降机方案、脚手架加固方案、超深向下混凝土输送方案等；将崖壁三维模型与酒店主体结构模型导入受力计算软件，进行坑底岩体应力验算；采用三维激光扫描，对主体钢结构进行变形监测。

2.BIM 技术辅助施工方案设计具体应用

1）崖壁爆破方案优化及爆破方量计算

采石坑崖壁坡角约 80°，爆破岩石方量约为 1.3 万 m³。由于崖壁陡峭且断面不规则，如采用常规测量方式对崖壁进行测量，因工作环境艰苦，测量精度难保证，测得的断面数据与实际情况存在较大偏差，给爆破方案设计核算造成较大困难，如设计核算不准确，将给现场施工时的安全、质量和进度管理造成极大压力。将崖壁三维模型与酒店结构设计模型整合，以建筑物与崖壁重叠部位、建筑物与崖壁最小间距不足 80cm 的部位作为爆破范围，在整合模型中准确拾取爆破点位，确定每个爆破点位的深度，避免多爆、少爆的情况，节约了爆破成本，也减少了因同一位置多次爆破对岩体造成的额外扰动，同时在模型中模拟起爆网络，计算爆破碎石飞溅距离，指导施工现场设置安全距离等。通过在崖壁模型中提取数据和模拟爆破，使爆破设计与施工方案更加科学、合理、安全。爆破完成后，通过对比爆破前后的崖壁模型，可准确计算爆破工程量，如图 10.2-1 ～图 10.2-3 所示。

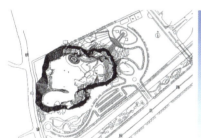 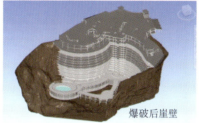 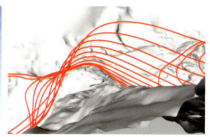

图 10.2-1　崖壁爆破平面图　　图 10.2-2　崖壁点云模型与主体 BIM 模型　　图 10.2-3　崖壁爆破面前后对比

2）坑内施工升降机方案比选和优化

项目前期策划阶段，计划采用 4 台特制的倾斜施工升降机（此种升降机可沿倾斜陡峭崖壁设置）将施工作业人员从坑顶运至坑内作业面。在完成崖壁模型创建后，在崖壁模型中只找到一处可用于布置该特制电梯的合适位置，且该位置只能布置 1 台，如仍采用倾斜施工升降机的方案则运量无法满足施工需求。此类特制施工升降机附墙长度为最长为 3.6m，因崖壁断面极不规则，如在坑内增设该施工升降机需要对崖壁进行爆破处理（通过爆破使崖壁表面平整，以满足附墙长度要求），增加工作量，延长了施工工期，同时爆破对崖壁的稳定性有不利影响。

深坑酒店团队基于崖壁模型，组织多次讨论，确定尝试利用塔吊标准节作为常规施工升降机的附墙装置，将施工升降机附着于塔吊标准节上，再将塔吊标准节附着于崖壁，以解决施工升降机附着问题。该施工升降机附着方案经过 midas gen 整体建模分析，受力满足要求。在崖壁三维模型与主体结构 BIM 模型中对施工升降机的安装点进行筛选，最后选定了在相对标高 −50m（相对标高）处的一个天然平台位置设置塔吊标准节和施工升降机。此天然平台标高与深坑酒店 B14 层结构标高相近，可通过搭设通道与 B14 层结构联通，人员、材料可通过施工升降机下至坑内后直接进入主体结构施工。该天然平台以上的崖壁表面随不规则，但由于塔吊标准节附墙长度较长，附墙仍可安装在该处崖面上。方案构思完成后，在崖壁三维模型上进行模拟，结果为：该施工升降机方案可行性高，安全稳定性高，运输效率可满足施工需求，且采用常规塔吊标准节和施工升降机即可，无需定制加工如图 10.2-4 所示。

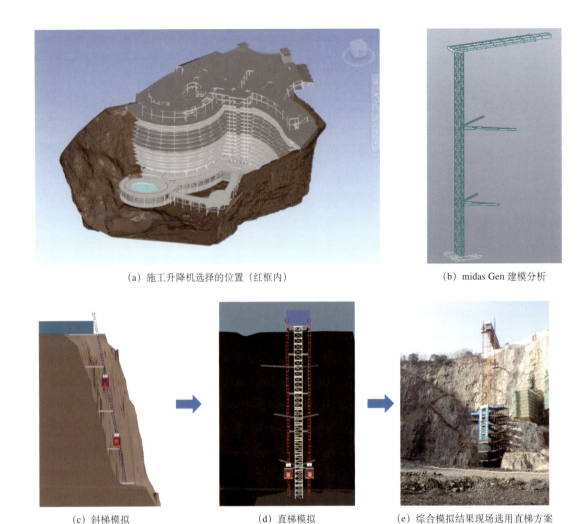

（a）施工升降机选择的位置（红框内）　　　　　　　　　　　（b）midas Gen 建模分析

（c）斜梯模拟　　　　　　　　（d）直梯模拟　　　　　（e）综合模拟结果现场选用直梯方案

图 10.2-4 崖壁向下超深施工升降机方案比选和优化示意图

3）崖壁加固脚手架方案模拟、深化

为了进行深坑酒店崖壁支护施工，需要沿着崖壁搭设非常规操作脚手架，包括落地操作脚手架和悬挑操作脚手架。因崖壁表面不规则，给脚手架布置与搭设造成了较大困难。为合理排布脚手架立杆及悬挑工字钢，保证脚手架在崖壁支护施工时的安全稳定，防止非常规脚手架因布置不合理导致局部立杆或悬挑工字钢受力过大而失稳，项目基于崖壁三维模型对崖壁加固脚手架方案进行了模拟、优化。

崖壁加固脚手架不仅需要对架体进行常规安全设计计算，而且需要根据崖壁断面的变化确定搭设节点位置及调整搭设步距等。在崖壁三维模型中建立脚手架 BIM 模型，模拟脚手架搭设及对不规则崖壁表面位置需进行的调整，细化了脚手架的立杆位置，尤其是立杆支撑于崖壁上的情况；细化了悬挑工字钢的设置位置。在完成模拟排布后，对架体重新进行了受力分析，对不满足受力要求的，对方案进行了调整优化，保证架体的安全，如图 10.2-5 所示。

4）基础异形大体积混凝土回填方案优化

深坑酒店坑底基础采用大体积混凝土找平，找平完成后再施工两层箱型基础。大体积回填混凝土呈台阶状，标高错落复杂，最高台阶高度为 8.07m，最低台阶高度约 0.1m，施工顺序复杂。

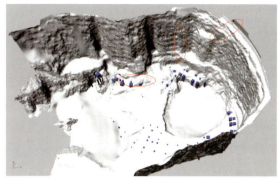
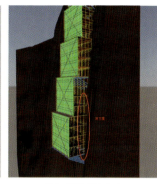
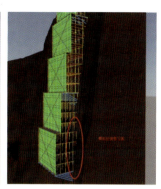

（a）崖壁搭设操作架困难处　　　　　　　（b）原脚手架方案　　　　　　　（c）优化后的脚手架方案

图 10.2-5　崖壁加固脚手架方案优化示意图

为解决多标高大体积混凝土的支模问题，深坑酒店团队将崖壁三维模型与大体积混凝土模型整合，运用 BIM 技术对坑底基础大体积回填混凝土施工过程进行四维进度模拟和温度应力分析。将大体积混凝土划分成不同的区块，对每个区块的浇筑逻辑顺序进行模拟分析，得出最佳浇筑顺序，并可快速、精确计算出模板用量、回填混凝土方量，确定作业人员计划、设备计划、模板周转计划等。

通过模拟分析，将混凝土浇筑分为 12 层，此种浇筑方式的施工组织（如混凝土在浇筑连续性、单边钢支架支模周转次数、穿插流水等方面）都达到了相对较佳状况如图 10.2-6 所示。

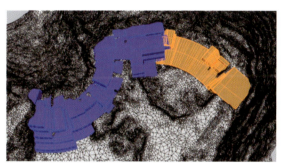

（a）坑底基础大体积回填混凝土　　　　　　　（b）坑底基础大体积回填混凝土分层情况

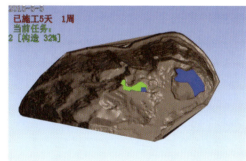
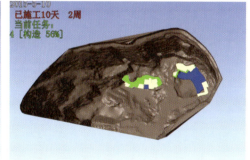

（c）坑底基础大体积回填混凝土四维进度模拟

图 10.2-6　基础异形大体积混凝土回填方案优化示意图

5）超深向下混凝土输送方案选定和优化

深坑四周崖壁陡峭，工程机械车辆无法行驶至坑底作业面，且从坑顶至坑底垂直落差达 80 余米，该工况下向坑内输送混凝土，无可借鉴的成熟经验，单独采用一种常规混凝土输送方式不能解决问题：如采用汽车泵从坑顶将混凝土输送至坑底，因坑顶与坑顶的垂直落差达80余米，上海地区最大臂长汽车泵为62m，不能满足工况需求；如采用汽车泵输送，需沿崖壁布设泵管，采用垂直方式布设泵管时因落差大，混凝土输送过程中易离析，采用折线方式布设泵管时因输送路径长，混凝土输送过程中易堵管，在陡峭崖壁上处理堵管难度大。深坑酒店团队需针对工况，创新设计一套混凝土输送方案。

（1）总体泵送方案确定

基于崖壁三维模型和酒店主体设计模型，提取崖壁几何形状参数，通过开展头脑风暴，最终选定一套可行性高的混凝土泵送方案：混凝土向下超深三级接力输送方案。该方案整体思路：混凝土由橄榄车运至现场后，依次通过汽车泵（第一级）+溜槽（第二级）+固定泵（第三级）输送至作业面。

（2）固定泵位置选定

根据拟定的总体泵送方案，固定泵作为最后接力输送方案的最后一级，需尽量靠近酒店主体结构，便于缩短混凝土在泵管中的输送距离；固定泵停放位置需尽可能缩短与坑顶的落差，便于缩短混凝土在溜槽中的输送距离；固定泵停放位置基础需稳固坚实，满足主体结构大方量混凝土安全泵送需要。基于崖壁三维模型，初步选定了2处固定泵停放位置，第一处与施工升降机同平台，位于施工升降机旁边；第二处位于坑底。在崖壁三维模型中模拟采用62m臂长汽车泵输送混凝土时，极限状态下汽车泵出料口距离2处拟定位置的垂直距离，分别约为10m和30m。考虑溜槽使用过程中的安全性，选定第一处作为固定泵停放位置，进一步对方案进行深化。

（3）汽车泵型号和架设位置选定

停放固定泵的平台，距离坑顶约50m。上海地区建筑市场56m和62m臂长汽车泵较为普遍，考虑汽车泵停靠位置需与崖壁保持安全距离，选择62m臂长汽车泵作为第一级输送混凝土。

（4）溜槽设置高度确定

创建汽车泵、固定泵三维模型，整合至崖壁三维模型中，在整合模型中绘制溜槽模型，提取溜槽高度数据；采用扣件式脚手架搭设溜槽支撑架，在整合模型中细化脚手架杆件与崖壁连接节点，如图10.2-7所示。

（a）汽车泵位置确定　　　　　（b）溜槽位置确定图　　　　　（c）三级接力系统

图10.2-7　向下超深77m混凝土泵送方案优化示意图

基于崖壁三维模型和酒店主体设计模型，深坑酒店团队创新了一套超深三级接力输送装置。三维模型辅助方案设计，模拟方案实施，提高了方案确定过程中的科学性、合理性，极大提高了工作效率。

（5）BIM模型与应力验算

将崖壁三维模型和坑底回填混凝土基础模型导入到有限元分析软件进行承载力验算，验算结果：外力在结构内部产生的应力均未达到破坏极限，即回填混凝土和岩体都不会发生破坏，如图 10.2-8 所示。

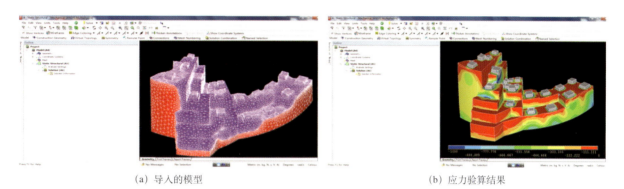

(a) 导入的模型   (b) 应力验算结果

图 10.2-8 基于 BIM 模型的全自动放线示意图

（6）主体钢结构变形监测

一般钢结构变形监测对比主要是设定监测点进行逐点监测对比，工作量大且可能漏掉变形较大的地方。对于特大异形钢结构，安装与卸载变形具有无法预知性，利用三维激光扫描变形测量技术既可以实现变形监测特征点的三维位移分析，也可以实现多点整体变形分析。

坑内主体钢结构呈双曲异形，深坑酒店团队通过建立扫描站点，设置标靶板进行三维激光扫描，对扫描点云模型进行配准，分析异形钢结构的变形。最后将三维激光扫描变形监测结果和全站仪变形监测结果进行对比分析，结果表明：三维扫描技术能较好的用于异形钢结构的整体变形监测。

根据现场勘查确定三维激光扫描过程中的难点，尽可能从各个角度去对实物进行扫描。综合考虑深坑酒店施工现场情况，确定了 2 个站点用于架设扫描仪器，通过两个站点分别对钢结构的 A 区和 B 区进行扫描。现场扫描如图 10.2-9 所示。

图 10.2-9 现场扫描照片

为了实现各个测站的拼接配准，在测站周围的崖壁以及底层混凝土结构上设置有三块标靶板，其中包括一块共用的标靶板，标靶板设置如图 10.2-10 所示。主体钢结构变形监测扫描，没有采用传统的标靶牌或者仪器厂商提供的球形标靶，主要是考虑到距离较远时，传统的标靶太小，内业时不便于找到目标，并且传统标靶球不便于固定，不能长期为变形监测提供准确配准位置。所以在现场扫描时制作了图 10.2-10 中的标靶板，标靶板尺寸为 0.5m×0.5m，对角区域分别刷白色、蓝色油漆。

　　同时，在变形最大的 B8 层设置三块标靶板，B6 层设置两块标靶板，以便于配准之后进行变形监测。钢结构上的标靶板设置与棱镜位置上下交叉错开，以便于两者形成对比。具体如图 10.2-11 所示。

图 10.2-10　标靶板照片　　　　图 10.2-11　钢结构上标靶板、棱镜位置图

　　首先将三维激光扫描仪器架设在所选定的站点上，开机进行扫描参数设置，主要包括工程文件名、文件存储位置、扫描范围、分辨率等。完成上述工作后开始扫描，在扫描过程中，避免扫描区中人员走动，以免造成遮挡。

　　现场扫描数据导入 Trimble Realworks，选择"Registration"模式，进行配准，在选择目标时手动选择标靶板建立目标，并且配准，配准精度 2mm。配准目标如图 10.2-12 所示，配准模型如图 10.2-13 所示。

　　利用测量工具对配准之后的钢结构上的标靶板进行距离测量，测量十次取平均值作为该点位移。并将三维激光扫描仪测量值与用全站仪结合棱镜测得的位移值进行比较分析，分析结果如表 10.2-1 所示。通过两种不同方式测得的变形值的分析比较可以得知：利用三维激光扫描技术，通过在钢结构上设置的标靶板对结构进行变形监测的方法是切实可行的。

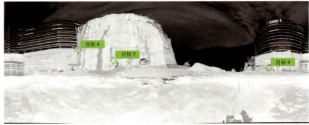

图 10.2-12　建立配准目标

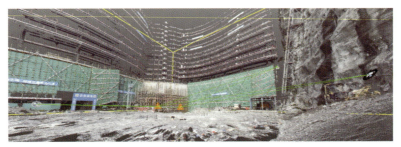

图 10.2-13　配准模型

变形监测结果对比表 表 10.2-1

监测方式		A 区		B 区			
		1 号	2 号	3 号	4 号	5 号	6 号
B6 层	全站仪	22.050mm	19.043mm	21.756mm	17.770mm	16.010mm	16.683mm
	三维激光扫描	21.350mm	18.033mm	20.965mm	17.072mm	15.531mm	16.233mm
B8 层	全站仪	21.977mm	21.560mm	19.320mm	16.905mm	14.789mm	17.720mm
	三维激光扫描	21.320mm	21.323mm	18.605mm	16.518mm	14.320mm	17.422mm

3. 实施效果

利用建立崖壁三维模型和酒店主体设计模型，为施工方案设计、选定、模拟和优化提供了强有力的数据支撑，提高了工作效率，减少了施工现场模拟试验流程，起到了良好的效果。

10.3 BIM 技术协同应用

1. 技术概况

深坑酒店施工过程中，运用 BIM 技术开展了多专业模型碰撞检测，节点优化，设计、计划、物资协同管理等。

2. BIM 技术协同管理具体应用

1）多专业碰撞检测

（1）管线碰撞检测

传统条件下的深化设计，对于水电、暖通和建筑、结构间的构件冲突无法有效的在深化设计阶段解决，通常只能在施工阶段进行修改。因此各专业图纸间的矛盾众多，导致施工过程中变更加大，施工单位在施工过程中协调难度增加，设计单位不断调整设计变更增加工作量，造成工程成本增加，达不到业主要求。为减少甚至杜绝这类问题，项目利用 Autodesk Revit 系列软件进行三维建模，快速查找模型中的所有碰撞点，并出具碰撞检测报告。同时配合设计单位对施工图进行了深化设计，在深化设计过程中选用 Autodesk Navisworks 系列软件，实现管线碰撞检测，从而较好地解决传统二维设计下无法避免的错、漏、碰、缺等现象，如图 10.3-1 所示。

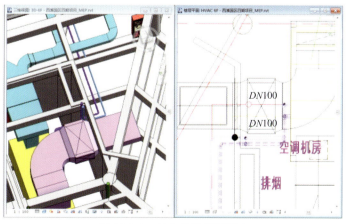

图 10.3-1 各专业间模型整合

（2）坑顶大梁锚索与嵌岩灌注桩碰撞检测

项目对坑顶嵌岩灌注桩进行入岩模拟，根据设计提出的灌注桩需嵌入中风化层 1m 的要求，确定每根嵌岩灌注桩桩长。同时，通过对坑顶基础梁预应力锚索与围护桩、工程桩、风化岩面进行碰撞检查，保证施工可行性与锚索入岩要求，如图 10.3-2 所示。

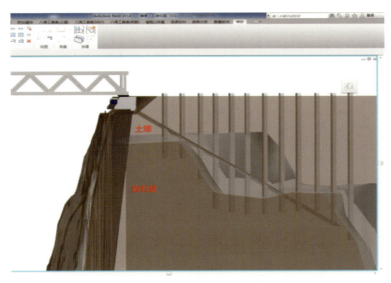

图 10.3-2　入岩模拟及碰撞检查

2）节点优化

在三维可视化条件下进行设计，建筑各个构件的空间位置都能够准确定位和再现，进而可对复杂节点进行优化调整。

（1）通过崖壁模型与坑底独立基础的整合，呈现出独立基础与崖壁的碰撞及标高情况，结合坑底地形情况，对每个独立基础进行单独调整设计，如图 10.3-3、图 10.3-4 所示。

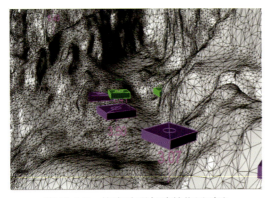

图 10.3-3　坑底地形与独基位置对比

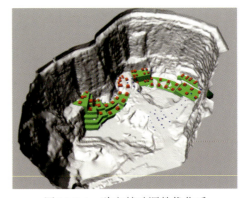

图 10.3-4　独立基础调整优化后

（2）原设计中坑顶支座大梁钢筋排布密集，且支座大梁内设有支座预埋件及预应力锚索，支座内钢筋、预埋件、预应力锚索相互碰撞，现场无法施工，深坑酒店项目团队利用 BIM 技术对坑顶支座梁复杂节点钢筋排布及钢结构预埋件节点进行三维模拟优化优化调整，避免节点相互冲突，指导现场施工避免返工，如图 10.3-5、图 10.3-6 所示。

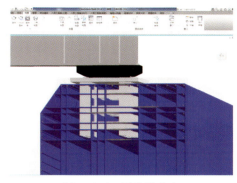
图 10.3-5　原设计节点

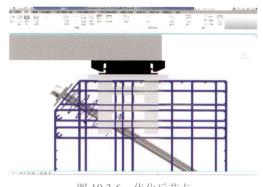
图 10.3-6　优化后节点

3）BIM 协同管理

（1）设计管理

平台将图纸与模型关联，通过模型查看相应图纸，记录深化设计图纸报审状况，并实现对图档资料集中管理，如图 10.3-7 所示。

（a）图纸与模型关联　　　　　　　（b）图纸报审管理　　　　　　　（c）图档资料管理

图 10.3-7　设计管理示意图

（2）计划管理

Project 与 BIM 三维模型进行数据互通，通过平台实施进度管理，实现计划与实时的动态管理，并实时进行工程进度的跟踪与预警，如图 10.3-8 所示。

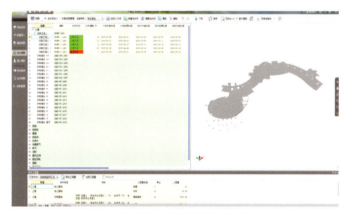

图 10.3-8　计划管理示意图

（3）物资管理

在 BIM 模型中加入工程量因数，建立广联云协同平台，项目依据模型数据，精确计算材料需求量，按所计算出的工程量上报材料计划，各部门联合审批，实现材料精细化管理，如图 10.3-9、图 10.3-10 所示。

图 10.3-9　自动计算材料需求量，形成报表　　　　图 10.3-10　材料计划报表上传

（4）现场管理

根据反馈到平台的质量问题，通过移动端，方便现场负责人跟踪解决，将当日跟踪信息反馈到平台，及时解决闭合存在的质量问题，如图 10.3-11、图 10.3-12 所示。

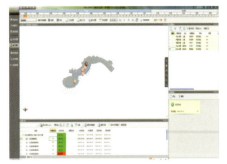

图 10.3-11　现场问题录入平台　　　　　　　　图 10.3-12　问题现场追踪

（5）"BIM+APP"信息化管理

自主研发手机 APP 软件，平台上 PC 端与移动端数据互通，通过 ipad、智能手机等移动设备，可以方便查看项目图纸、质量、安全等问题、模型等信息，便于 BIM 指导现场施工，如图 10.3-13、图 10.3-14 所示。

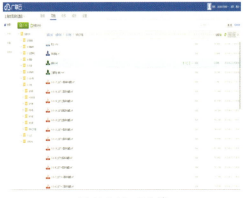

图 10.3-13　PC 端　　　　　　　　　　　图 10.3-14　移动端

3. 实施效果

运用 BIM 技术开展多专业协同管理，成效显著，先后荣获第一届 WBIM 国际数字化大奖——卓越施工奖、中国建设工程 BIM 大赛卓越工程项目奖一等奖、上海建筑施工行业第二届 BIM 技术应用大赛一等奖。

第 11 章 深坑酒店科技创新与绿色施工管理

深坑酒店项目部在施工总承包管理的基础上，充分理解建筑设计理念，结合项目特色，注重科研，积极创新，合理利用"PDCA"循环等科学管理工具，研发出了多项创新性技术。同时在建造过程中，以自然和谐为管理指导理念，倡导绿色建造，采取了一系列有特色的绿色施工措施并以科技创新促进深坑酒店绿色建造，打造出了一个生态环保的建筑工地。

深坑酒店设计理念融合了"天人合一，自然和谐"的思想，建造过程中对绿色节能、生态环保要求较高，且由于深坑酒店的选址特殊性，其诸多施工技术均无成熟案例可借鉴，针对深坑酒店项目开展科技创新及其管理方面的研究实施将填补我国在废弃深坑内建筑施工方面的空白，其成果的研究与实施可为工程的安全、质量、工期提供保障，并将为类似工程提供借鉴。而针对本项目展开的绿色施工及其管理方面的研究与成功实施也能为城市更新过程中对废弃场地的后续开发利用提供绿色建造的典范。具有较好的推广价值。

11.1 科技创新管理

1. 管理重点难点

（1）80m 陡峭深坑内，无法修建通向坑内的行车道路，人员、材料、机械垂直运输难度大，80m 采石深坑内垂直运输系统无成熟可靠技术可借鉴，需项目自主研发垂直运输系统；

（2）陡峭硬岩高边坡治理加固难度大，深坑崖壁边坡坡度约 80°，坑深约 80m，加固支护如此坑深坡陡的硬岩边坡，国内罕见；

（3）深坑内双曲异形结构施工难度大，深坑酒店结构形式为两点支撑的钢框架结构，突破现有规范，且其整体造型立面平面均为双曲线型，对结构变形要求极高；

（4）永久性水下超长超厚混凝土结构裂缝控制及耐久性要求高。坑底基础设计为大体积梯田式回填混凝土基础，混凝土厚度最厚处达 19m，为超大超厚大体积混凝土，施工难度大。且永久处于水下的 2 层混凝土结构环向长度约 225m，而且由于其永久处于水下，抗渗及耐久性要求高，对施工带来很大挑战。

2. 管理措施

（1）科技创新策划

项目部在施工前期邀请行业专家对深坑酒店科技创新研发工作进行指导策划，分析本工程特点难点及可挖掘的创新点，确定科技研究目标、制定科技研究内容和科技研究计划，分析工作条件和环境保障情况，制定人才及设备需求计划。同时策划制定成果形式和考核指标，进行风险分析并制定风险应对措施，提出科技研究路线和手段，组建研究团队并进行职责划分。编制科研策划书，制定科技管理制度，并签订责任状。精心的策划，为科研工作的开展提供了坚实基础。

（2）过程中按照制定的策划方案严格落实和考核，根据研究内容，以降低成本，缩短工期，保证质量和安全为目标制定施工方案并积极考虑使用新技术、新材料、新工艺。

如考虑到采石坑底及坑壁形貌复杂，采用三维激光扫描仪对整个采石坑进行三维激光扫描，形成三维数据模型，对采石坑进行逆向建模，以便给坑底基础设计及方案编制和优化提供依据。

并对已完成的结构进行三维激光扫描，建立已完成结构的现场实际三维数据模型，与设计模型进行对比分析，完成异形结构的变形及位移监测。

（3）定期组织会议讨论各施工难题的解决方案，邀请专家进行相关方案的指导，并采用 PDCA 循环优化施工方案，同时借助 BIM 技术，进行模拟分析，更直观更便捷地进行方案优化。

（4）定期组织科技研讨会，分析总结过往科研工作经验教训，考核科研计划完成情况，挖掘新的创新点，并制定下一周期科研计划，同时利用科技研讨会组织进行学习培训。

（5）方案制定之后，进行周密验算论证，保证方案实施的安全性，并积极实施，反复试验论证调整，以寻求方案的最佳的可行性和经济性。

（6）建立科技创新奖励机制，对科技创新及研发工作有突出贡献有成果的员工予以绩效考核中予以加分，激发项目部人员的进行科技创新和研发工作的主动性和积极性。

3. 小结

在项目建设管理过程中，团队注重科技研发，形成了诸多关键技术，荣获了系列工程奖项。其中近崖壁建筑物流输送技术和全势能一溜到底混凝土缓冲输送技术可复制可推广性强，可为建设行业提供有益的技术参考。

11.2 绿色施工管理

1. 管理重点难点

深坑酒店毗邻"松江九峰"之一的横山，采石坑周边已形成较好的生态环境，且崖壁上已有的自然景观植被再生难度大且周期长，在施工建设过程中严禁对现有的植被及生态产生破坏。

深坑酒店设计理念本身就融合了绿色生态的思想，在充分理解深坑酒店其本身建筑思想的前提下，要求绿色建造的思想贯穿于施工过程中，绿色建造要求高。

2. 管理措施

（1）绿色施工策划

项目部成立了以项目经理为组长，各部门主要负责人为副组长，各部门人员为组员的绿色施工管理领导小组，全面负责项目部绿色施工管理工作。确定项目生产经理为绿色施工第一责任人，结合各岗位原工作职责，进行绿色施工管理分工，确定绿色施工管理目标，并将目标分解，层层到人。确定绿色施工评分标准，制定绿色施工管理制度，将绿色施工考核指标具体量化。

由项目经理组织各部门结合深坑酒店特点，从《绿色施工手册》《建筑业十项新技术》《中建八局十项新技术》中精选适用于深坑酒店绿色施工新技术共44项。制定深坑酒店绿色施工技术名录，确定各项绿色施工技术的应用数量、应用时间、应用部位、责任人等。

项目开工初期，项目部结合酒店永久性道路，进行场内临时道路布置。施工过程中，根据施工进度，组织总平面布置讨论会，合理安排现场临设，努力减少和避免使用过程中的临时建筑拆迁和场地搬用。

（2）绿色施工学习培训，宣传教育

项目部积极参加公司组织的绿色施工观摩，学习借鉴其他项目的绿色施工经验和做法，同时利用"每周一课"时间，培训学习绿色施工新技术。利用每月安全教育大会，向工人宣贯本工程的绿色施工要求，及各工序的绿色施工措施，号召工人保护深坑已有的生态环境。

（3）定期考核评价

项目部根据《建筑工程绿色施工评价标准》要求，会同监理和业主，定期开展绿色施工过程评价，并根据自评结果，查找短板，完善绿色施工管理。

（4）方案比选，保护环境

原计划第一套混凝土超深向下三级接力输送试验成功后，布设第二套三级接力输送系统，但布设第二套三级接力输送系统周围绿色植被较多，需砍伐周围大量树木设置临时道路和泵车停放点。为减少对周围环境的破坏，经慎重考虑并进行试验验证，最终改为混凝土超深向下一溜到底输送方案，有效的保护了周围植被。

（5）利用 BIM 技术精确算量

采用基于广联云的 BIM 施工管理平台，利用 BIM 模型数据，计算现场材料用量，同时利用信息化管理平台严格材料计划审批流程，防止出现材料积压甚至浪费。

（6）利用 BIM 技术指导精确下料

由于现场崖壁起伏不定，坑底回填混凝土基础钢筋下料需根据现场情况进行放样下料。项目部提前通过将结构模型与崖壁模型进行整合，进行回填混凝土基础的钢筋排布，并指导钢筋下料，既避免了现场材料的浪费，有保证了工程质量。

（7）崖壁爆破优化，利用 BIM 技术，将建筑物模型与崖壁模型碰撞，精确定位出碰撞需爆破区域，并利用放线机器人进行放线爆破，进行精确定位埋药，并采用预裂爆破和静态爆破方式进行崖壁爆破，最大限度地减少对崖壁的破坏。

（8）坑内碎石利用

深坑在爆破后产生了大量碎石，碎石以安山岩为主，硬度大。在坑底 19m 高梯田式回填混凝土施工过程中，经过与设计协商，在回填混凝土施工中大量使用了坑底爆破碎石进行快速堆抛石混凝土施工，充分利用现有资源，减少成品混凝土消耗量。同时，现场利用崖壁加固废料和混凝土余料，与碎石拌合，制作成装配式道板，铺设了坑底临时道路，装配式道路还具有可转场重复利用的优点，如图 11.2-1、图 11.2-2 所示。

（9）裸土覆盖

对施工现场长期裸露土部位，通过种植草进行覆盖，不仅起固土降尘和净化空气的作用，同时也美化了施工环境；对场内的临时堆土，利用安全网覆盖，降低刮风时的扬尘，如图 11.2-3、图 11.2-4 所示。

（10）设置移动式绿化

除大面积种植草覆盖裸土外，还沿主路设置了移动式绿化。移动式绿化可根据现场需要随时转移，还可在本工程结束后调运至其他项目使用，如图 11.2-5 所示。

图 11.2-1 装配式道板

图 11.2-2 堆抛石混凝土

图 11.2-3 裸土植草绿化

图 11.2-4 裸土覆盖

图 11.2-5 移动式绿化

（11）设置喷雾降尘装置

深坑酒店工程在采石坑周边、临时道路周边和塔吊大臂上安装了喷雾降尘系统，该系统经管路送至喷嘴雾化，形成飘飞的水雾，由于水雾颗粒非常细小，能够吸附空气中杂质，营造良好清新的空气，达到降尘、加湿等多重功效。本系统造价低，运行维护成本低，经济实用，控制方便，如图 11.2-6 所示。

图 11.2-6 喷雾降尘装置

（12）增设垃圾箱和移动式厕所

本工程场地跨度大，现场每隔一定距离增设了分类式垃圾箱与移动厕所，不仅起到便利场内施工人员的作用，还对现场垃圾控制起到了较好的效果，如图 11.2-7、图 11.2-8 所示。

图 11.2-7 分类垃圾箱   图 11.2-8 移动临时厕所

（13）垃圾堆放点进行封闭式处理

现场垃圾进行统一式管理，设置了场内垃圾堆放点，堆放点垃圾进行定期清理。为避免刮风时垃圾飘散，下雨时垃圾被浸泡发出难闻气味，对垃圾堆放点进行封闭式处理，设置了彩钢板雨棚和铁栅栏围挡，如图 11.2-9 所示。

图 11.2-9 垃圾池封闭式处理

（14）安装颗粒物与噪声监测系统

在现场安装了颗粒物与噪声在线监测系统，监测系统可对现场扬尘和噪声进行实时监测，一旦监测数据超标，施工现场将立刻增强降尘降噪措施，防止环境污染，如图 11.2-10 所示。

图 11.2-10　颗粒物与噪声监测系统

（15）现场型钢采用工厂预制

深坑酒店工程主体钢结构用钢量达 6900 余 t，通过工厂预制和现场拼装，极大减少场内措施用钢量，同时减少场内钢材焊接，减少光污染。

（16）使用定型化可周转设施

现场大量运用了定型化可周转围栏进行临边洞口防护，现场还采用了定型化灯架、定型化茶水亭、定型化钢筋棚、定型化仓库等，定型化设施可多次周转，重复利用，如图 11.2-11 所示。

图 11.2-11　定型化可周转设施

（17）雨水收集利用

深坑坑口面积达 3.2 万 m²，每次下雨坑底都会汇聚一定量的雨水。结合现场条件，项目在编制消防方案、混凝土养护等部分施工方案时，优先考虑利用坑底的雨水资源，将雨水利用最大化，如图 11.2-12 所示。

（18）洗车槽循环水系统

利用收集的雨水，对进出场车辆进行清洗，并实现水的循环利用。减少市政供水消耗，实现雨水资源最大化的利用。

（19）采用镝灯时钟控制装置

在满足现场照明需要的前提下，节约电力资源，本工程现场大灯都安装了镝灯时钟控制装置，此装置可预先设定开灯关灯时间，有效解决了忘关电灯而造成的电能浪费问题，如图 11.2-13 所示。

图 11.2-12　雨水收集循环利用

图 11.2-13　镝灯时钟控制装置

（20）安装使用太阳灯路灯和节能灯

能源利用上，项目部从"开源"和"节流"两方面出发，现场设置了太阳能路灯，实现多样化能源利用；施工现场和临设办公区，采用 LED 节能灯照明，光效高、耗电少、寿命长、易控制、免维护，节能环保，如图 11.2-14、图 11.2-15 所示。

图 11.2-14　太阳能路灯

图 11.2-15　LED 节能灯具

（21）绿色施工新技术应用

深坑酒店项目共应用了 10 大项绿色施工新技术，如表 11.2-1 所示。

绿色施工新技术应用简表　　　　　　　　　　　　　　表 11.2-1

	技术名称	应用部位	应用数量	应用效果
地基基础和地下空间工程技术	复合土钉墙支护技术	坑顶裙房基坑东北侧	3211 m²	施工简便，大大缩短了基坑围护工程的施工周期，并降低了工程成本
	高边坡防护技术	崖壁加固	2770m²	将岩体断裂层、岩体和土体良好地锚固在一起，且能良好解决崖壁渗水加剧岩石风化的问题
	双聚能预裂与光面爆破综合技术	崖壁爆破	3550 m²	较好地减少了对崖壁的扰动伤害，无超爆及欠爆

续表

技术名称		应用部位	应用数量	应用效果
混凝土技术	混凝土裂缝控制技术	坑顶长 225m 宽 2.25m，高 3.2m 支座大梁	—	采用一系列混凝土裂缝控制技术进行裂缝控制，保证了施工质量大大减少了水泥用量，达到了节材的效果，同时覆盖薄膜养护大量减少了混凝土养护水用量
	高耐久性混凝土	主体结构	54431m³	大大提升结构耐久性，并减少后期维修保养成本
	自密实混凝土技术	主楼劲性柱	680 m³	使用自密实混凝土，节约了材料的损耗，避免了返工材料损耗
	轻骨料混凝土	悬挑结构和非上人屋面处建筑层	2020 m³	减少荷载，减少楼板厚度，达到了节材效果
钢筋及预应力技术	高强钢筋应用技术	主体结构	6300t	达到了抗震节材效果
	直径钢筋直螺纹连接技术	地下室底板钢筋直径 D ≥ 25mm，框架梁、框架柱及剪力墙的钢筋 D ≥ 28mm	直螺纹套筒约 27200 只	直螺纹连接套筒方便施工，降低了钢筋绑扎的劳动强度，大幅提高施工速度，降低工程人工费，同时节省了大量钢材
	无粘结预应力技术	坑顶大梁预应力锚索	15t	保证了坑顶支座大梁的抗震效果，并达到了节材降耗的效果
模板及脚手架技术	塑料模板技术	箱型基础及水下两层结构的结构板等部位	4800m²	提高了周转次数，平均比常规木模多周转 4 次
钢结构技术	深化设计技术	主体钢结构	840 节柱、主次梁共 6836 根、斜支撑 518 根、楼承板 56564.4m²	同时简化施工工序，提高施工效率，同时可以节约材料
	厚钢板焊接技术	主体钢结构	8000t	经超声波探伤检测，所有一二级焊缝质量皆符合要求
	钢与混凝土组合结构技术	主楼劲性柱	680m³	结构楼板采用新型钢筋桁架楼承板，此种新型楼板具有结构刚度大，无需搭设临时支撑架的优点，节约了大量的模架支撑，节约材料及人工，节省了大量施工措施费用
机电安装工程技术	管线综合布置技术	所有机电管线布置	所有机电管线布置	减少位置冲突问题，不仅可以控制各专业和分包的施工工序，减少返工，同时节省了材料
	变风量空调系统技术	深坑酒店变风量空调系统	深坑酒店变风量空调系统	变风量空调器的冷却能力及风量比定风量可风机盘管系统减少 10% ~ 20%。
	管道工厂化预制技术	机电工程	机电工程	达到了美观、高效、节能、环保，全体性强
绿色施工技术	基坑施工降水水回收利用技术	坑底雨水回收	坑底雨水回收	节约水资源约 9 万 t
	预拌砂浆技术	坑顶裙房地下室及标准层核心筒	2463.06t	同时操作简单，方便了施工，又节约了原材料，从而提高工作效率
	外墙体自保温体系施工技术	主楼外墙	约 230000m³	集节能、保温、隔声、装饰效果为一体的轻质、环保体系；且保温效果好，不占用室内空间

续表

技术名称		应用部位	应用数量	应用效果
绿色施工技术	铝合金窗断桥技术	客房阳台门窗	336 扇门窗	有效阻止热量的传导，确保了节能环保
防水技术	地下工程预铺反粘防水技术	裙房地下室底板	12368m²	节约了防水卷材的损耗，达到节材的效果
抗震、加固与改造技术	深基坑施工监测技术	整个采石深坑	整个采石深坑	深基坑施工监测技术使整个基坑处于安全可控的状态
	结构安全性监测（控）技术	主楼钢结构	主楼钢结构	实现钢柱吊装校正过程中的精确定位
	开挖爆破监测技术	崖壁爆破	崖壁爆破	通过监控崖壁爆破得到良好的控制，达到了节地的效果
信息化应用技术	虚拟仿真施工技术	整个施工过程	整个施工过程	通过模拟优化，优化施工工艺，节省了大量资源
	建设工程资源计划管理技术	管理过程	管理过程	利用信息化管理平台严格材料计划审批流程，防止了出现材料积压甚至浪费
	施工现场远程监控管理工程远程验收技术	全覆盖	全覆盖	通过信息化手段实现对工程的监控和管理。通过手机监测现场钢结构吊装情况，节约了大量人工

3. 小结

深坑酒店工程采用的绿色施工创新技术，同时为类似的工程积累了宝贵经验，也为城市更新过程中对废弃场地的后续开发利用提供绿色建造的范例。

第3篇 蝶变——深坑酒店工程创新施工技术

　　本篇介绍深坑酒店特色的创新施工技术，结合特殊的深坑地理环境，在垂直运输、崖壁加固、消防安全和深坑环境修复等方面采取了系列创新施工技术。创新研发混凝土向下超深三级接力输送技术，解决混凝土向下超深输送时易堵管、易离析、成本高和缓冲等难题。以及研发了混凝土超深全势能一溜到底输送技术、附着于不规则崖壁施工升降机设计和安装技术、基于红外热成像技术的钢管混凝土密实度检测技术等，为提升建筑工程质量提供了技术保障，实现深坑酒店华美地蝶变。

第12章　深坑原始陡峭风化崖壁处理技术

　　酒店建筑主体结构沿崖壁而建，而原始陡峭风化崖壁形状不规则，表面起伏较大，与建筑之间存在碰撞，且长期风化使得表面岩体不稳固，对工程的顺利实施及建成后的运营造成不利影响，需要对原始崖壁进行爆破修整、加固处理及稳定性监测。

12.1　崖壁爆破处理技术

1. 爆破设计

1) 爆破安全性分析

保护目标主要为周围的一般民用建筑物及高压线路。

2) 爆破安全设计

该爆破工程应考虑的主要危害效应是：爆破飞石和爆破地震波。

（1）爆破飞石

药孔爆破产生个别飞石的最大距离可由下式确定：

$$R_{max} = K_f \times q \times D$$

式中　R_{max}——药孔爆破个别飞石的最大距离（m）；

　　　　K_f——与爆破方式、填塞状况、地质地形有关的系数，取1.5；

　　　　q——炸药单耗（kg/m^3）；

　　　　D——药孔直径（mm）。

本工程采用浅孔与中深孔爆破时，浅孔 $D_{1max} = 40mm$，中深孔 $D_{2max} = 100mm$，$q_{max} = 0.35kg/m^3$，得：$R_{1max} = 21m$；$R_{2max} = 52.5m$。

同时，根据《爆破安全规程》GB 6722—2011 要求，本次爆破的安全警戒半径确定为150m。

（2）爆破地震波及最大一段（次）起爆药量的确定

根据《爆破安全规程》GB 6722—2011 中给出的质点振动速度公式，并结合此次爆破为内部装药松动微差控制爆破，因此最大一段（次）起爆药量可按下式计算：

$$Q_{max} = R_3 \left(\frac{v}{K'K} \right)^{\frac{3}{\alpha}}$$

式中　Q_{max}——最大一段（次）起爆的炸药量，kg，齐发爆破取一次爆破总药量；微差爆破取最大一段装药量。

v——被保护目标的安全允许质点振速（cm/s）；

K'——微差控制爆破修正系数，通常取 $0.5 \sim 0.8$；

R——爆点中心至被保护目标的距离，30m；

K、α——与爆破地形、地质条件等有关的系数和地震波衰减指数，通常根据试验和经验确定。

因本次爆破采用微差松动爆破，装药均在岩石内部，空气冲击波及噪声的危害可以忽略不计。

根据本工程的地理位置、地形地貌条件、爆破环境、开挖类型、开挖范围与深度、工程量以及工期等因素，确定采用爆破作业和静态破碎相结合的方法施工。爆破区域划分具体如表 12.1-1 及图 12.1-1 所示。

爆破区域划分表 表 12.1-1

编号	轴线	标高（m）	爆破方法	台阶高度（m）	爆破次数
①	2-5 ~ 2-7	−61.00 ~ −3.00	预裂爆破 浅孔爆破	3 ~ 4	16
②	2-7 ~ 2-9	−50.00 ~ −3.00	预裂爆破 浅孔爆破	3 ~ 4	14
③	2-9 ~ 3-5	−10.00 ~ −3.00	预裂爆破 浅孔爆破	3 ~ 4	2
④	3-3 ~ 3-5	−61.00 ~ −10.00	预裂爆破 浅孔爆破	3 ~ 4	14
⑤	2-9 ~ 3-3	−61.00 ~ −50.00	中深孔爆破 膨胀剂破碎	11	1

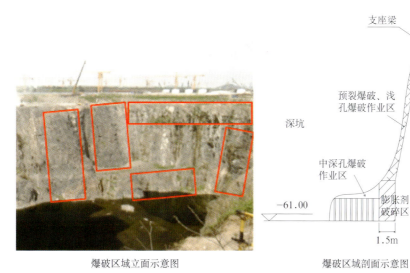

爆破区域立面示意图　　　　　爆破区域剖面示意图

图 12.1-1 爆破区域示意图

除爆区⑤外，均采用预裂爆破与浅孔爆破相结合的方法，以使爆破后的轮廓线达到设计要求且保持围岩稳定。爆区⑤分两部分进行爆破，远离完成面的部分采用预裂爆破与中深孔爆破相结合的方法，并在施工时预留 1.5m 保护层，距离完成面 1.5m 范围内的部分采用膨胀剂对岩石进行破碎，这样对岩体保护可以完全满足设计要求。

2. 预裂爆破与浅孔爆破技术

1）预裂爆破

根据岩性完整的情况，在离开设计轮廓线 5 ～ 30cm 的位置，平行于设计轮廓线钻预裂孔，其余地方布设辅助孔和主爆孔。离开设计轮廓线距离可以根据现场情况进行调整。预裂爆破参数如下：

(1) 孔径（d）：采用气腿式钻机布孔，孔径 38mm。

(2) 孔深（h）：3 ～ 4m，依岩体厚度而异，炮孔超深取 0.2m。

(3) 炮孔倾角：同坑壁倾角。

(4) 孔距（a）：根据经验取 0.5m。

(5) 填塞长度：根据经验取 1m。

(6) 装药结构：采用乳化炸药，孔内采用径向间隔装药结构，即药量沿孔长间隔分布，具体做法是：按要求的每孔装药量、药卷直径及间隔距离将药卷捆绑在沿孔长敷设的导爆索上，再将其捆绑在沿孔长敷设的竹片上，并于孔口将导爆索与传爆雷管进行相接。

(7) 线装药密度：实际中约为 0.5kg/ m。

2）浅孔爆破

浅孔爆破适用于岩面起伏较大且破碎高度小于 4m 的岩石，在此爆区作为主爆，其爆破参数如下：

(1) 孔径（D）：浅孔爆破采用手持式风钻打孔，孔径 38mm。

(2) 最小抵抗线：最小抵抗线取 1m，方向指向深坑中心，以利于抛渣，减少爆破物向周围飞散。

(3) 孔深（h）：3 ～ 4m，依岩体厚度而异，炮孔超深取 0.2m。

(4) 排距（b）：排距宜为 0.5 ～ 1.2m，实际为 0.8m。

(5) 孔距（a）：小风钻浅孔爆破，通常孔距大于排距 20 ～ 30cm，以保证最小抵抗线的方向即是岩石的飞散方向，此处取 1m。

(6) 堵塞长度：通常堵塞长度要大于最小抵抗线的长度，此处为 1.15m。

(7) 炸药单耗（q）：即爆破单位体积的岩石所消耗的炸药量，通常为 0.6 ～ 1.0 kg/m³，此处取 0.8kg/m³。

(8) 单孔药量（Q）：$Q = qabh$=0.8×1×0.8×（3.2 ～ 4.2）=2.048 ～ 2.688kg。

3）辅助孔

在主爆孔与预裂孔之间布置辅助孔，以降低岩石爆破时对边坡的破坏，根据位置不同计算辅助孔的倾角。辅助孔的装药量按正常量的 60% 计算。装药时应根据实际情况进行调整。

4）起爆网络

本工程采用导爆管联网，排间微差的非电起爆网路。为达到改善爆破效果与降低振动效应，结合实践经验，微差间隔不小于 25ms。起爆顺序为预裂孔—主爆孔—辅助孔。整个复合网络采用电雷管起爆，如图 12.1-2 所示。

5）布孔钻孔

按照爆破设计放线布孔，布孔时必

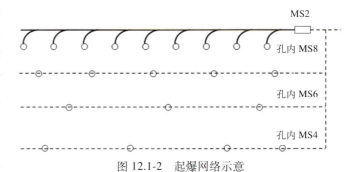

图 12.1-2　起爆网络示意

须严格控制孔底标高。将布孔的编号、孔深绘制成爆破布孔图。药孔钻孔完毕后，用麻袋片或稻草堵孔口，防止石子、岩灰等落入，装药前测量验收，对不符合设计要求的炮孔重新进行穿孔，直至合格为止。布孔示意图如图 12.1-3 所示。

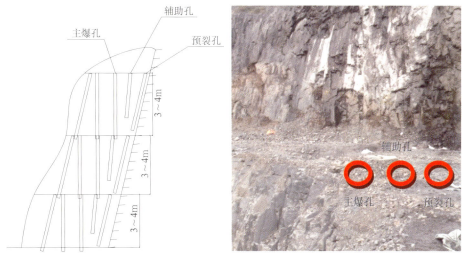

图 12.1-3　爆破布孔形式

钻孔过程、爆破过程、爆破完成面平整，效果良好，如图 12.1-4 所示。

（a）爆破前　　　　　　　　　　　（b）爆破中　　　　　　　　　　　（c）爆破后

图 12.1-4　爆破过程

3. 中深孔爆破与膨胀剂破碎技术

1）中深孔爆破

根据岩石性质和工程设计要求，为获得良好的爆破效果，爆区⑤的中深孔爆破亦结合了预裂爆破，此处的预裂爆破除孔深较深外与其他爆区类似。中深孔爆破参数如表 12.1-2 所示。

中深孔爆破参数　　　　　　　　　　　　　　　　　　　表 12.1-2

孔径 （mm）	台阶高度 （m）	最小抵抗线 （m）	孔距 （m）	排距 （m）	超深 （m）	填塞长度 （m）	炸药单耗 （kg/m³）	单孔药量 （kg）
115	11	3.5	5.5	3.0～3.5	1～2	3.5～3.8	0.4～0.5	83.2

以上参数在实际施工过程中，结合试验结果和爆破效果，进行适当调整，以最大限度地满足粒径要求和安全的要求。爆破布孔形式如图 12.1-5 所示。

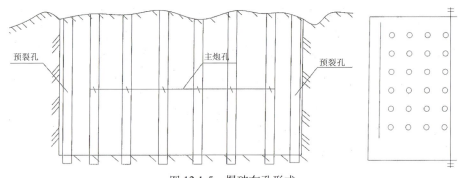

图 12.1-5　爆破布孔形式

2）膨胀剂破碎

（1）作业面划分

依据设计要求，在距离设计边线 1.5m 处采用膨胀剂破碎法，以更好地保护岩壁，根据深坑标高情况，施工中将作业面分为三个作业面，如图 12.1-6 所示。

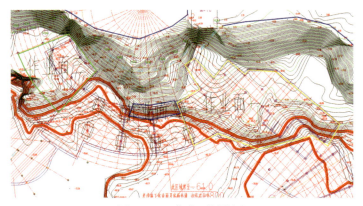

图 12.1-6　作业面划分图

（2）静态膨胀剂破碎相关参数

①炮眼直径 d=38～42 mm

②炮眼深度 $L=C \cdot H$=1.05×11=11.55（m）

式中，H 为破碎高度（厚度）；C 为眼深系数，原岩体：C=1.05。

③炮眼距离（a）：本工程爆破对象为安山岩，十分坚硬，故取 20cm。

④炮眼排距（b）：梅花型排列，b 取 18cm。

⑤最小抵抗线（W）：安山岩属硬岩，取 40cm。

（3）膨胀剂型号与使用条件

施工采用的静态膨胀剂型号有武汉工业大学研制的 JC-1 系列（1-5）；南京 7317 厂研制的 1-5 型；北京铁道科学院研制的 TJ-1 型；长沙矿山研究院研制的 JB 系列 1-5 型；北京国家建材局建材科学院的 SCA、HSCA 系列。详见表 12.1-3。

膨胀剂型号及使用条件　　　　　　　　　　　　　　表 12.1-3

膨胀剂型号	普通型 SCA				高效型 HSCA		
	1	2	3	4	1	2	3
使用季节	夏	春秋	冬	寒冬	25 ~ 40	10 ~ 25	0 ~ 15
使用温度	20 ~ 35	10 ~ 25	5 ~ 15	-5 ~ 8			
膨胀压（MPa）	35	30	20	15	50 ~ 80		
	24h				3 ~ 12h		

（4）钻孔装药

钻孔使用直径为 38 ~ 42mm 的钻头，钻孔内余水和余灰渣应用高压风吹洗干净，孔口旁应干净无土石渣。

装药应根据每孔膨胀剂用量多少，加水搅成具有流动性的稠浆往孔内灌满捣实即可，装药深度为孔深的 100%。灌装过程中，已经开始发生化学反应的药剂（表现开始冒气和温度烫手）不允许装入孔内。从药剂加入水到灌装结束，这个过程的时间不能超过四分钟。岩石刚开裂后可向裂缝中加水，支持药剂持续反应，获得更好效果。

（5）膨胀剂反应时间的控制

夏季气温较高，膨胀剂反应时间过快，容易发生冲孔伤人事故，同时也影响施工效果，增加了施工成本。为防止事故，除必要的安全措施外，还使用了延缓反应时间的抑制剂。冬季气温较低，药剂反应时间会相应延长，给施工带来不便，通过加入促发剂和提高拌和水温度来加快反应。总之，反应时间一般控制在 15 ~ 30min 较好。

4. 小结

通过崖壁爆破处理技术，提升崖壁爆破安全性，保护周围建筑物及高压线路，满足岩体保护的设计要求，根据岩石性质和工程设计要求，综合采用预裂爆破与浅孔爆破技术及中深孔爆破与膨胀剂破碎技术，获得良好的爆破效果。

12.2　爆破后崖壁加固处理技术

1. 施工总体流程

边坡支护施工流程见图 12.2-1。

2. 基于硬岩的预应力锚索、锚杆机械选择

由于本边坡岩性主要为安山岩，较硬岩居多，较软岩少，裂隙较发育，风化不太强烈，故对于此类岩体条件下的预应力锚索和锚杆施工时机械试选较为关键。

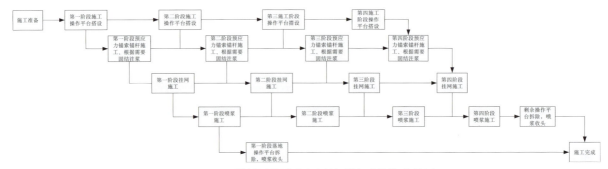

图 12.2-1　陡峭风化崖壁加固处理施工总体流程图

1）锚杆施工

本工程锚杆钻孔直径达到 91mm，根据不同地质情况锚杆长度达 6～15m，现场通过提前试钻来最终确定钻孔机械，钻孔机械需满足此类硬岩条件、工程施工进行安排、施工成本等。最初使用了 YQ-80 型潜孔钻进行试钻，经试验：每台每工作班成孔（6m）只能完成 1 个。后期使用了 CJS-40 钻机型钻机，FHOGD-75F 单螺杆式空气压缩机，通过多次对冲击器进行调整，现场使用中风压每台每工作班成孔（6m）可以完成 4 个，提高工作效率，且成孔质量满足要求，如图 12.2-1所示。

潜孔钻试钻	CJS-40 钻机型试钻
FHOGD-75F 单螺杆式空气压缩机	钻孔完成情况

图 12.2-2　锚杆成孔施工

2）预应力锚索施工

本工程锚索孔径为 170mm，根据不同地质情况锚索长度达 15～35m。钻孔机械选用图 12.2-3

的 YG-60 型钻机造孔，每台钻机配套 2 台单螺杆式空气压缩机 FHOGD-75F，在前期施工过程中，使用了 26 齿的合金柱齿钻头，但由于本工程岩石较硬、钻孔深度长，为了提高钻孔效率，减少更换钻头时卡钻情况，特订制了直径 170mm、30 齿的合金柱齿钻头，如图 12.2-4 所示。

图 12.2-3　YG-60 型钻机　　　　　图 12.2-4　30 齿合金柱齿钻头与冲击器

3. 基于 BIM 的不规则边坡锚索锚杆施工技术

本工程边坡为围岩形式，且边坡断面不规则，故为了防止锚杆锚索可能在深部相交，项目采用了基于三维激光扫描的 BIM 技术，模拟了每层锚索锚杆的位置，再根据每层锚索、锚杆施工基准线确定锚索施工时的角度，施工时严格按照垂直施工基准线进行施工，如图 12.2-5 所示。

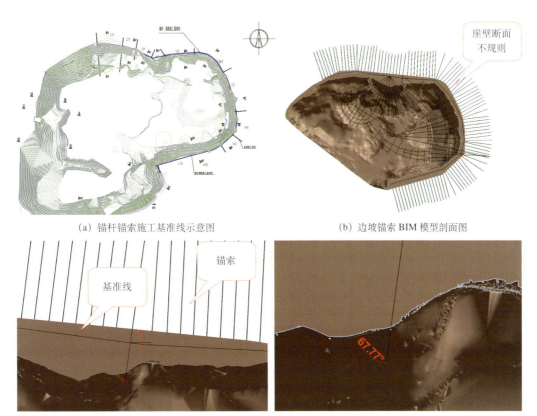

(a) 锚杆锚索施工基准线示意图　　　　(b) 边坡锚索 BIM 模型剖面图

(c) 边坡锚索 BIM 模型剖面图　　　　(d) 用 BIM 确定锚索与崖壁间角度

图 12.2-5　不规则边坡锚索锚杆角度确定

4. 边坡支护断层处理及裂隙水处理技术

针对边坡存在断层的情况，采用固结注浆加固，保证边坡稳定、减少地表水流入断层影响边坡支护寿命，注浆钻孔顺断层走向施工，沿断层面在坡面上的出露线布置，间距3.0m。并使用12m预应力锚索对断层进行缝合，保证边坡断层处的稳定。在完成上述工作后，在边坡挂网喷浆岩层处使用排水管，增加边坡岩体内裂隙水的排放，减少对边坡挂网喷射混凝土耐久性的影响，排水管深度5.0m，直径80mm的PVC花管，外裹工业4mm工业过滤布，间距水平×垂直为4.0m×6.0m。

5. 不规则负角度边坡挂网喷浆技术

本工程挂网利用预应力锚索和锚杆进行固定，挂网喷射混凝土等级为C25，喷射厚度为150mm，钢筋网ϕ6.5@200×200，用ϕ6.5钢筋编制钢筋网，钢筋间距200×200，钢筋网用ϕ22的压网筋固定，压网筋固定在锚杆和锚杆垫板上，转交角部位的压网筋应做加强处理，需加钢筋补焊，同时应根据崖壁的走向紧贴崖壁施工。

在爆破完成后，边坡断面极不规则，表面凹凸不平，为了解决不规则负角度处压网筋、钢筋网片无固定点的问题，本工程采用用ϕ12膨胀螺栓固定，膨胀螺栓打入岩石不低于8cm。经膨胀螺栓拉拔试验可知，每个ϕ12的膨胀螺栓可以承受至少500kg拉力。考虑最不利情况进行计算负角度处膨胀螺栓布置间距S，即局部负角度边坡处混凝土重力完全由膨胀螺丝承受：

混凝土密度ρ取2500kg/m³，厚度按设计要求取h=0.15m，膨胀螺丝最大拉力取N=5kN=500kg，经计算可知$S=N\div(\rho\times h)\approx1.3\text{m}^2$。即对于此种不规则负角度处的挂网每1.3m²使用一个，用来固定钢筋网片和保证钢筋网片与边坡之间的距离30mm，减少喷射混凝土时钢筋网片的振动，如图12.2-6所示。

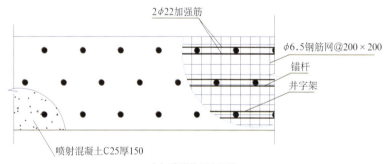

(a) 喷锚挂网立面图

(b) 边坡表面情况图

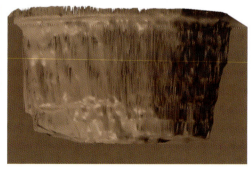

(c) 边坡断面BIM模型

图12.2-6 不规则负角度边坡挂网喷浆施工

6. 小结

合理规划陡峭风化崖壁加固处理施工步骤，根据边坡岩性特征合理进行机械试选。基于硬岩进行预应力锚索、锚杆机械选择，提高工作效率，保证成孔质量，减少机械损耗；采用基于 BIM 的不规则边坡锚索锚杆施工技术，有效防止锚杆锚索深部相交等工程隐患；采用边坡支护断层处理及裂隙水处理技术，极大程度的保证边坡断层处的稳定；采用不规则负角度边坡挂网喷浆技术，高效解决了不规则负角度处压网筋、钢筋网片无固定点等问题。

12.3　高边坡稳定性数值分析与监测及验证技术

并在野外地质调查和室内资料分析的基础上，采用有限元软件进行三维模拟分析，研究边坡支护前后的应力、位移及稳定性情况，并通过强度折减法计算安全系数。通过模拟的计算值和现场实测值的分析，评估边坡的稳定性，对边坡坡顶的水平、垂直位移和预应力锚索轴力值实时监测。结果表明：支护后边坡的应力和位移值明显降低而边坡的安全系数提高了 7.63%。研究结果表明支护结构具有良好的固坡效果，边坡的稳定性良好。

1. 高边坡稳定性监测技术

自 2000 年采石结束至 2008 年施工前，坑周围没有大型工程施工，没有出现明显位移变化，边坡已经基本稳定。施工后，因施工超载，边坡稳定性受到影响，因此对边坡进行预应力锚索和锚杆加固。为了及时收集、反馈和分析深坑边坡支护结构的变形信息，实现信息化施工，确保施工和酒店运行的安全，根据施工现场环境条件和设计单位规定，对本工程进行监测。

1）坡顶水平及垂直位移监测

在坡顶选择 40 个点进行监测，编号 B1 ~ B40，其中 B3 ~ B24 布设在截面尺寸为 3200 mm 2250 mm 的建筑大梁上，监测周期为半月一次。监测点用钻机钻孔至 2 m 深，倒入 0.5 m 厚的混凝土，再将长 1.5 m 且底部焊有方形铁板的 ϕ 20 螺纹钢筋放入孔内并用混凝土将其固定。

沉降监测采用徕卡 NA2+GMP3 精密水准仪及相应的铟瓦水准标尺，水平位移监测采用 J2 经纬仪。沉降监测采用绝对高程系统，每次观测均形成闭合或附合观测路线，同时工作中按国家二等水准测量各限差要求进行测量，并符合国家二等水准的各项精度要求，水平位移采用视准线法。

2）预应力锚索工作应力监测

采用 GK-4900 系列锚索测力计和 CR1000 自动数据采集系统，对 6 个预应力锚索（MS1 ~ MS6）监测，自动采集锚索应力，通过无线方式自动传输到现场办公室，监测周期半个月一次。

锚索测力计应置于锚板和锚垫板之间，并尽可能保持三者同轴。在加载时宜对钢绞线采用整束、分级张拉，使锚索计受力均匀。不推荐单根张拉的加载方式，因单根张拉后的实际荷载往往比预期的要小，同时会产生一定的偏心荷载。加载后，应在荷载稳定后读数，如图 12.3-1 所示。

2. 崖壁高边坡计算模型及力学参数

本文考虑周边环境对深坑的影响，采用有限元分析软件分别建立天然工况和支护工况下的三维有限元模型，沿基坑长轴方向为 x 方向，短轴方向为 y 方向，深度方向为 z 方向。研究椭圆形边坡在两种工况下的应力场、位移场以及塑性破坏区的发育演化规律。对岩石进行室内静三轴和动三轴试验，得到计算参数如表 12.3-1 以及图 12.3-2、图 12.3-3 所示。

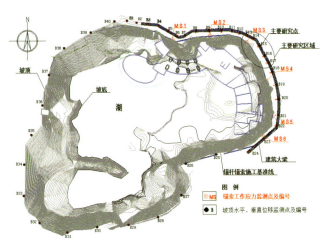

图 12.3-1　监测点布置图

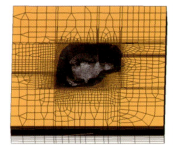 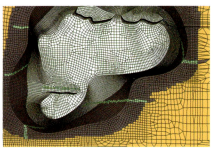 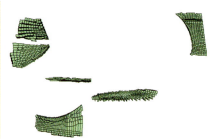

(a) 网格模型整体图　　　　　　(b) 坑底网格划分　　　　　　(c) 断层网格划分

图 12.3-2　崖壁高边坡计算模型

图 12.3-3　支护工况下锚杆及锚索布置图

坡体及结构物属性　　　　　　　　　　　　　　　　　表 12.3-1

坡体及结构物描述	泊松比 μ	重度 γ（kN/m³）	弹性模量 E（GPa）	黏聚力 c（MPa）	摩擦角 φ（°）
填土层	0.37	19.2	0.088	0.018	16.0
全风化岩	0.30	19.0	0.119	0.025	15.0

续表

坡体及结构物描述	泊松比 μ	重度 γ（kN/m³）	弹性模量 E（GPa）	黏聚力 c（MPa）	摩擦角 φ（°）
强风化岩	0.30	18.8	0.351	0.073	18.5
中风化岩	0.28	28.0	4.11	0.75	21.0
微风化岩	0.28	28.0	4.39	1.04	21.0
结构面	0.32	19.0	0.2	0.2	35.0
锚杆锚索	0.3	78.0	210		

3. 计算模型的数值分析

1）应力场分析

边坡模型在支护前后两种工况下的大主应力和小主应力分布规律大致相同：除坡顶、坡底局部区域处于拉应力状态外，边坡主要受压，应力主要集中在坡脚处，如图 12.3-4、图 12.3-5 所示。支护前最大拉应力为 1.23MPa，最大压应力为 3.54MPa；支护后最大拉应力为 1.01MPa，最大压应力为 3.72MPa。支护后边坡的拉、压应力都有一定程度的降低，表明支护方案起到了良好的效果。

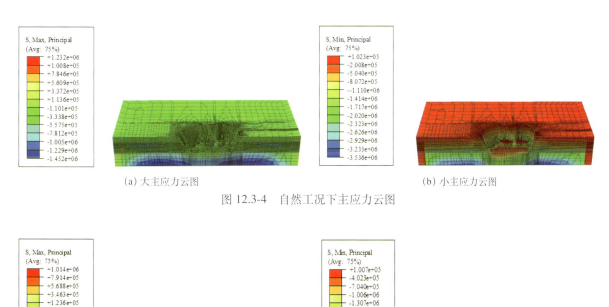

（a）大主应力云图　　　　　　　　　　　（b）小主应力云图

图 12.3-4　自然工况下主应力云图

（a）大主应力云图　　　　　　　　　　　（b）小主应力云图

图 12.3-5　支护工况下应力云图

2）位移场分析

根据位移云图，得到 B13～B17 五个测点的水平、垂直位移计算值，如图 12.3-6 所示。位移最大值出现在 B15 点，水平位移由支护前的 2.2 mm 降为支护后的 1.6 mm，垂直位移由 4.3 mm 降为 2.7 mm。B15 测点是材料进场堆放位置，故水平、垂直位移最大。随着离 B15 距离的增加，位移依次减少，且水平位移减少的更快。坡体的位移指向坡内向下，支护后的位移分布规律与支护前大致相同，只是加固后单元节点的水平及垂直位移值减少，表明锚杆锚索的支护方法有效地限制了边坡的变形，起到了良好的加固作用。

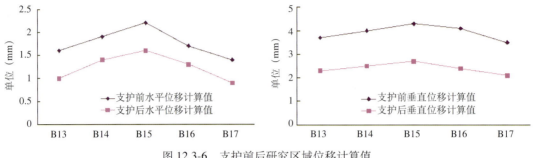

图 12.3-6 支护前后研究区域位移计算值

4. 计算结果与监测结果的对比分析

计算结果和实测结果均表明，所有监测点中 B15 附近的水平、垂直位移最大。图 12.3-7 为 B15 点支护前后位移的计算值和实测值对比情况。实测值表明：材料进场后位移剧增，随着材料的消耗，出现回弹，因浇筑建筑大梁进行第一次小规模爆破，位移增加，支护后位移明显减小，因崖壁需平整，进行第二次小规模爆破，位移增加，随着时间推移，位移逐渐减小，趋于稳定。实测值虽有波动，但与计算值两者重合度较高，表明：计算模型准确的模拟了此高边坡，同时为解决类似高边坡工程问题提供了研究方法。

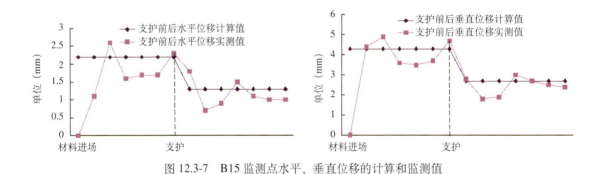

图 12.3-7 B15 监测点水平、垂直位移的计算和监测值

5. 高边坡稳定性分析

近五个月锚索的轴力实测值如表 12.3-2 所示。MS3 因靠近材料堆放场，堆载大，在 6 根锚索中轴力最大，其余 5 根随着与 MS3 距离的增加，轴力依次减小。随着时间的推移，锚杆可能出现应力松弛，每根锚索轴力逐渐减小，在 5 月 15 日，各锚索出现轴力最小值，之后因工程需要进行了最后一次爆破，轴力值短暂的增大后最后趋于稳定。轴力值虽有波动，但均远小于材料允许值，每根锚杆变化趋势相同，工作性能良好，较好的平分边坡的下滑力，锚索处于安全工作状态；此外，支护后水平、垂直位移均有所降低。表明支护结构效果良好，此高边坡处于稳定状态。

通过强度折减法求得两种工况下的安全系数分别为 1.6375 和 1.7625，施工支护后，安全系数提高了 7.63%。考虑到崖壁风化严重，以及降雨作用下岩体强度迅速降低，使边坡更加稳定安全。

锚索轴力监测值　　　　　　　　　　　　　　　　　表 12.3-2

监测日期 锚索编号	各锚索轴力（kN）									
	2015. 2.28	2015. 3.15	2015. 3.30	2015. 4.15	2015. 4.30	2015. 5.15	2015. 5.30	2015. 6.15	2015. 6.30	2015. 7.15
MS1	52.0	50.2	49.5	48.7	39.0	21.5	35.9	23.4	22.9	22.1
MS2	52.5	51.4	49.8	48.7	44.3	29.8	33.4	30.6	29.2	28.4
MS3	64.8	63.2	61.8	60.0	54.6	34.9	52.3	37.0	32.0	31.6
MS4	53.6	51.1	49.2	47.8	42.1	34.4	42.8	34.7	28.3	28.4
MS5	45.1	40.2	38.1	39.5	35.3	30.8	39.9	35.6	26.7	27.3
MS6	39.8	35.0	32.1	31.4	28.1	21.5	31.2	23.5	21.4	20.3

6. 小结

根据野外地质调查报告及室内资料分析基础，采用高边坡稳定性监测技术实现实时监测，采集深坑边坡支护结构的变形信息并加以分析，利用有限元软件进行高边坡稳定性数值分析，建立崖壁高边坡计算模型，汇总力学参数，准确判定围护结构效果及高边坡目前所处状态。

12.4　崖壁爆破测量定位技术

1. 技术概况

深坑酒店工程爆破测量使用全站仪进行测量放线，由于无法将建筑物轮廓线投放在崖壁上，深坑酒店工程采取确定坑脚需爆破区域及坑顶需爆破区域的方法，上下对应控制爆破精度，同时每次爆破之后须进行测量复核以减小爆破误差。

2. 确定坑脚爆破区域

确定坑脚爆破区域有两种较为简便的方法：（1）由于深坑酒店主体结构形状由两个圆弧曲面组成，可利用极坐标法，在坑底确定一个固定控制点，如图 12.4-1 中 A 点，将该控制点与建筑物外轮廓线上各点连接，在坑底选定另一个控制点 B 如图 12.4-1 所示。在图纸上可得到每一条建筑物外轮廓点与 A 的连线与 AB 之间的角度，以及每个建筑外轮廓线的点到 A 点的距离。则利用全站仪将 A、B 点现场放线出来，根据每一条建筑物外轮廓点与 A 的连线与 AB 之间的角度定出各个外轮廓线点的方向，再将棱镜顺着该方向放在坑脚水平架好，测出棱镜到 A 点的距离，若该距离大于图纸上该点至 A 点的距离，则说明该点不用爆破，若该距离小于该点至 A 点的距离小于图纸上该点至 A 点的距离，则说明该点需要爆破，现场用喷漆做好该点标记。依此将各点测量放线出来则可确定爆破范围区域。

（2）先测出坑脚轮廓线，利用全站仪测出坑脚约每 0.5m 一个点坐标及高程，并将该点坐标及高程记录下来，且在现场该点位置使用喷漆做好标记进行编号，然后将所测成果利用 CAD 软件对应绘至总平面布置图上，然后将建筑设计图与之重合，即可在电脑 CAD 图上清楚地看到崖壁哪些范围与建筑物有冲突即需要爆破的区域，与现场一一对应即可在现场划分出需要爆破的区域，如图 12.4-2 所示，阴影部分即为崖壁与建筑物有冲突需爆破部分。由于方法二只需要测量人员现场跑点，相对简便且花费时间短，故深坑酒店采取的是第二种测量方法。

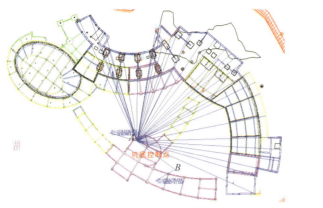
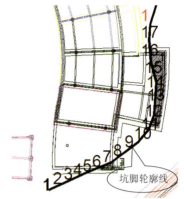

图 14.4-1 测量示意图   图 12.4-2 坑脚轮廓线测量放样图

爆破区域确定了之后，需要确定爆破量，利用两点成线原理，在坑脚已标记的点垂直崖壁方向在坑内沿着坑脚约每 0.5m 对应原先所标记的点测一个点并记录下该点的坐标及标高，将该测量成果绘制在前一次的测量成果 CAD 图上（如图 12.4-3 所示），将所对应的两点连成一条直线，沿着这直线方向延伸至建筑物外轮廓线，在图上拉出沿着这直线方向坑脚点距离建筑物外轮廓线的距离（如图 12.4-4 所示），对应到现场即现场该两点所成直线方向在坑脚需要爆破的距离。

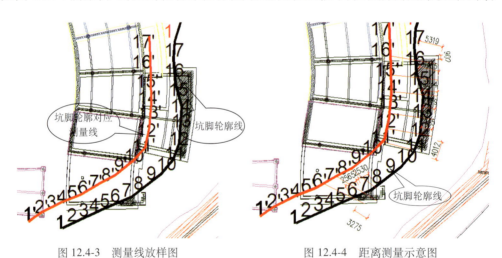

图 12.4-3 测量线放样图   图 12.4-4 距离测量示意图

3. 确定坑顶爆破区域

由于崖壁过于陡峭，爆破施工无法在崖壁中间开始爆破，且为了避免出现爆破之后崖壁岩石倒挂的现象，只能从坑顶开始往下爆破，故还需确定坑顶需要爆破的区域范围，利用全站仪测得坑顶边缘线的坐标绘至 CAD 图上，可在 CAD 图上将建筑物需爆破区域建筑物轮廓线延伸至坑顶边缘线，如图所示 A、B 点，将 A、B 点现场放线出来，即 A、B 点之间的区域即需要爆破的区域（如图 12.4-5 所示）。

4. 确定爆破范围

在坑顶定出爆破区域之后，由于爆破之后的岩面具有一定的坡度，故还需定出在坑顶距坑顶边缘线多少距离开始钻孔爆破，可根据爆破的角度以及坑脚边缘线距建筑物外轮廓的距离计算出在坑顶需爆破的距离如图 12.4-6 所示。

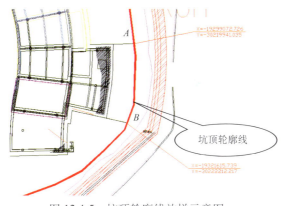
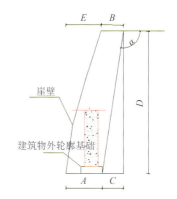

图 12.4-5　坑顶轮廓线放样示意图　　　　图 12.4-6　爆破距离计算示意图

E 表示坑顶与坑脚的水平距离，可以根据所测得的坑顶轮廓线和坑脚轮廓线在计算机 CAD 软件上测得；B 表示在坑顶需爆破的距离；A 表示建筑物外轮廓距坑脚的距离，可按图三所示得到；C 为 B 点在坑底的投影点至建筑物外轮廓线的距离，$C=B \times \tan(a-90°)$，D 为崖壁高度，可通过坑顶高程减去坑底高程得到，角度 a 为爆破后岩面的坡度，可通过爆破根据现场条件调节控制，深坑酒店工程 a 控制在 102° 左右，可取为 102°。$A+C=B+E$ 即 $A+B \times \tan(a-90°)=B+E$，则 $B=(A-E)/<1-\tan(a-90°)>$，即得出坑顶需爆破的距离。

5. 小结

通过以上测量方法即可确定爆破区域范围同时在每次爆破完毕后按此进行测量复核，按 $B=(A-E)/<1-\tan(a-90°)>$ 进行计算保证每次爆破后的平台值能够满足要求，以保证爆破精度，避免多爆尤其是少爆，同时确保爆破至设计所需高程。

第13章　附着于陡峭崖壁的阶梯式加固作业平台

深坑酒店近建筑侧崖壁陡峭，呈不规则弧面状。沿崖壁面搭设脚手架，需采取可靠的连接措施，且需解决因崖壁不垂直随着高度变化崖壁与竖直脚手架间距逐渐变化的问题。通过对常规扣件式脚手架进行优化，组合采用落地式与悬挑式脚手架解决了崖壁加固时脚手架搭设的难题。

13.1　落地扣件式脚手架搭设技术

1. 技术难点

由于现场崖壁起伏不定，在陡峭硬岩边坡上搭设脚手架，脚手架需依据崖壁形貌搭设，脚手架拉结点设置困难且脚手架支撑困难，安全施工要求较高。

2. 采取措施

根据工程特点及施工要求，采用落地扣架式多排脚手架和悬挑扣架式多排脚手架相结合的支护施工脚手架以确保满足工程的安全、质量、进度要求。脚手架均布活荷载按结构施工用脚手架考虑，施工均布荷载取值为 3.0kN/m²，使用时严禁超载，如果锚杆施工单位使用的设备等重量超过脚手架荷载，应采取有效加固措施。脚手架操作面与边坡距离为 400mm，脚手架内立杆离边坡距离如超过 400mm，内挑防护，确保离坑壁距离 400mm。

1）落地扣件式脚手架搭设技术

（1）落地扣件式脚手架设计

自坑底（标高 −66.500 ~ −59.500m）至标高 −46.500m 处搭设落地双管四排脚手架，搭设高度 20m（11 步），立杆纵距 1.5m、横距为 1.0m，步距 1.8m，沿边坡四周搭设。（注：−66.5m 为大面积无水坑底，坑底深水区域约 −70.000m）。

由于边坡呈 80° 斜坡，在落地架每搭高 6m、7m、7m 三处（即与相应锚杆座位置处，标高分别为 −60.5m、−53.500m、−46.500m 三处）在岩壁上设置预埋铁件，做法同连墙件做法，架体内侧增加设置一排立杆，立杆设置在岩壁预埋的铁件上，同时相应最外排立杆不再上搭，外立面成阶梯形，如图 13.1-1 所示。

（2）施工流程

平整脚手管垫脚下地面→安放脚手管垫脚→竖立杆并同时安放扫地杆→搭设水平杆→搭设剪刀撑和临时拉结→安装栏杆、踢脚板→铺竹笆→挂密目网→搭设安全防护。

3. 小结

利用该技术成功在超高不规则崖壁上搭设落地脚手架，安全稳固，为崖壁支护加固提供了可

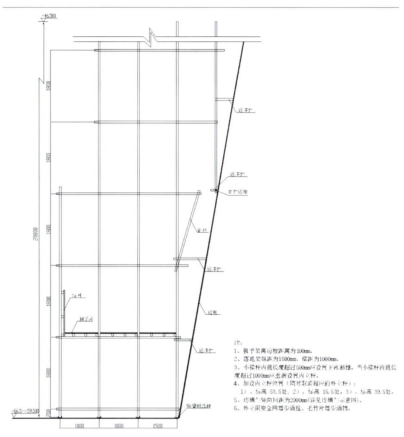

图 13.1-1　落地架剖面图

靠的施工操作面。

13.2　悬挑扣件式脚手架落地搭设技术

1. 技术难点

开始坑崖壁为爆破削坡后中风化安山岩，验收硬度高，悬挑工字钢搭设钻孔难度大，且安全管理要求高。

2. 采取措施

1）悬挑扣件式脚手架设计

分别在第 1 挑自标高 −46.500m 处至标高 −32.100m 处（架体高度 14.4 m，8 步），第 2 挑自标高 −32.100m 处至标高 −17.700m 处（架体高度 14.4 m，8 步）、第 3 挑自标高 −17.700m 处至标高 −1.300m 处搭设，搭设高度为 16.4 m，（9 步）。

悬挑脚手架搭设尺寸：

（1）悬挑脚手架采用单立杆，纵距均为 1.5m，横距靠近边坡一侧为 1.5m，外两排均为 1.0m、步距 1.8m，沿边坡四周开始搭设，内立杆距边坡为 0.4m。

（2）悬挑梁搭设采用悬臂梁加斜支撑形式，四排立杆；

内立杆距边坡为 0.4m，采用 18 号工字钢作为悬挑主梁，锚入岩体内 5m，悬挑 4m，同时斜支撑采用 12 号工字钢，与边坡已制作的锚杆座上的钢垫板（厚 30mm）焊接，焊缝高度 6 mm，按槽钢斜截面满焊。垂直高差 4.45m。组成三角形支架，悬挑梁间距为 1.5m，梁总长 9m，悬挑 4m，锚入岩体内 5m。

悬挑架在悬挑主梁焊接及斜撑焊接好后再进行搭设。搭设到第二层悬挑支架时再进行悬挑架体的安装。

由于边坡呈 80° 斜坡，在挑架每搭高 7m 处（即与相应锚杆座位置处，标高分别为 –25.500m、–11.500m、二处）在岩壁设置预埋铁件，将内侧增加立杆设置其上，同时相应最外排立杆不再上搭，外立面成阶梯形，如图 13.2-1 所示。

（3）连墙件设置：

连墙件设置对应本工程边坡锚杆座位置的特点，按锚杆位置每 2m 及 2.5m 高度及每 2 跨设置，节点图如图 13.2-2 所示。

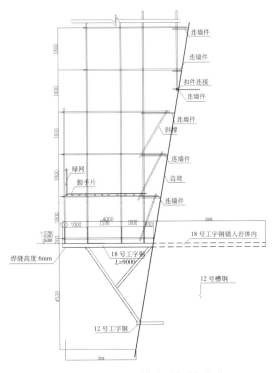

图 13.2-1   悬挑脚手架剖面图

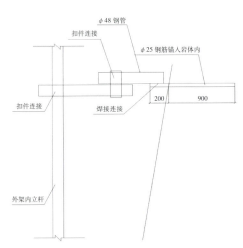

图 13.2-2   拉结点节点图

2）施工流程

平整脚手管垫脚下地面→安放脚手管垫脚→竖立杆并同时安放扫地杆→搭设水平杆→搭设剪刀撑和临时拉结→安装栏杆、踢脚板→铺竹笆→挂密目网→搭设安全防护。

3. 小结

通过该技术，成功在超高不规则崖壁上搭设悬挑脚手架，解决了硬岩边坡上悬挑工字钢支设难题及依附在不规则结构面上脚手架搭设的技术难题，搭设完成后的脚手架安全稳固，为崖壁支护加固提供了可靠的施工操作面。

第14章　垂直运输施工技术

由于项目的特殊性，为保证工程顺利实施，需解决以下难题：

1）混凝土需要沿陡峭不规则崖壁向下输送 80m，再水平输送约 200m，常规方法无法实现，国内外无相关参考案例。

2）由于坑壁陡峭，无法修建下坑道路，需安装下坑施工升降机，但国内外无将常规施工升降机安装于 80m 深、坡脚约 80° 的不规则崖壁深坑里的先例。

3）深坑酒店主体结构为钢框架结构，需安装大型塔吊以便钢结构吊装以及大量的材料吊运，在临空崖壁边布置塔吊国内外无先例，需考虑塔吊基础荷载对风化崖壁的影响，确保崖壁稳定。

针对以上难点，提出了混凝土向下超深三级接力输送施工技术、混凝土向下超深全势能一溜到底输送技术、附着于不规则崖壁施工升降机设计与安装技术、临空崖壁边塔吊基础应用技术。满足了工程垂直运输要求，提高了施工效率，实现了位于陡峭深坑内酒店建筑的垂直运输高效率、高质量、安全的施工过程，并总结了多项关键技术。

14.1　混凝土向下超深三级接力输送施工技术

1. 技术难点

深坑酒店主体结构混凝土方量达到 54431m³，混凝土输送需要先在近乎直壁的边坡向下输送 80m，并在坑底水平输送至约 200m 的范围，常规汽车泵无法实现坑内混凝土输送。固定泵向下 80m、坡脚约 80° 向下输送时，极易产生混凝土离析、堵管，且崖壁边坡断面不规则，表面为风化岩，泵管固定困难，且无先例。

2. 采取措施

1）结合三维激光扫描的 BIM 技术选择三级接力输送最佳布置点

运用三维激光扫描仪对基坑进行三维激光扫描，导入 BIM 软件，与基坑 BIM 模型进行整合，确定三级接力输送最佳布置点。选择原则有：

（1）布置点处基坑的应选择较为垂直的位置，坡脚大于 80° 最佳，以充分利用汽车泵的臂长向下泵送。

（2）布置点基坑底部有高于基坑底的平台最佳，以利于将溜槽及固定泵布置于平台上，减少对汽车泵臂长的要求，充分发挥固定泵向下泵送可达 40m 左右的优势。

（3）布置点基坑侧壁断面应平直，断面起伏不大于 3m。以减少对基壁的处理，利于汽车泵大臂向下。

2）汽车泵、溜槽位置确定

在选定三级接力输送的最佳布置点后，需要对汽车泵的停靠点进行确认，汽车泵的停靠应按照以下原则进行：

（1）汽车泵应尽量靠近基坑，已充分利用汽车泵大臂的长度。

（2）需要对停放在基坑边的汽车泵的进行地基承载力验算，防止基坑塌方。

溜槽位置的确定需利用 BIM 技术，模拟确认溜槽顶端的位置，确认空间的坐标，以准确安装溜槽。

3）利用 BIM 技术模拟三级接力输送确定汽车泵臂长及溜槽高度

在选定汽车泵的停靠位置后，利用 BIM 技术模拟汽车泵向下伸直溜槽顶部，如图 14.1-1 所示，以充分考虑汽车泵大臂的水平段距离，准确的确定汽车泵的臂长。

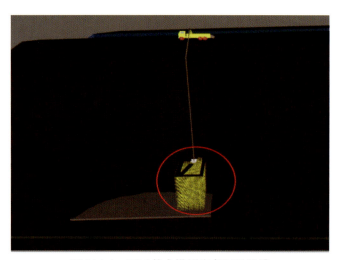

图 14.1-1　BIM 技术模拟汽车泵及溜槽

汽车泵大臂长度的确定原则如下：

（1）选择市场上常规臂长的汽车泵（非常规汽车泵由于数量极少，无法按施工需要及时进行租赁），以减少额外费用投入。

（2）汽车泵的臂长需要考虑水平段距离如图 14.1-2 中第 1 段，倾斜段如第 2 段。汽车泵有效长度为第 3 段至第 6 段。

溜槽的高度确定需要考虑以下几个方面：

① 需要考虑汽车泵的大臂向下有效长度 h_1，基坑深度 H；溜槽高度 $h_2 = H - h_1$。

② 在常规汽车泵的范围内（62m 以下），设汽车泵某型号基准费用为 z，每提高一种型号（指臂长），增加费用为 y，共有 n 中型号。架设搭设溜槽的综合单价为 x。混凝土总方量为 A。那每方混凝土的输送措施费（F）为：$F = A/(z + ny) + A/(h_2 \cdot x)$。

最后通过代入型号 n 来确定出最合适的 h_2，此时输送措施费最低。

4）溜槽角度确定及细部处理

溜槽合适的角度是保证混凝土能否顺利流入固定泵的关键因素，溜槽角度需要考虑的原则如下：（1）保证混凝土在溜槽靠自重可以自行流畅下溜；（2）防止混凝土下溜速度过快，对溜槽底部磨损太大，以及对固定泵接料槽形成破坏。

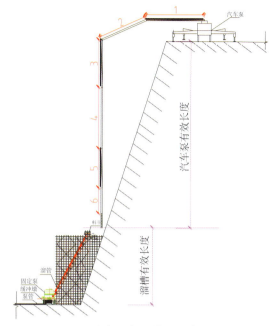

图 14.1-2　汽车泵与溜槽及固定泵示意图

① 混凝土溜槽角度确定

假设溜管垂直高度约为 h，溜管设置为倾斜布置，倾角为 α，可得溜管总长度为 $L=h/\sin\alpha$；查询溜管材料特性可得溜管与混凝土的滑动摩擦系数为 μ，建立计算模型，如图 14.1-3 所示。

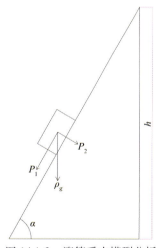

图 14.1-3　溜管受力模型分析

混凝土沿溜槽向下压力：$P_1=\rho g\,\sin\alpha h$；

混凝土滑动过程中产生的滑动摩擦力：$P_2=\rho g\cos\alpha h\mu$；

即只要 $P_2<P_1$，即依靠混凝土自重产生的动力足够补偿混凝土在溜管中的摩擦阻力。

通过计算分析可得，溜管中混凝土无需附加压力，即可实现混凝土在溜管中的输送。

进过多次计算及多次试验可知，溜槽角度为 30°～ 60° 为最佳角度。

②混凝土溜槽设计

为了防止混凝土在下溜过程中速度过快，导致混凝土对固定泵造成破坏，在溜管内加设螺旋装置（见图 14.1-4）对混凝土进行缓冲，此螺旋装置为曲率逐渐减小的变曲率螺旋装置，可以起到混凝土下料时有降速缓冲和混凝土再搅拌的作用。为了可以随时控制混凝土下料，在溜管上下两端设置截止阀，在使用将截止阀的阀门关闭即可，如图 14.1-5 所示。

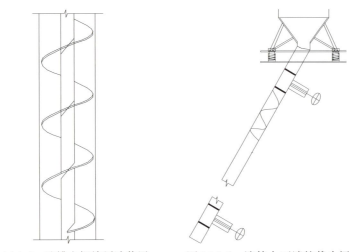

图 14.1-4　溜槽中螺旋缓冲装置　　　　图 14.1-5　溜管上下端的截止阀

溜管采用直径 200 ～ 600mm、厚度大于 10mm（减少由于磨损而导致的更换次数）的 Q235B 圆管制作。利用满堂脚手架作为溜管的支撑，溜管为水平夹角 α 倾斜布置，溜管上端设置容量为 0.5 ～ 1m³ 的圆锥台形状接料斗，溜管设置立面及剖面如图 14.1-6、图 14.1-7 所示。

溜管用 U 码固定于 10 号以上的槽钢上，槽钢开口朝下搭扣于脚手架横杆上并与脚手架钢管焊接。料斗四周用脚手架钢管固定，为保证料斗的稳定性，料斗下的受力支座钢管采用双钢管双扣件。

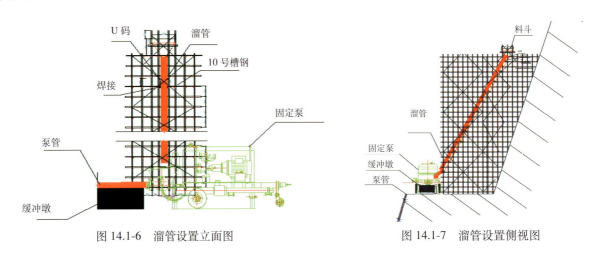

图 14.1-6　溜管设置立面图　　　　　　图 14.1-7　溜管设置侧视图

5）固定泵泵送阻力确定及溜管布置

当基坑总深度 $H > h_1 + h_2$ 时，需要将泵管固定于基坑壁上，如图 14.1-8 所示。

固定高度为：$h_3 = H - h_1 - h_2$

图 14.1-8　固定泵泵管向下布置示意图

当向下布置固定泵泵管时，输送管垂直向下为 h_3，按照规范需加设一段水平管作为缓冲，每个缓冲弯由两个 90° 弯头，一根 2m 直管组成，垂直管道布置示意如图 14.1-9 所示。在垂直管与水平管接头处设置一道截止阀，以防止泵送停止时混凝土下落造成管道内进入空气，混凝土分离。

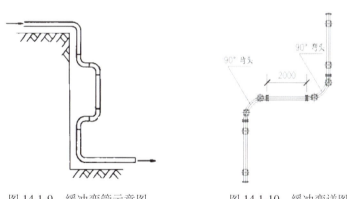

图 14.1-9　缓冲弯管示意图　　　　图 14.1-10　缓冲弯详图

每道缓冲弯管由两个 90° 弯头及弯头中间的 2m 直管组成，每道缓冲弯管如图 14.1-10 所示。

将向下的泵管按照规范换算为有效长度，而混凝土在水平输送管内流动每米产生的压力损失按下式计算，

$$\Delta P_{\mathrm{H}} = \frac{2}{r} \left[K_1 + K_2 \left(1 + \frac{t_2}{t_1} \right) V_2 \right] \alpha_2$$

式中　　ΔP_{H}——混凝土在水平输送管内流动每米产生的压力损失（Pa/m）；

　　　　r——混凝土输送管半径；

　　　K_1——粘着系数（Pa）；

　　　K_2——速度系数（Pa·s/m）；

　　　S_1——混凝土坍落度（mm）；

$\dfrac{t_2}{t_1}$——混凝土泵分配阀切换时间与活塞推压混凝土时间之比；

V_2——混凝土拌合物在输送管内的平均流速（m/s）；

α_2——径向压力与轴向压力之比。

将上述取值带入公式计算求得 ΔP_H（Pa/m）；选择的固定泵的泵送压力需要大于 ΔP_H 即可。

6）进行汽车泵与固定泵上下协调配合试验

混凝土向下超深三级接力输送技术采用了三种不同的混凝土输送方式，上下混凝土输送设备的协调操作也是保证混凝土三级接力输送成功顺畅的关键之一。为保证三级接力输送的顺畅实施，需采取以下措施：

（1）基坑底、固定泵处、汽车泵处需保持通讯顺畅以便沟通协调，汽车泵操作工、固定泵操作工、基坑底泥工指挥需各配对讲机。

（2）混凝土输送前需检查溜管、固定泵、泵管可处于正常工作状态，检查泵管密封情况，确保泵管密封严实。

（3）经现场实际操作统计数据，坑顶混凝土罐车一车结束另一车开始两车交换时间约 1min，汽车泵停止泵送时溜管内仍有约 0.2m³ 混凝土将溜至固定泵料斗内。故当需停止输送混凝土时，坑底泥工指挥需提前 1～2min 指令汽车泵停止输送混凝土，而固定泵操作工需待溜管内混凝土全部输送完毕方可停止固定泵工作。

（4）需合理控制汽车泵及固定泵泵送速度，控制固定泵的出料速度与汽车泵的出料速度达到一致。

（5）需保证混凝土连续输送，中途不断料。

（6）管道布置时尽量减少弯头数量避免弯管。

（7）注意气温变化，夏季气温较高，管道在强烈阳光照射下，混凝土易脱水，从而导致堵管，因此在管道上应覆盖湿草帘，并要经常洒水。冬季要用保温草帘包裹，尽量避免热量损失而影响混凝土的和易性。

3. 小结

经理论分析与现场试验发明了混凝土向下超深三级接力输送施工技术，利用汽车泵＋溜槽＋固定泵的方式解决陡峭深坑近崖壁边混凝土向下超深（80m）输送问题，解决了混凝土向下超深输送时易堵管、易离析、成本高和缓冲等难题，且混凝土各项性能指标合格，保证了工程施工进度。同时也为今后混凝土向下超深输送施工提供了一定的借鉴与参考。

14.2　混凝土向下超深全势能一溜到底输送技术

1. 技术难点

深坑酒店主体结构混凝土方量达到 54431m³，混凝土方量主要为深坑坑底回填混凝土、两层箱型基础和水下结构，施工工期为 4 个月。一套混凝土输送装置（混凝土向下超深三级接力输送施工技术）无法完成按时输送，为了加快混凝土单位时间输送量，保证工程进度，研发了 80m 深全势能一溜到底混凝土输送技术。可以实现混凝土向下超深一溜到底，避免垂直运输中的真空负压情况、水平段的气锤现象，并利用水利护坦原理设置的底部缓冲靴和放大缓冲释能管实现固定泵的可泵性，方便快速实现混凝土向下超深输送。

2. 采取措施

1）坑顶接料斗

坑顶受料斗有效容积约为 1.5m³，斗身呈斗状，用 10mm 厚钢板焊接而成，上口尺寸 1200mm×1200mm，下口尺寸 200mm×200mm，高度为 1500mm，设置四支柱通过地脚螺栓与坑顶大梁相连，下口与溜管进口焊接相连，如图 14.2-1 所示。

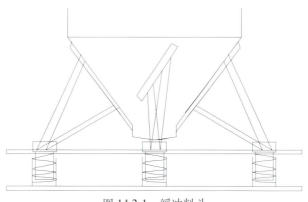

图 14.2-1 缓冲料斗

2）溜管主溜管

溜管主管与地面夹角 80°，采用直径 219mm、壁厚 6mm 的钢管拼接而成，在平台处与 180mm 方钢管（壁厚 14mm）固定。如图 14.2-2 所示，管身按 3m 长为一标准节进行设计加工，节与节间通过法兰盘用 M20 螺栓连接，接头处采用橡胶垫圈密封，溜管封底采用 20mm 厚钢板焊接，利用 U 码和高强度螺栓固定于钢支撑架上。

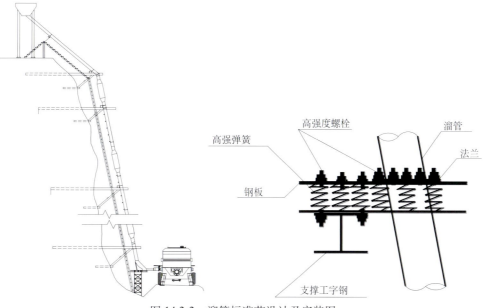

图 14.2-2 溜管标准节设计及安装图

3）溜管支管

为了实现在溜管附近的工作面直接进行混凝土布料，在主溜管底部设计了支管。该支管位于最后一道工字钢挑梁上部 5m 处，加设一根直径 200mm，长 25m 的分支钢溜管，分支溜管尾部套连软管，软管长度可灵活调节。分叉口主溜管下部设置一个截止阀。如图 14.2-3 所示，当截止阀开启时，混凝土料沿着主溜管顺溜直下；当截止阀关闭时，混凝土料转向沿分支溜管可以到达更远的地方，减少二次转运操作，确保了混凝土浇筑进度和质量。

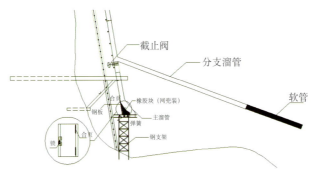

图 14.2-3　分支溜管和截止阀的设置示意图

4）溜管缓冲装置

（1）溜管管身缓冲器

溜管管身串联 3 个缓冲器，相邻缓冲器间距为 20m，每个缓冲器内部设置有螺旋缓冲通道。如图 14.2-4、图 14.2-5 所示，缓冲器的壳体为圆柱形，直径为 400mm，缓冲器的壳体内部设置有加强轴以及螺旋叶片，螺旋叶片环绕于加强轴。加强轴以及螺旋叶片将缓冲器内部的空间隔离成螺旋缓冲通道。从顶端接口至底端接口，螺旋叶片的螺旋坡度逐渐减小。缓冲器的顶端接口通过法兰连接于其上部的溜管，底端接口通过法兰连接于其下部的溜管。

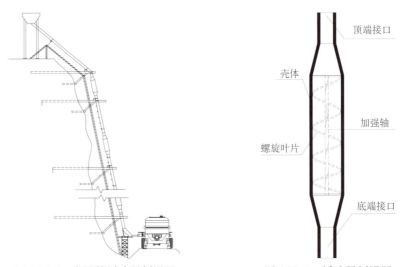

图 14.2-4　主溜管缓冲器侧视图　　　　图 14.2-5　缓冲器剖视图

缓冲器的设置可以增加混凝土在溜管内部下降时的阻力，从而减小混凝土在溜管内部下降的速度，进而减小混凝土对溜管以及溜管底部的混凝土泵的冲击。并且螺旋通道还可以对混凝土起到搅拌的作用，避免混凝土在下降过程中产生离析和速度过快的现象。

（2）主溜管末端缓冲装置

主溜管整体长超过 80m，通过计算混凝土从坑顶通过溜管到达坑底时的速度达到 40m/s 以上，瞬时冲击力高达 192kN，如果不采取必要的措施将会对施工场地、设备和人员产生危害。实际工程中对一溜到底的溜管底部设计了缓冲装置。如图 14.2-6 所示，橡胶块（网兜装）通过溜管、底部支撑和侧面钢板门结构固定。钢板门上下部分别用铆钉锚固，配有带锁的合页门结构。通过拆卸支架和松动铆钉打开合页门结构可以实现橡胶块的移出清洗或更换见，垫层下方设置弹簧装置，配合橡胶块组合起到缓冲作用。

在橡胶缓冲段出口处设置 2m 长大直径管（600mm），如图 14.2-7 所示，利于混凝土能量释放，减缓混凝土流速。

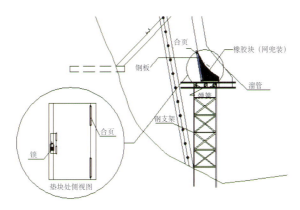

图 14.2-6　缓冲装置设计示意图

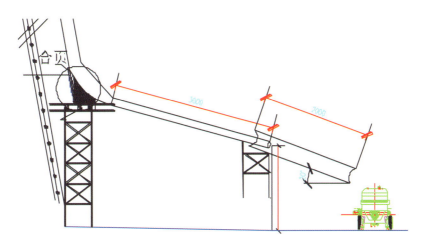

图 14.2-7　底部大直接缓冲管

5）支撑钢架

深坑酒店工程边坡高度超出现行规范的最高边坡规定，属于超级边坡。针对一溜到底支撑的特殊性，溜管支撑架主梁采用 18 号工字钢，支撑杆采用 12 号工字钢和 10 号槽钢，具体节点设计如图 14.2-8 ～图 14.2-11 所示。其中悬挑锚杆（工字钢）采用 18 号工字钢作为悬挑主梁，直径为 250mm，锚入岩体内长度是悬挑长度的 1.25 倍，同时斜支撑采用 12 号工字钢和 10 号槽钢，与边坡斜撑锚杆焊接，焊缝高度 6mm，按槽钢斜截面满焊，垂直高差约 4.45m，组成三角形支架。斜撑锚杆（工字钢）采用 12 号工字钢作为支撑点，直径为 150mm，锚入岩体内 1m，悬挑 100mm。支座反力中最大竖向剪力为 99.99kN。采用 12 号工字钢，其截面抗剪承载力为 226.25kN，10 号槽钢截面抗剪承载力为 165.35kN，均大于所需 99.99kN 的剪力，满足要求。

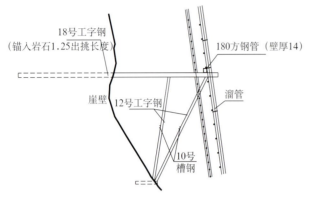

图 14.2-8　溜管支撑架安装节点示意图

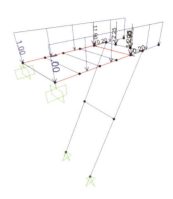

图 14.2-9　支座力学分析

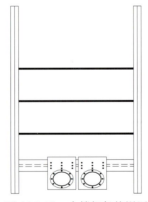

图 14.2-10　支撑钢架俯视图

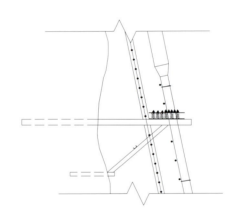

图 14.2-11　支撑钢架缓冲装置设计示意图

3. 小结

通过理论分析与现场试验发明了一种混凝土向下超深全势能一溜到底输送技术，通过优化混凝土的配合比控制混凝土的工作性能，设置缓冲阻尼装置减缓下落冲击力，成功实现了混凝土超深向下 80m 方便快速输送。为今后此类混凝土向下超深全势能输送施工提供了一定的借鉴与参考。

14.3　附着于不规则崖壁施工升降机设计与安装技术

1. 技术难点

深坑酒店项目高峰期施工人员达到约 560 人，施工人员上下只能通过沿崖壁开凿的石阶（每次上下需要耗时约 30min），由于石阶宽度有限，高峰期施工时无法保障人员按时上下，且上下耗时较长，影响施工效率。常规施工升降机由于附墙长度有限（2.6～4.9m），倾角最大为 9°，而崖壁为凹凸不规则风化岩，坡脚约 80°，距崖壁较近会有落石影响，故施工升降机无法直接安装于深坑崖壁。

2. 采取措施

1）施工升降机基础设计施工关键施工技术

施工升降机安装配置形式：以塔吊标准节为施工升降机的附着，在塔吊标准节两侧各附着一台施工升降机。

（1）分析计算

①塔吊标准节基础分析计算

a. 塔吊标准节验算

通过受力分析可知，施工升降机通过其附墙所产生的一对力偶产生扭矩作用于塔吊标准节，由施工升降机说明书所提供公式：

此方案中 L 为施工升降机导轨架中心到塔吊标准节边缘距离，B 为施工升降机附墙架两附墙中心距离，通过计算可得 F。

故该力偶所产生的扭矩 $T=F \times B$，计算可知 T（kN·m）。

由于施工升降机布置于塔吊标准节两侧，故施工升降机对塔吊标准节所产生的扭矩为：

$T \times 2 \leqslant$ 塔吊标准节可以承受的扭矩，故塔吊标准节满足要求。

b. 塔吊标准节基础分析计算

通过分析可知，施工升降机仅通过施工升降机附墙对塔吊标准节产生扭矩，且产生的扭矩 $T \times 2 \leqslant$ 塔吊标准节可以承受的扭矩，而通过坑顶钢平台的计算可知在塔吊标准节处产生的支反力为 F_2，风荷载产生的弯矩通过计算得 M_2，故塔吊标准节作用于基础的力为竖向压力 F_2，扭矩 T，弯矩 M_2。通过计算分析得出塔吊标准节基础尺寸和配筋。

②施工升降机基础分析计算

通过利用施工升降机的技术参数，计算该基础最大承受压力需满足 379.4kN。

注意：地基所能承载的地耐力仍应满足 0.1MPa。

根据施工升降机单位所提供说明书可知按承受最大压力 379.4kN 所制作的基础复核该升降机的要求。由于所计算基础只需满足承载压力要求即可，故该基础计算模型选取独立柱下扩展基础为计算模型进行计算设计配筋。

（2）基础综合形式

综上所述，施工升降机基础综合形式如图 14.3-1 所示。

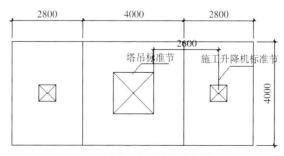

图 14.3-1　基础示意图

考虑施工升降安装施工，施工升降机部位加高至与塔吊标准节基础一样高及如图 14.3-2 所示。

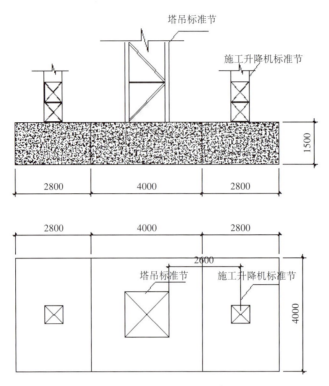

图 14.3-2　调整基础示意图

（3）基础施工

按照设计和配筋进行塔吊标准节的基础施工，并进行养护。

2）施工电梯基础加固关键施工技术

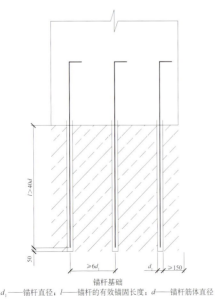

d_1——锚杆直径；l——锚杆的有效锚固长度；d——锚杆筋体直径

图 14.3-3　锚杆基础

（1）根据工程地质条件，进行基础加固。垂直运输系统未设置桩基础，为确保承载力及使用要求，基础拟采用岩石锚杆加固处理。

根据《建筑地基基础设计规范》GB 50007—2011 中 8.6 岩石锚杆基础条文要求，岩石锚杆基础适用于直接建在基岩上的柱基，锚杆基础与基岩连成整体，并应符合下列要求：

锚杆孔直径，取锚杆筋体直径的 3 倍，但不小于 1 倍的锚杆筋体加 50mm。锚杆基础的构造要求，可按图 14.3-3 采用。

（2）锚杆筋体插入上部结构的长度，应符合钢筋的锚固长度要求。

锚杆筋体采用热轧带肋钢筋，水泥砂浆强度要符合设计要求不宜低于 30MPa，细石混凝土强度要符合设计要求不低于 C30。灌浆前，将锚杆孔清理干净。基础锚杆分布如图 14.3-4、图 14.3-5 所示。

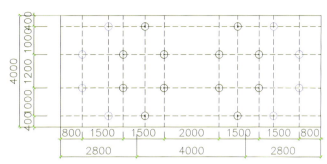

图 14.3-4　基础锚杆分布图

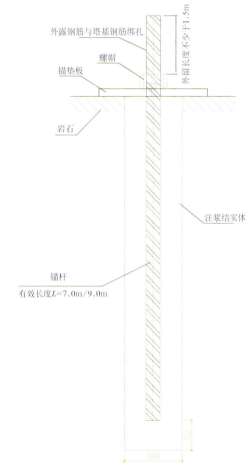

图 14.3-5　锚杆结构图

施工升降机及塔吊基础加固用锚杆施工完毕后，先用螺母与锚垫板固定，待后续混凝土基础施工时，锚垫板回收，锚杆杆体与基础内钢筋统一绑扎固定。

（3）锚杆施工

根据深坑酒店工程现场条件及施工要求，共计 20 根锚杆，根据设计需要选用 1 台 100D 潜孔钻机成孔。锚杆将根据设计图现场制做，按设计布置钻孔，用高压风将孔内杂物吹净后安放锚杆杆体并注浆。

3）扶墙设计

（1）根据该施工升降机的附墙尺寸要求，选用Ⅱ型附墙，需在塔吊标准节的每 6 ～ 9m 高度以内设置一道附墙。根据现场情况，高一处附墙与最上面标准节最高点距离应小于 7.5m（独立自由高度为 7.5m）。

（2）附墙架连接在塔吊标准节的连接件上。

（3）附墙立面如图 14.3-6、图 14.3-7 所示。

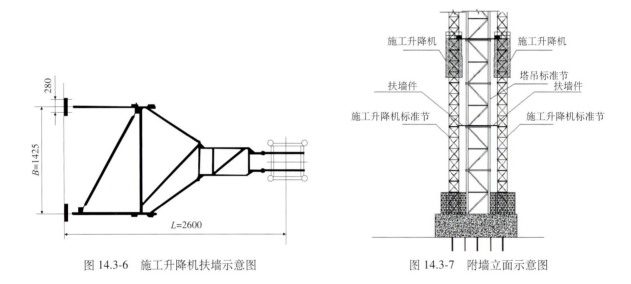

图 14.3-6　施工升降机扶墙示意图　　　　　图 14.3-7　附墙立面示意图

（4）采用直接附墙式，用 8.8 级 M24 穿墙螺栓固定在槽钢框架上，螺杆及槽钢的受力性能满足设计要求，如图 14.3-8 所示。

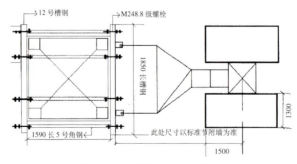

图 14.3-8　附墙整体示意图

4）塔吊标准节附墙锚固

根据现场现状条件，施工升降机崖壁支撑点部位设置普通锚杆锚固，并在相应范围内喷混凝土找平岩面，确保支撑点均匀受力。塔吊附墙示意图如图 14.3-9 所示。

根据《锚杆喷射混凝土支护技术规范》GB50086—2001 的规定，岩石预应力锚杆锚固体设计的安全系数要求进行设计。

锚杆的设置角度为 19°，根据《建筑边坡工程技术规范》GB 50330—2002 中"7 锚杆（索）设计"计算：

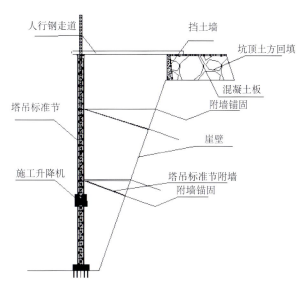

图 14.3-9　塔吊附墙示意图

（1）锚杆的轴向拉力标准值和设计值可按下式计算：

$$N_{AK}=\frac{H_{tk}}{\cos a}$$

$$N_a=r_Q N_{ak}$$

式中　N_{AK}——锚杆轴向拉力标准值（kN）；

　　　N_a——锚杆轴向拉力设计值（kN）；

　　　H_{tk}——锚杆所受水平拉力标准值（kN），取附墙杆件最大轴向拉力值为安全起见取 189.13 kN；

　　　a——锚杆倾角（°）；

　　　r_Q——荷载分项系数，可取 1.30；

解得 N_a=260kN，方可满足要求。

（2）锚杆钢筋截面面积应满足下式要求：

$$A_S=\frac{\gamma_0 N_a}{\xi_2 f_y}$$

式中　A_S——锚杆钢筋截面面积（m²）；

　　　ξ_2——锚筋抗拉工作条件系数，临时性锚杆取 0.92；

　　　γ_0——边坡工程重要性系数；

　　　f_y——锚筋抗拉强度设计值（kPa）。

解得 A_S=9.0839×10⁻⁴

得出锚杆筋体需选用直径大于 28.9mm，附壁锚杆杆体拟选用 ϕ32 普通螺纹钢。

（3）锚杆锚固体与地层的锚固段长度应满足下式要求

$$l_a \geqslant \frac{N_{ak}}{\varepsilon_1 \pi D f_{rb}}$$

式中　l_a——锚固段长度（m），锚杆为全长锚固；

D——锚固体直径（m），锚杆的钻孔直径即为锚固体直径，钻孔孔径 ϕ 100mm。

$f_{\rm rb}$——地层与锚固体粘结强度特征值（kPa），根据较硬岩考虑 $f_{\rm rb}$ 取 600kPa。

ξ_1——锚固体与土层粘结工作条件系数，对临时锚杆取 1.33。

解得锚固段长度取 8.5m，每一附着点设置 4 根锚杆，能满足锚固力要求，如图 14.3-10、图 14.3-11 所示。

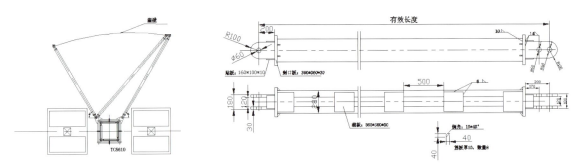

图 14.3-10　塔吊标准节及其扶墙平面示意图　　　　图 14.3-11　塔吊附墙示意图

5）施工升降机顶部人行钢平台设计施工设计

为解决顶部施工人员通往施工升降机内通道问题，对顶部施工升降机人行钢平台进行专项设计，人行钢平台设计一端以预埋在坑顶挡土墙上预埋钢板为支座，另一端以塔吊标准节为支座的钢结构人行钢平台。施工升降机用人行钢平台平面布置图如图 14.3-12 所示。

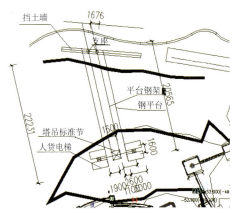

图 14.3-12　顶部人行钢平台示意图

如图 14.3-12 所示，人行钢平台设计为简支梁钢结构通道，依据现场实际测量设计参数如下所示：钢梁宽度为 1.6m，钢平台宽度为 6.8m，支座中心宽度 1.6m，走道允许活荷载为保险起见取 5kN/m²，人行钢平台设计计算利用 midas 进行有限元分析计算，施工升降机走道钢平台结构体系考虑恒荷载、活荷载及风荷载的荷载组合（即荷载组合中的工况 1 和工况 2），得到结构体系中各构件的变形值。活荷载的作用两种情况：一种是考虑其均匀作用，即活荷载平衡分布；另一种是活荷载作用在主梁 GL1 之间和 GL1 与一边方向的 GL4 之间，即不平衡分布。验算应力值和支座反力时考虑荷载分布平衡状态及不平衡状态情况，人行钢平台加工与施工项目部将选用专业钢结构单位进行加工与施工，如图 14.3-13 所示。

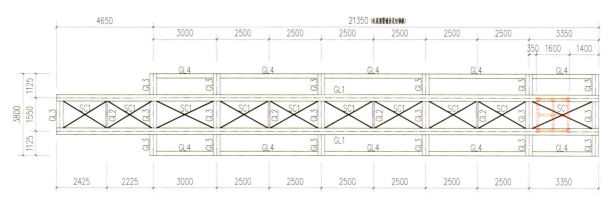

图 14.3-13　钢平台有限元模型分析计算

　　超长钢平台的承载力和刚度均须满足施工要求和规范要求，深坑酒店工程对超长钢平台运用 Midas 软件进行了有限元分析。考虑恒荷载、活荷载及风荷载的荷载组合，得到个构件的位置值及应力值，部分模拟分析见图 14.3-14 ～ 图 14.3-16。

图 14.3-14　超长钢平台荷载不平衡作用示意

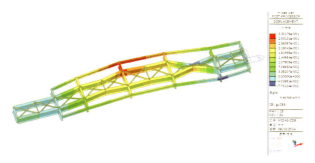

图 14.3-15　（某工况）超长钢平台 Y 向水平位移（平衡状态）

图 14.3-16　超长钢平台整体模型应力云图（平衡状态）

　　通过模拟分析，得出超长通道竖向、水平位移都满足规范要去；超长通道上构件最大应力均小于 Q345 抗弯强度设计值 295MPa，满足承载力要求；塔吊标准节处最大支座反力为795.7kN，经查阅塔吊参数表，塔吊标准节可以满足要去。但为了保证超长钢平台的作用力在支座处均匀有效的向下传递，并避免支座处杆件受压屈曲。在塔吊标准节顶部增设了传力钢板和抱箍，在抱箍周围间隔 200mm 设置加劲肋（图 14.3-17、图 14.3-18），并通过螺杆将抱箍进行补强（图 14.3-19）。

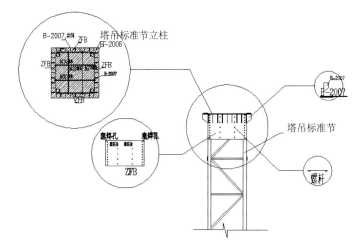

图 14.3-17　钢平台与塔吊标准节连接节点示意图

图 14.3-18　塔吊顶面布置图及四周加劲肋　　　图 14.3-19　塔吊补强锚杆布置图

6）80m 深坑内附崖壁施工升降机整体模拟分析

施工升降机超长钢平台在满足施工要求情况下，主要考虑恒荷载、活荷载、施工升降机作用在塔吊标准节上的扭矩的作用，风荷载作用较小，不考虑风荷载作用，安全系数为 2。

采用 midas Gen 有限元计算分析软件对施工升降机进行整体建模，模型如图 14.3-20 所示。该模型中所有杆件连接均为刚接。固定支座示意如图 14.3-21 所示，荷载加载情况如图 14.3-22、14.3-23 所示。经过模拟分析，施工升降机系统位移、最大应力都满足规范要求。

7）结合三维激光扫描的 BIM 技术确定施工升降机布置最佳位置

利用天宝 TX5 三维激光扫描仪对崖壁进行扫描，得到崖壁的点云模型，并与施工升降机 BIM 模型结合选择最佳布置点。选择位置要求：在非建筑区域，崖壁断面相对较规则处、崖壁坡度较大，坑底基岩平坦（不需爆破）的位置。

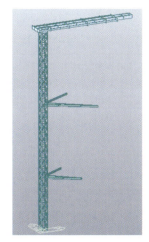
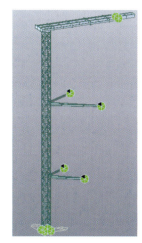

图 14.3-20　施工升降机系统模型图　　　图 14.3-21　施工升降机系统支座示意图

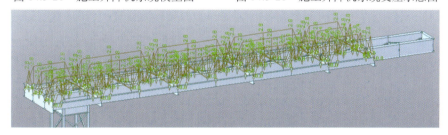

图 14.3-22　超长钢平台活荷载加载示意图

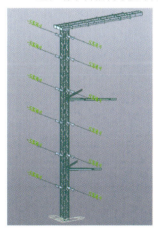

图 14.3-23　塔吊标准节力偶（按最不利情况考虑 6 道附墙）

3. 小结

经理论分析与现场试验发明了一种深坑内附崖壁施工升降机，包括弱分化岩面上基础设计、附墙设计、顶部钢平台设计等，此安装技术将施工升降机附着于塔吊标准节两侧，再将塔吊标准节附着于不规则凹凸崖壁上。解决了常规施工升降机无法安装于陡峭崖壁的难题，且无须定制。高效地解决了人员、材料的垂直运输问题，保证了工程施工进度。同时也为今后陡峭深坑内施工升降机安装提供了一定的借鉴与参考。

14.4　临空崖壁边塔吊基础应用技术

1. 技术难点

深坑酒店坑顶覆盖层为第四系全新统上段（Q43）和第四系全新统中段（Q42），且覆盖层厚度不均一，覆盖层下基岩为强风化到微风化的安山岩。该采石坑在目前自然条件下，总体处于基本稳定状态，边坡岩体类型为Ⅲ～Ⅳ类，边坡崖壁表层分布有较多的不稳定块体，易发生塌落与掉块现象。深坑酒店主体位于坑内，材料用量大，钢筋达3689t，模板60375m²，木方905m³，钢管约10000m，钢结构约6846t，楼承板56330m²，由于深坑酒店所在位置的特殊性，所以深坑酒店无法修建通向坑底的道路，材料不能直接运至坑底，都需要物流系统将材料运至坑中，但在临空崖壁边布置塔吊需考虑临空崖壁的稳定性、基岩起伏不一和风化程度不均等问题，塔吊基础嵌岩钻孔灌注桩入岩判定困难。

2. 采取措施

1）临空崖壁边塔吊对崖壁稳定性影响分析

深坑酒店主体结构为采用钢框架-支撑结构体系，钢结构约6846t，楼承板56330m²，坑内钢筋量达3689t，模板60375m²，木方905m³，钢管约10000m。塔吊布置对工程施工影响极大，塔吊距离崖壁越近，对塔吊覆盖范围与塔吊吊重越有利。但由于崖壁有裂隙发育，且风化程度不均，需对塔吊所在区域的崖壁进行稳定性分析。

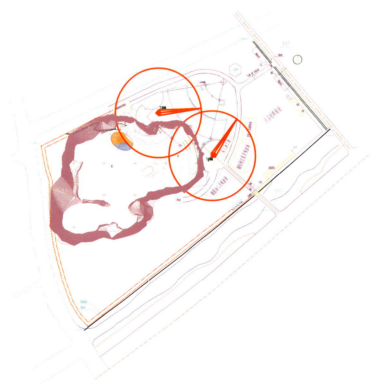

图14.4-1　主体结构、塔吊布置图

（1）根据主体结构施工范围，考虑施工便利性，以及钢结构最大构件的吊重经济性，拟选择TC7052型塔吊，并对塔吊进行了初步布置，距离崖壁距离分别为1号塔吊为约9m、2号塔吊为

11.1m，见图 14.4-1。

（2）根据地勘报告，采用有限元分析软件建立三维有限元模型（见图 14.4-2、图 14.4-3），沿基坑长轴方向为 x 方向，短轴方向为 y 方向，深度方向为 z 方向，研究布置塔吊后对崖壁稳定性的影响。在网格划分中，采用六面体等参单元模拟岩土体及结构面弱化层（断层）。整体模型共有 240793 个单元，246566 个节点，其中坑周单元分布密集，密集范围内的单元最大尺寸不超过 2×2×2m，密集范围内单元总数为 178660。

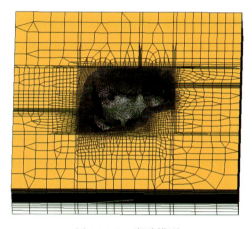
图 14.4-2　崖壁模型

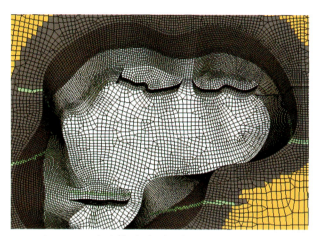
图 14.4-3　崖壁模型（局部详图，绿色代表断层）

（3）将塔吊位置进行定位，考虑塔吊工作时水平、垂直荷载及弯矩（图 14.4-4）。其中，崖壁自重，锚杆锚索的拉力，等荷载也考虑在内（图 14.4-5）。

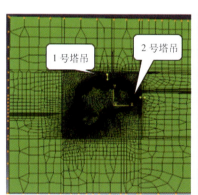
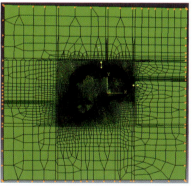
图 14.4-4　塔吊荷载分布图

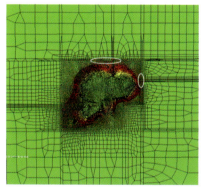
图 14.4-5　荷载作用下崖壁位移值

对布置在距离崖壁 9m 和 11.1m 的两台 TC7052 型塔吊进行了三维有限元模拟分析，塔吊工作时对崖壁影响范围较小，而且崖壁的位移量小，最大的水平位移约 0.5mm，最大的垂直位移 1.1mm，小于此岩体的允许值，满足要求。

2）有限元分析流程

有限元软件分析流程如图 14.4-6 所示。

3）复杂地质条件下塔吊嵌岩钻孔灌注桩施工技术

深坑酒店工程场地地质条件极为复杂，场地内第四纪上覆盖厚度变化极大，其下伏基岩表面

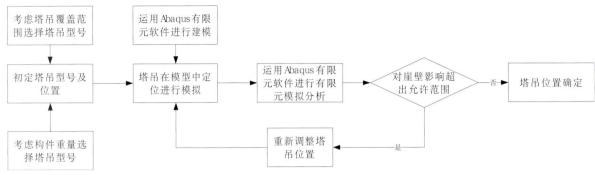

图 14.4-6　有限元软件分析流程

起伏大、风化程度不均，其顶面标高从 −0.5 ～ 25m 不等，塔吊基础每个桩位的基岩顶面埋深均不同，给桩基施工入岩深度判定带来了很大的困难。

（1）桩基钻头的选择

经过对 3km 范围内的上海辰山（植物园）同类桩基施工情况了解，深坑酒店工程桩基初步选定了采用 GPS-10 型，根据地质实际情况选取钻头，选取原则主要考虑岩石单轴抗压强度、是否有覆土层、基岩埋深。对于覆土层较厚，下伏基岩，可采用三翼单带刮刀钻头 + 牙轮钻头进行施工。如所在区域岩层埋深小于 1m 时，由于在岩层中成孔较深可采用冲击钻头成孔（图 14.4-7）。

（2）快速入岩判定方法

根据岩石的不同风化程度，钻孔过程中产生的石子粒径大小、颜色将会不同，因此，通过现场钻孔取得的判岩样品，正式施工时在护筒出口处捞取岩石样品，清洗后进行判岩。

入岩判定时，当桩基出现异样振动时，使用自制的网兜（图 14.4-8）在钻孔灌注桩护筒处捞取岩石样品，进行清洗，在清洗完成后，由勘察单位人员与业主、监理共同进行判定岩石风化程度，对比岩石样品为本场地内原地勘取芯样品。经过多次试验得出，当判定为强风化岩后，向下钻孔每 10cm 进行一次判定，当判定为中风化岩石后，继续钻孔至设计入岩深度即可。并对强风化岩、中风化岩判定样品进行封存备查。入岩取样见图 14.4-9 ～图 14.4-11。

图 14.4-7　入岩判定样品

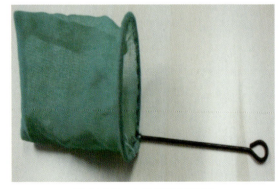

图 14.4-8　入岩判定用网兜

图 14.4-9　强风化岩层样品
（颗粒颜色灰白不一，粒径较大、不均匀）

图 14.4-10　中风化岩层样品
（颗粒颜色发青，粒径较小、均匀）

3. 小结

在临空崖壁边，基岩风化程度不均，塔吊布置需考虑临空崖壁的稳定性及塔吊在陡峭崖壁边不同岩性条件下基础嵌岩钻孔灌注桩的入岩机械选择和入岩判断方法，经模拟验算和现场试验，结合经济性和施工范围进行塔吊布置和型号选择。目前，塔吊已经安全运行 28 个月，崖壁监控正常。确保了工程施工安全和工程进度，同时也为今后类此临空崖壁边塔吊应用提供了一定的借鉴与参考。

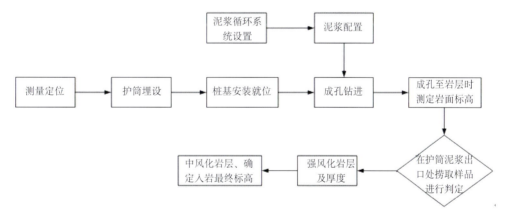

图 14.4-11　复杂地质条件下塔吊嵌岩钻孔灌注桩施工工艺流程

第15章 钢管混凝土结构施工技术

　　由于深坑酒店钢管混凝土柱为立面折形变角度多隔板小直径钢管混凝土柱，在与楼面梁和支撑连接处，以及折形转换处均存在加劲隔板，并且除了横向隔板还有竖向隔板，节点复杂，倾斜角度最大钢柱的水平夹角为67°，使得其对混凝土质量控制要求较高。混凝土浇捣工艺需确保钢管内混凝土密实，以及强度等级达到设计要求，浇筑过程中不得产生离析现象。

　　同时为了保证钢管混凝土的密实性，将基于红外热成像技术，利用混凝土的入模温差以及橡胶加热带作为外部热源，分别对钢管混凝土浇筑过程中隔板下部排气不畅导致的局部空洞现象进行密实性检测研究。

15.1 立面折形小直径多隔板钢管柱内混凝土对口浇捣关键技术

1. 技术概况

　　深坑酒店工程建设于废弃采石坑内，主体结构为两点支撑的钢框架结构体系，深坑酒店坑内主体结构柱均为钢管混凝土柱，钢管混凝土柱直径为 $\phi 550$、$\phi 600$、$\phi 700$，且多为立面折形变角度多隔板小直径钢管混凝土柱，钢管柱内灌芯混凝土标号为C60，总方量为1665m^3，每层钢柱内混凝土方量 $1 \sim 1.5 m^3$，如图15.1-1、图15.1-2所示。在与楼面梁和支撑连接处，以及折形转换处均存在加劲隔板，且除了横向隔板还有竖向隔板，节点复杂，倾斜角度最大钢柱的水平夹角为67°。

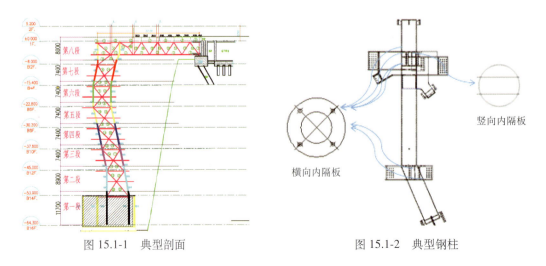

图 15.1-1 典型剖面　　　　　　　　　　图 15.1-2 典型钢柱

2. 对口浇筑施工工艺流程

钢管混凝土浇筑通常有泵送顶升与高抛两种施工方法。由于深坑酒店建造在近 80m 深坑内且坑壁陡峭，坑底建筑物水平跨度超过 200m，采用常规混凝土输送方法存在泵管安装困难、易堵泵、效率低等难题，工程中设计了一套混凝土三级泵送装置与一套一溜到底装置进行混凝土的输送，但两种方法均需先将混凝土运输到坑底，再用位于坑底的固定泵泵送到浇筑部位，在这一下一上的过程中，混凝土输送路径长、环节多，而 C60 混凝土的粘度较大，在输送过程很有可能发生堵泵现象，且钢管柱混凝土施工正处于高温季节更易发生堵泵，一旦堵泵，清管泵管与重新安装泵管的时间较长，钢管内的混凝土将发生初凝，泵送顶升将没法进行，因此钢管混凝土浇筑采用塔吊吊运料斗或汽车泵与钢管柱对口浇筑的技术。如图 15.1-3 所示。

图 15.1-3　料斗与钢管柱对口浇筑方案

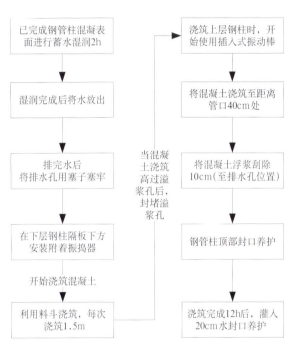

图 15.1-4　钢管柱混凝土浇筑流程图

具体浇筑过程结合钢结构分节与吊装过程展开，钢结构吊装按 2 层一节柱进行吊装，共分为 7 节柱。钢管柱混凝土浇筑工艺流程如图 15.1-4 所示。

对口浇筑施工工艺要点如下：（1）钢管柱分节位置高于每节转角处的水平与竖向隔板 1.5m，方便工人操作；（2）在每节钢管柱的有水平或竖向加劲板的位置上部留置溢浆孔，便于观察加劲板处是否浇筑密实；（3）浇筑前使用软水管伸入管内对上次浇筑混凝土进行润湿；（4）在节点区及水平隔板位置，浇筑速度控制在每分钟一米；（5）每次混凝土浇筑到距离柱口 1m 处，浇筑完毕后对柱口的混凝土进行振捣，振捣完毕后工人使用铁勺将柱内混凝土上表面 5～10cm 混凝土清除；（6）下次钢管安装焊接时，监测焊缝下混凝土处钢管的温度，若温度过高则要求对混凝土处钢管进行外包冰袋降温处理；（7）留置 7d、14d、28d、60d 4 组试块，与相应龄期柱内取芯混凝土强度进行比较，建立标养试块强度与柱内混凝土实际强度的对应关系；（8）保证混凝土的入模坍落度在 18±2cm 内，严禁现场加水；（9）禁止雨中浇筑混凝土，若不可避免必须对柱口进行挡雨。

3. 立面折形小直径多隔板钢管样板柱试验

为检验对口浇筑的施工的工艺，现场进行了两根试验柱的施工，一根位于坑底用于检测坑底部位钢管柱使用料斗对口浇筑的施工工况，如图 15.1-5 所示，主要检验采用上述施工工艺时管内混凝土浇筑的密实性。28d 后在梁柱节点、柱转折处剖开钢板及取出芯样如图 15.1-6 所示，芯样强度如表 15.1-1 所示。

图 15.1-5　坑底样板钢管柱施工

图 15.1-6　剖开钢板外观及取出芯样

芯样强度　　　　　　　　　　　　　　　　　　　　　　　　　表 15.1-1

序号	构件名称	强度设计值（MPa）	抗压荷载（kN）	抗压强度（MPa）
1	试验柱 2-1	60	517	65.8
2	试验柱 2-2	60	505.9	64.4
3	试验柱 2-3	60	532.2	67.8

从图中可看出梁柱节点、柱转折处混凝土能保证密实，从表 15.1-1 中可看出芯样强度满足设计要求。

一根位于坑顶用于检测坑顶部位钢管柱使用汽车泵对口浇筑的施工工况，如图 15.1-7 所示，浇筑时采用汽车泵直接对口浇筑，主要检验坑顶直管柱采用上述施工工艺时管内混凝土浇筑的密实性及强度。28d 后在梁柱节点、柱转折处及柱头取出的芯样如图 15.1-8 所示，芯样强度如表 15.1-2 所示。从柱头取出的芯样可看出柱头部位的混凝土未发生明显分层现象，从表 15.1-2 中可得使用以上对口浇筑工艺，梁柱节点、柱转折处及柱头处混凝土能保证密实，强度能满足设计要求。

图 15.1-7　高抛试验柱

图 15.1-8　取芯处与芯样

不同芯样处强度　　　　　　　　　　　　　　　表 15.1-2

取芯处	梁柱节点	柱转折处	柱头
强度（MPa）	62.2	64.8	62.6

4. 焊接温度对钢管内混凝土影响测量

为了检测焊接钢柱时高温对混凝土的影响，特对 4 根钢柱进行了检测，检测方法：利用红外线测温仪对钢柱进行检测，从焊接处向下每隔 10cm 检测一次，检测位置为 10cm、20cm、30cm、40cm、50cm 处，如图 15.1-9 所示。测量数据见表 15.1-3 与图 15.1-10 所示。

钢柱焊接温度随位置变化情况　　　　　　　　　　表 15.1-3

序号	焊接处温度	10cm 处温度	20cm 处温度	30cm 处温度	40cm 处温度	50cm 处温度
1 号	552.3	62.6	47.0	42.5	27.8	20.8
2 号	478.1	75.5	56.1	33.2	20.9	16.2
3 号	520.6	39.1	16.3	15.9	15.4	14.5
4 号	495.9	55.8	47.2	33.6	25.6	16.5
平均值（℃）	511.8	58.1	41.7	31.3	22.4	17.0

图 15.1-9　焊接温度测量

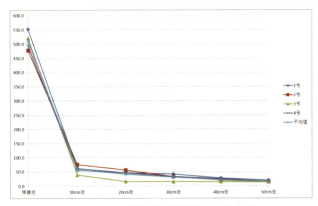

图 15.1-10　焊接温度随距离变化曲线

从表 15.1-3 与图 15.1-10 中可看出焊接处的温度可达 511℃，但随着距离远离焊缝，钢管的温度迅速下降，距离焊缝 10cm 处的钢管温度只有 58.1℃，距离焊缝 40 ~ 50cm 处的钢管温度已基本为环境温度。从以上测量结果可得每次浇筑的混凝土面距离焊缝 50cm 以上时，就完全可以保证下一节钢管焊接安装时，焊接温度不会对钢管内的已浇筑混凝土产生有害影响。

5. 小结

由于深坑酒店所处的特殊地理环境，导致钢管混凝土浇筑无法采用泵送顶升与高抛两种施工方法，通过采用塔吊吊运料斗或汽车泵与钢管柱对口浇筑的技术，解决了钢管混凝土难以浇筑的施工难题；通过样板柱试验结果证明了对口浇筑工艺，在梁柱节点、柱转折处及柱头处能保证混凝土密实，强度能满足设计要求；当浇筑的混凝土面距离焊缝 50cm 以上时，可以保证下一节钢管焊接安装时，焊接温度不会对钢管内的已浇筑混凝土产生有害影响。

15.2　基于红外热成像技术的钢管混凝土密实度检测技术

1. 技术概况

混凝土的密实性是保证钢管混凝土结构可靠性的重要前提，直接影响整个结构的可靠性能。钢管混凝土的不密实情况有：①由于钢管混凝土的浇筑位置比较高，容易造成混凝土离析。此外，由于内部粗细骨料的不同，通常会在钢管底部出现骨料紧密堆积，而上部混凝土骨料稀疏，水泥浆含量较高的情形。②由于钢管内部隔板的存在，导致混凝土在浇筑完成之后，隔板下部存在局部孔洞等不密实的情况。③由于混凝土本身的收缩，使钢管与混凝土在界面处脱开或者是核心混凝土出现空洞、不密实等现象。如果缺陷发生于结构主要受力部位，则对结构承载能力有直接影响。因此查明钢管混凝土内部缺陷非常必要。基于红外热成像技术，利用混凝土的入模温差以及橡胶加热带作为外部热源，分别对钢管混凝土浇筑过程中隔板下部排气不畅导致的局部空洞现象进行密实性检测。

现阶段对钢管混凝土密实度的检测方法主要是超声波检测，但超声波检测对于混凝土与钢管内壁胶结不良存在脱离缺陷的情况，利用其检测波形明显异常、声时明显偏大的特点来判断缺陷的存在，仅适用于一侧混凝土与钢管脱开、另一侧混凝土与钢管密贴的情况。图 15.2-1 为钢管混凝土内部缺陷示意。

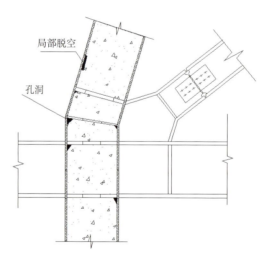

图 15.2-1　钢管混凝土柱内缺陷示意图

2. 利用入模温差检测钢管混凝土密实度

基于红外热成像技术，利用混凝土入模温差，对检测钢管混凝土密实性进行试验研究。利用水代替混凝土作为入模材料，分别在入模温差为 15℃、8℃、5℃情况下对不同大小缺陷进行检测。利用 ANSYS 有限元分析软件，对水和混凝土不同入模温差下钢管横截面温差进行对比分析，并联系试验结果得出结论：利用混凝土入模温差可以清晰的辨别出 20cm×15cm，厚 1cm 的大缺陷，而对于 5cm×5cm，厚 1cm 的小缺陷可在最初时刻观测到，但边界相对模糊。

1）试验方案

考虑到试验的绿色经济性，本试验采用水代替混凝土，作为入模的材料。虽然混凝土的导热系数为水的导热系数的 2.5 倍，但水的比热容却是混凝土的比热容的 5 倍，水能放出更多的热量来进行热传导，相比于其他材料，水更适合于代替混凝土作为入模材料。另外，混凝土浇筑时是以流动的状态入模的，和钢管壁接触更多的是水泥砂浆，以水代替混凝土作为入模材料是完全合理的。

采用 EPC 珍珠保温板代替空气，作为缺陷。两者的导热系数十分相近，EPC 珍珠保温板代替空气作为缺陷是可行的。各材料的物理性质如表 15.2-1 所示。

各材料物理性质表　　　　　　　　　　表 15.2-1

材料	密度 kg/m³	导热系数 W/（m·℃）	比热容 J/（kg·℃）
Q-345 钢材	7850	58	481
混凝土	2400	1.54	837
20℃水	1000	0.6	4185
20℃空气	1.205	0.026	1004
EPC 珍珠保温板	30	0.027	2302

本试验采用直径为 550mm 的圆形钢管柱，壁厚 30mm，材质为 Q-345。混凝土为 C60，采用 EPC 珍珠保温板作为缺陷，于钢管内壁设置 4 种不同大小及厚度的缺陷，A 缺陷为 10cm×10cm×1cm，B 缺陷为 10cm×10cm×0.5cm，C 缺陷为 5cm×5cm×1cm，D 缺陷为 5cm×5cm×0.5cm，用环氧树脂粘贴于钢管内壁。

红外热成像仪器为 FLIR T420，320×240 像素分辨率，热灵敏度：<0.045℃ @+30℃，温度范围：-20℃至 +650℃，温度精度：±2℃或读数 2%。

试验时间选择在清晨或者晚上，此时钢管受环境影响小，温度均匀。用测温枪量测出钢管的温度作为 T_1。用大功率的加热器给水加热，用 3 个电子测温计读出水上中下位置处的温度，取平均值作为 T_2，当 $T_2=T_1+$ 设定温差值时，停止加热，将水搅拌均匀，快速的倒入钢管中，用红外热成像仪进行测量观察。

2）试验结果分析

（1）B 缺陷试验结果分析

入模温差为 8℃时 B 缺陷试验过程如图 15.2-2 所示。在初始时刻的热成像图如图（a）所示，此时空钢管呈现浅蓝色，下部淡黄色是由于钢管内部混凝土所传递的热量导致的温度较高于上部空钢管。图（b）图像正中的圆形封闭区域即为 B 缺陷，左边为 A 缺陷，由于仪器正对着 B 缺陷进行的试验，所以缺陷 A 并没有完全显示。此时 B 缺陷最大温差达到 0.8℃。图（c）为 t=4min 时刻所得热成像图，温差达到 0.5℃，此时缺陷颜色对比不明显，仅仅显现为淡黄色，改变仪器拍摄的温度云图比例区间，即可得到图（d）所示的热成像图，此时 t=5min，温差达到 0.4℃，缺陷呈现红色，被温度更高的白色所包围。

入模温差为 5℃时 B 缺陷试验过程如图 15.2-3 所示。图（a）为 t=1min 时刻所得热成像图，温差达到 0.6℃，此时缺陷颜色对比明显。图（b）为 t=6min 时刻的热成像图，温差达到 0.2℃，缺陷呈现黄色，被温度更高的红色所包围。

入模温差为 4℃时 B 缺陷试验过程如图 15.2-4 所示。图（a）为 t=1min 时刻所得热成像图，温差达到 0.4℃。图（b）为 t=4min 时刻的热成像图，温差达到 0.3℃，此时缺陷区域变得模糊，缺陷不明显。

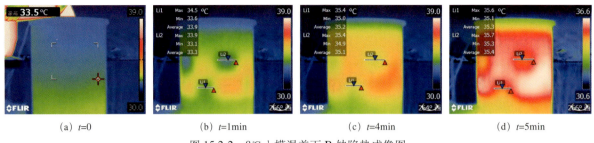

(a) t=0   (b) t=1min   (c) t=4min   (d) t=5min

图 15.2-2   8℃入模温差下 B 缺陷热成像图

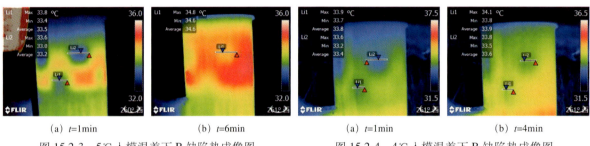

(a) t=1min   (b) t=6min   (a) t=1min   (b) t=4min

图 15.2-3   5℃入模温差下 B 缺陷热成像图   图 15.2-4   4℃入模温差下 B 缺陷热成像图

入模温差为 3℃时 B 缺陷试验过程如图 15.2-5 所示。与入模温差为 3℃时相同在 t=1min 时刻温差达到 0.4℃。t=4min 时刻温差达到 0.2℃。

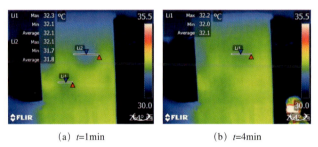

(a) t=1min   (b) t=4min

图 15.2-5   3℃入模温差下 B 缺陷热成像图

入模温差为 2℃时 B 缺陷试验过程如图 15.2-6 所示。在 t=1min 时刻温差达到 0.3℃。t=2min 时刻温差已经降至 0.2℃。

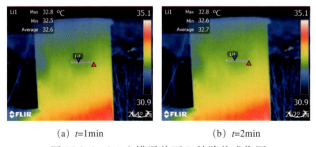

(a) t=1min   (b) t=2min

图 15.2-6   2℃入模温差下 B 缺陷热成像图

从 B 缺陷不同入模温度下的试验热成像图可以看出，随着入模温度的降低，同一时刻所得缺陷温差也在降低，并且缺陷边界变得模糊，可以分辨出缺陷的时间段也在逐渐减小。

因此将各入模温度下的热成像图整理分析得到如图 15.2-7 所示的 B 缺陷不同入模温度下的缺陷区域温差曲线。所有的温差曲线整体上呈现下降趋势，并且在初始时刻存在一个上升段，达到最大温差后曲线逐渐下降；随着入模温度的降低，所得的缺陷区域温差值也在降低，在 8℃入模温度下最大缺陷温差达到 1.2℃，5℃入模温度下缺陷温差达到 0.7℃，在 2℃入模温度下缺陷温差仍可以达到 0.3℃。

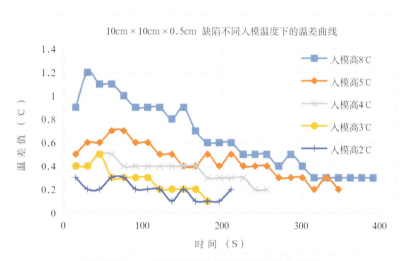

图 15.2-7　B 缺陷不同入模温度下的温差曲线

（2）C、D 缺陷试验结果分析

入模温差为 8℃时 C、D 缺陷试验过程如图 15.2-8 所示。图像中呈现 3 个缺陷，其中右边一个为 C 缺陷，其余两个为 D 缺陷。t=30s 时刻的热成像图如图（a）所示，C 缺陷区域温差为 0.5℃，D 缺陷区域温差为 0.4℃。t=90s 时刻的热成像图如图（b）所示，C 缺陷区域温差为 0.7℃，D 缺陷区域温差为 0.5℃。

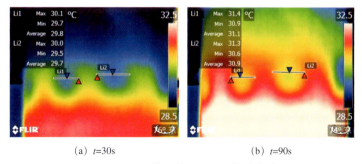

（a）t=30s　　　　　　　　　（b）t=90s

图 15.2-8　8℃入模温差下 C、D 缺陷热成像图

入模温差为 5℃时 C、D 缺陷试热成像如图 15.2-9 所示，此时 t=60s，C 缺陷区域温差为 0.5℃，D 缺陷区域温差为 0.6℃。入模温差为 4℃时 C、D 缺陷试热成像如图 15.2-10 所示，此时 t=60s，C、D 缺陷区域温差均为 0.6℃。

入模温差为 3℃时 C、D 缺陷试热成像如图 15.2-11 所示，此时 t=45s，C 缺陷区域温差为 0.3℃，D 缺陷区域温差为 0.4℃。入模温差为 2℃时 C、D 缺陷试热成像如图 15.2-12 所示，此时 t=45s，C 缺陷区域温差为 0.4℃，D 缺陷区域温差为 0.3℃。

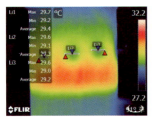
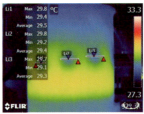
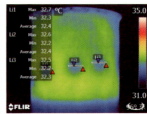
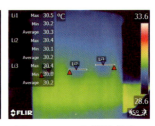

图 15.2-9　入模温差为 5℃ t=60s 时 C、D 缺陷热成像图　　图 15.2-10　入模温差为 4℃ t=60s 时 C、D 缺陷热成像图　　图 15.2-11　入模温差为 3 度 t=11s 时 C、D 缺陷热成像图　　图 15.2-12　入模温差为 2 度 t=12s 时 C、D 缺陷热成像图

　　将各入模温度下的热成像图整理分析得到如图 15.2-13、图 15.2-14 所示的 C、D 缺陷不同入模温度下的缺陷区域温差曲线。与 B 缺陷温差曲线图相似，C、D 缺陷所得的温差曲线具有相同的规律。在 8℃入模温差下，C、D 缺陷区域温差可达到 0.6℃，在 5℃入模温差下，C、D 缺陷区域温差可达到 0.4℃。

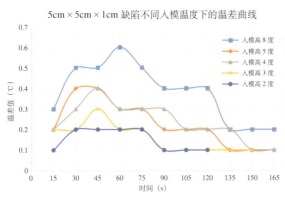
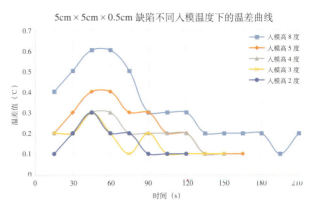

图 15.2-13　C 缺陷不同入模温度下的温差曲线　　　　　　图 15.2-14　D 缺陷不同入模温度下的温差曲线

　　对比 B、D 缺陷区域温差曲线可以发现，相同入模温度下 B 缺陷区域温差较大于 D 缺陷区域温差，并且入模温度越高差别越大，即相同入模温度，相同缺陷厚度下，缺陷尺寸越大所得缺陷区域温差也越大。同样，对比 C、D 缺陷区域温差曲线可以发现两者温差曲线差异不大，但在相同入模温度下 C 缺陷温差稍高于 D 缺陷温差，即相同入模温度，相同缺陷尺寸下，缺陷厚度对缺陷区域温差的影响较小。

　　3）ANSYS 有限元热分析

　　取钢管混凝土柱体的 1/4，建立有限元分析模型。缺陷尺寸为 10cm×10cm×1cm，选用 Thermal Solid 8node278 单元，有限元分析模型如图 15.2-15 所示。

　　图 15.2-16 为 A 缺陷在入模温差为 8 度 t=15s 时刻的温度云图，图中蓝色区域即为 A 缺陷。将不同缺陷下的各模拟值整理可得到如图 15.2-17 ~ 图 15.2-20 所示的温差曲线图。

　　从各缺陷的模拟值温差曲线变化趋势可以看出：曲线先经历一个

图 15.2-15　有限元分析模型

上升段，在达到最大温差后曲线开始下降；随着入模温差的减小，缺陷区域温差也减小；将 A 缺陷与 C 缺陷进行对比，B 缺陷与 D 缺陷进行对比，可以发现相同入模温差，相同缺陷厚度下，缺陷尺寸越大所得缺陷区域温差也越大；将 A 缺陷与 B 缺陷进行对比，C 缺陷与 D 缺陷进行对比，可以发现相同入模温差，相同缺陷尺寸下，缺陷厚度对缺陷区域温差影响较小。

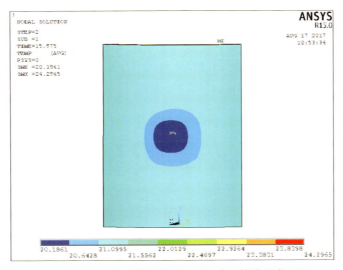

图 15.2-16　8 度入模温差下 t=15s 时 A 缺陷温度云图

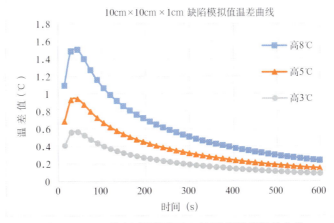

图 15.2-17　不同入模温度下 A 缺陷模拟值温差曲线

为了更清楚的进行对比分析，在模拟值温差曲线的基础上，添加了试验值温差曲线。在图 15.2-18 中，B 缺陷的模拟值和试验值温差曲线变化趋势基本相同，而模拟值较大于试验值，极可能是试验过程受到风的影响，导致试验值稍低，但是影响不大。在图 15.2-19 和图 15.2-20 中，C、D 缺陷的模拟值和试验值比较吻合，但在 3℃ 入模温差下所得的最大温差试验值稍大于模拟值，原因可能是试验结果处理过程中的误差。

3. 利用橡胶加热带检测钢管混凝土密实度

利用橡胶加热带对设有缺陷的钢管混凝土柱进行加热，在缺陷区域钢管壁形成温度差，探索利用橡胶加热带检测钢管混凝土密实性的新方法。同时用 ANSYS 有限元分析软件，对加热时间、

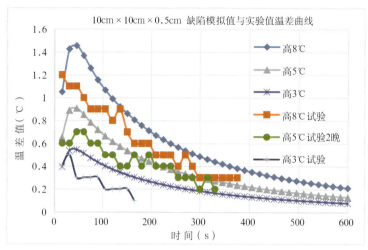

图 15.2-18　不同入模温度下 B 缺陷温差曲线

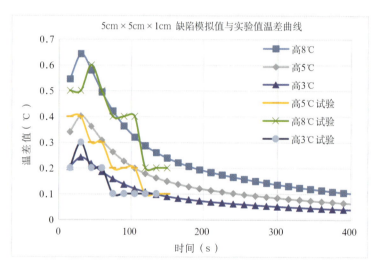

图 15.2-19　不同入模温度下 C 缺陷温差曲线

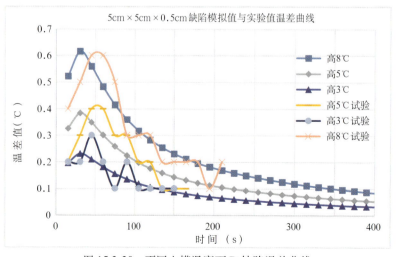

图 15.2-20　不同入模温度下 D 缺陷温差曲线

加热温度、缺陷尺寸大小进行模拟分析，结合试验结果得出结论：利用加热带加热的方法可以清晰的辨别出 10cm×10cm×1cm（0.5cm）的大缺陷，以及 5cm×5cm×1cm（0.5cm）的小缺陷。

1）试验方案

本试验采用直径为 550mm 的圆形钢管柱，壁厚 30mm，材质为 Q-345。混凝土为 C60，采用 EPC 珍珠保温板作为缺陷，模拟钢管混凝土柱内加劲板下部的空气缺陷。因为两者的导热系数十分相近，所以 EPC 珍珠保温板代替空气作为缺陷是可行的。于钢管内壁设置 4 种不同大小及厚度的缺陷，A 缺陷为 10cm×10cm×1cm，B 缺陷为 10cm×10cm×0.5cm，C 缺陷为 5cm×5cm×1cm，D 缺陷为 5cm×5cm×0.5cm，用环氧树脂粘贴于钢管内壁如图 15.2-21 所示。红外热成像仪器为 FLIR T420，320×240 像素分辨率，热灵敏度:<0.045℃ +30℃，温度范围:−20℃至 +650℃，温度精度：±2℃或读数 2%。

用测温枪测出钢管的温度作为初始温度记录下来，用橡胶加热带将钢管包裹固定好，使两者紧密贴合，设定好加热温度即可进行加热，加热到预定时间时停止加热，快速地取下加热带，用红外热成像仪进行测量观察。加热试验如图 15.2-22 所示。

图 15.2-21　钢管内部缺陷位置图

图 15.2-22　试验过程图

2）试验结果及分析

直接取用 ANSYS 有限元热分析结果，得出最佳加热温度和加热时间（加热 3min，高出钢管温度 30℃），对四种缺陷进行加热。

缺陷 A、B 的热成像如图 15.2-23、图 15.2-24 所示。从图中可以清楚的看到两个缺陷，图中左边为 A 缺陷，右边为 B 缺陷，A 缺陷中间呈现红色包围白亮色表明相同大小的缺陷，厚度大的缺陷温度更高一些。观测过程中通过调试温差可以一直观测到缺陷，整个过程可持续约 8min。

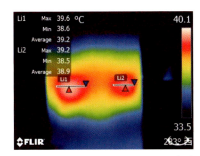
图 15.2-23　1min 时缺陷 A、B 热成像图

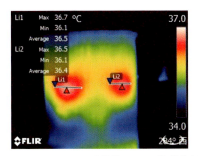
图 15.2-24　5min 时缺陷 A、B 热成像图

　　缺陷 C、D 的热成像如图 15.2-25、图 15.2-26 所示。从图中可以清楚的看到三个小缺陷，图中左边两个为 D 缺陷，右边为 C 缺陷，整个过程持续时间较短只有 4min，并且由于缺陷尺寸较小，相同大小的缺陷并未形成由于厚度变化而导致的热成像图像差异。

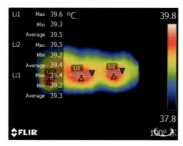
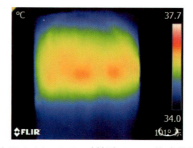

图 15.2-25　15s 时缺陷 C、D 热成像图　　　　图 15.2-26　4min 时缺陷 C、D 热成像图

　　通过对热成像图像的分析处理，可以得到缺陷区域的温差曲线以及缺陷区最大温度值曲线，分别如图 15.2-24、图 15.2-28 所示。从图 15.2-27 可知：大缺陷 A、B 的温差曲线呈现下降趋势，最初时刻温差最大，随后一直减小，A 缺陷最大温差为 1.6℃，B 缺陷最大温差为 1.0℃；小缺陷 C、D 的温差曲线也呈现下降趋势，但斜率很小，两者温差相近，最大温差为 0.3℃；缺陷越大则温差越大，并且缺陷边界越清晰，持续时间越长。四种缺陷的最大温度值曲线表明：各缺陷的最大值温度降温趋势一致；相同大小的缺陷，厚度越大温度越高。

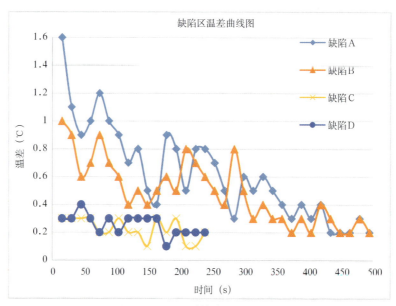

图 15.2-27　四种缺陷温差曲线图

　　3）ANSYS 有限元热分析

　　取钢管混凝土柱体的 1/4，建立有限元分析模型。选用 Thermal Solid 8node278 单元，对四种缺陷分别进行不同加热温度和加热时间的模拟分析。设置 6 种工况：工况 1 为加热 10min 高 10℃，工况 2 为加热 10min 高 20℃，工况 3 为加热 5min 高 10℃，工况 4 为加热 5min 高 20℃，工况 5 为加热 3min 高 20℃，工况 6 为加热 3min 高 30℃。

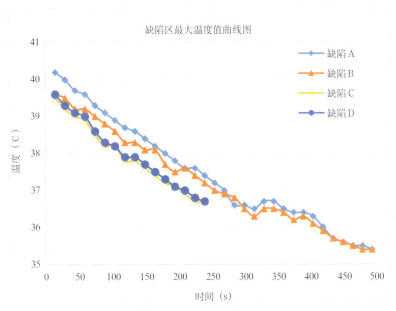

图 15.2-28　四种缺陷最大温度值曲线图

　　以缺陷 A（10cm×10cm×1cm）在工况 6（加热 3min 高 30℃）下的模拟分析为例，初始时刻温差为 0.411℃，在 120s 时达到最大温差 0.747℃，图 15.2-29 为最初时刻的温度云图，其中红色区域为缺陷 A，此云图比例是自动分布的。图 15.2-30 为 120s 时刻的温度云图，红色区域为缺陷 A，为了清楚的显示缺陷区域，避免缺陷区域颜色多重化，手动调校来了云图比例。从这两张图也可以说明，在最初时刻的红外图像是最能反映缺陷真实大小的，随着时间的推移，钢管会降温，造成缺陷区域温度云图颜色多重化，这也说明试验过程中手动调教仪器温度设定值的必要性。

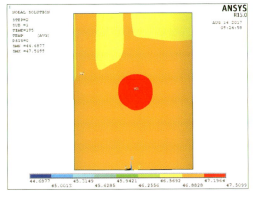

图 15.2-29　*t*=15s 时工况 6 下 A 缺陷温度云图

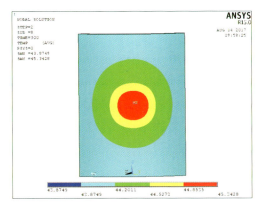

图 15.2-30　*t*=120s 时工况 6 下 A 缺陷温度云图

　　对 A 缺陷所有工况下的模拟结果进行汇总整理，得到如图 15.2-31 所示的温差曲线和如图 15.2-32 所示的缺陷中心最大温度值曲线。图 15.2-31 中各工况下的温差曲线具有相同的变化趋势，即温差先在短时间内上升到最大值，随后逐渐降低，上升段的斜率远大于下降段的斜率。温差最大的是工况 6，最大值为 1.121℃，其次是工况 5，最大温差为 0.747℃，排第三位的是工况 4，最大温差为 0.664℃，排第四位的是工况 2，最大温差为 0.513℃，排第五位的是工况 3，最大温差为

0.332℃，温差最小的是工况1，温差值仅为0.256℃，此时的温差仪器基本无法识别。在模拟分析的基础上加上试验测定的温差值，从图15.2-31可以看出，工况6下的试验值和模拟值下降趋势基本一致，试验温差值只有下降段，并未量测到上升段，试验温差值略低于模拟值。对其他三种缺陷进行同样的模拟分析，然后通过横向对比各工况加热时间以及加热温度，可以得出两条基本规律：一是相同加热高温下，加热时间越短，温差越大；二是相同加热时间下，加热温度越高，温差越大。

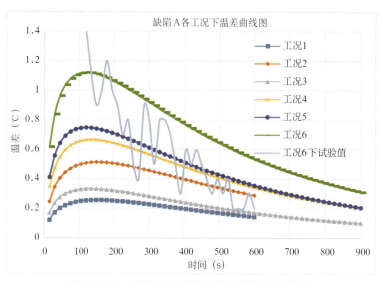

图15.2-31　缺陷A各工况下温差模拟值曲线图

图15.2-32即为各工况下的最大值温度曲线，温度最大的是加热30℃，中间的三条是加热20℃，最低的两条是加热10℃。图中曲线下降斜率一致，反映了热分析模拟所设定的空气对流。试验值也保持的同样的降温速率，只是温度低于模拟值5.7℃，若将试验值加上5.7则得到的曲线将和模拟值重合一致，造成试验值低于模拟值的原因有二：一是热分析时对整个模型施加了温度，在钢管表面施加对流荷载后，整个钢管表面将一致降温，而试验是用30cm宽的加热带以缺陷为中心进行的包裹加热，钢管上部和底部并未加热，当中心加热时，有热量向两端传递，导致温度降低。二是试验时加热带总会存在一些部位并未与钢管紧密贴合，温度无法传递给钢管，但加热带温度会上升至设定温度时会自动停止加热，进行一个保温的加热过程，造成温度损失。通过对其他三种缺陷各工况下的模拟分析，同样可以得到一致的结论。

将四种缺陷在工况6（加热3min高30℃）下的模拟值汇总整理，可以得到图15.2-33所示的温差曲线和图15.2-34所示的最大值曲线。在加热3分钟高30度的工况下，缺陷A最大温差为1.121℃，缺陷B最大温差为1.124℃，缺陷C最大温差为0.412℃，缺陷C最大温差为0.3399℃。缺陷AB的上升段是相同的，缺陷A最大温差出现在120s，而缺陷B最大温差比A提前15s，进入下降段以后缺陷A的温差则一直大于缺陷B的温差值，这一点对于缺陷C、D也是一样的，进入下降段后，缺陷C的温差值也大于缺陷D的温差值。表明了相同大小的缺陷，在加热温度和加热时间都相同的条件下，厚度大的缺陷温差值大一些。

缺陷AB上升段的斜率为0.0042远远大于缺陷C、D上升段的斜率0.0016，缺陷CD的上升段仅仅升高了0.1℃的温差值，下降段的斜率也仅为0.001，说明缺陷CD的温差曲线不论是升温还是降温都比较平缓，这也是试验所测得的缺陷CD的温差曲线为何呈现近乎水平直线的原因。

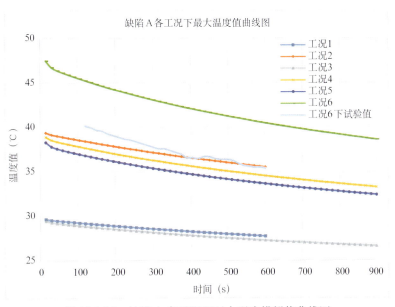

图 15.2-32　缺陷 A 各工况下最大温度模拟值曲线图

四种缺陷最大温度模拟值曲线呈现相同斜率的下降趋势，并且表现为相同大小的缺陷，厚度大的温度高的规律，这与试验测的最大温度值变化规律一致。

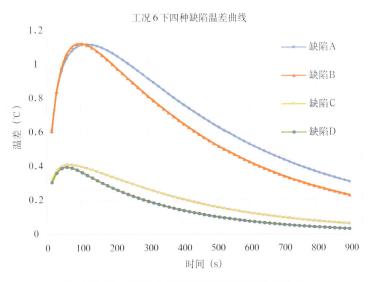

图 15.2-33　工况 6 下四种缺陷温差模拟曲线图

4. 小结

基于红外热成像技术，利用混凝土的入模温差以及橡胶加热带作为外部热源，分别对钢管混凝土浇筑过程中隔板下部排气不畅导致的局部空洞现象进行密实性检测研究。

通过利用混凝土入模温差检测钢管混凝土密实度的试验，得到如下结论：

（1）钢管横截面缺陷区域温差曲线先在短时间内上升，在 45 ~ 60s 时达到最大值，此后缓慢下降。即最佳检测时间是在混凝土入模一开始的 1 ~ 2min 内，此时温差大且边界清晰，易于分辨。

（2）随着入模温度的降低，同一时刻所得缺陷温差也在降低，并且缺陷边界变得模糊，可以

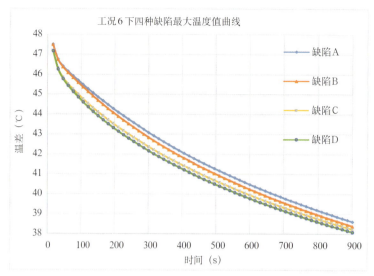

图 15.2-34　工况 6 下四种缺陷最大温度值模拟曲线图

分辨出缺陷的时间段也在逐渐减小。

（3）相同入模温度，相同缺陷厚度下，缺陷尺寸越大所得缺陷区域温差也越大。相同入模温度，相同缺陷尺寸下，缺陷厚度对缺陷区域温差的影响较小。

（4）对于 10cm×10cm×1cm（0.5cm）和 5cm×5cm×1cm（0.5cm）大小的缺陷，入模温差最后控制在 3～5℃之间，此时的缺陷区域温差可达到 0.4～0.6℃，易得到理想的红外热图像。

针对钢管混凝土浇筑以后的密实度检测，利用橡胶加热带检测钢管混凝土密实度的方法是确实可行的，通过试验得到如下结论：

（1）在相同加热高温下，加热时间越短，缺陷温差越大；相同加热时间下，加热温度越高，缺陷温差越大。加热 3min，高出钢管温度 30℃工况为本试验得到的最佳加热工况。

（2）在最佳工况下，对于 10cm×10cm×1cm（0.5cm）大小的缺陷温差曲线呈现下降趋势，最初时刻温差最大，随后一直减小，最大温差大于 1.0℃；对于 5cm×5cm×1cm（0.5cm）大小的缺陷温差曲线也呈现下降趋势，但斜率很小，最大温差为 0.3℃。

（3）缺陷尺寸越大则温差越大，并且缺陷边界越清晰，持续时间越长。相同缺陷尺寸大小的缺陷，厚度越大则得到的缺陷温差越大，缺陷区域温度越高。

15.3　钢管混凝土裂缝防治

1. 采取措施

采用红外成像技术可对钢管柱中混凝土浇筑全过程进行监控如 15.3-1 所示。由于混凝土的入模温度高于环境温度 5～10℃，因此混凝土的入模温度也高于钢管温度 5～10℃，当混凝土浇筑到钢管内后，热量将由混凝土传递给钢管壁，钢管壁的温度也将发生变化，从而可用红外热成像仪观察到钢管壁的温度变化情况，通过钢管壁温度的变化可监测管内混凝土的浇筑情况，并判断管内是否会出现大的孔隙。

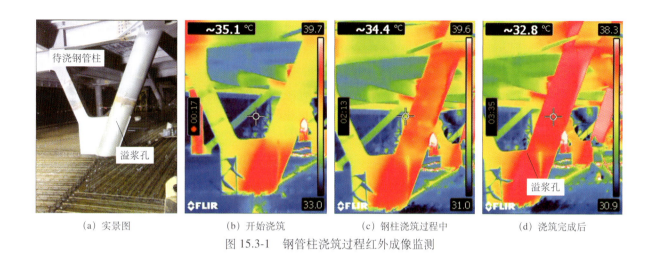

|（a）实景图|（b）开始浇筑|（c）钢柱浇筑过程中|（d）浇筑完成后|

图 15.3-1　钢管柱浇筑过程红外成像监测

　　如图 15.3-1 所示为一倾斜钢管柱实景图，开始浇筑前整个钢管柱为同一均匀的黄色；浇筑过程中，由于混凝土先落到斜钢管柱的右边，因此钢管柱的右边温度比其余部分较高为大红色；浇筑结束后整个钢管柱充满了混凝土，整个倾斜钢管柱都呈大红，也可由此判断混凝土已浇筑充满整个钢管柱。

2. 小结

　　深坑酒店项目组创新性的提出钢管柱内混凝土对口浇捣工艺，并通过试验论证工艺的可行性，保证了柱内混凝土浇筑质量。为解决钢管柱内混凝土密实难以检测的问题，并且根据不同的材料导热系数不同的原理，利用红外成像技术，通过间接测定混凝土浇筑过程引起的钢管柱表面温度变化，可准确有效地判定钢管柱密实度。

第16章 深坑酒店消防安全技术

深坑酒店工程因其所处周边环境特殊，对消防工程尤其是室外消防系统设计与施工、建筑主体内部消防逃生合理性等提出了挑战。通过在坑内设置室外消火栓消防系统，满足了防火要求；通过规划和施工向下和向下两个方向的消防逃生路线，解决了在紧急情况下主体建筑内部人员如何安全疏散的问题。

16.1 室外消火栓消防系统施工技术

1. 技术概况

因深坑酒店项目所处环境及建筑造型的特殊性，消防部门在综合专家评审意见后，将其主体定性为"一类高层公共建筑"，其中坑内水面以下2层（B15和B16）和坑外地下1层定性为地下建筑。为满足《建筑设计防火规范》关于高层民用建筑消防设计要求，经多次沟通、论证，深坑酒店项目室外消火栓消防系统设计分为地面和坑内两个部分。

2. 组成内容

地面室外消火栓系统：室外消火栓系统采用低压制，市政两路进水在地面形成 DN300 消防环网，在室外总体的适当位置及水泵接合器附近设置室外消火栓，供消防车取水。

坑内室外消火栓系统：在坑内建筑主体东西两侧各设置一根 DN200 消防专用灭火竖管，该竖管上部与坑顶地面室外消防环管连通；在 B14 层水面疏散平台形成 DN200 环路。地面和坑内室外消火栓系统示意见图 16.1-1。

图 16.1-1　地面和坑内室外消火栓系统示意图

3. 施工步骤

地面消防环网、消防栓及消防竖管等的施工方法与常规建筑消防设施相同，此处不再赘述。本节主要介绍 B14 层消防环网管道施工方法。

1）B14 层消防给水系统

在 B14 层疏散平台上分 3 个序列设有 9 处室外地下式消火栓，序列 1 为距外墙 5m 处的消火栓，主要用于扑救低区外墙与地面着火；序列 2 为距外墙 20m 处的消火栓主要用于扑救较高处外墙着火；序列 3 为观景平台消火栓主要用于保护临近消火栓及掩护撤离使用。B14 层消防给水系统示意见图 16.1-2，B14 层消火栓平面布置图见图 16.1-3。

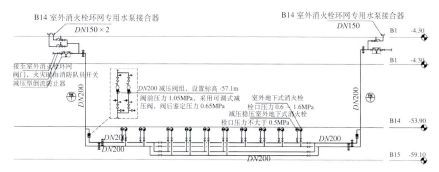

图 16.1-2　B14 层消防给水系统示意图

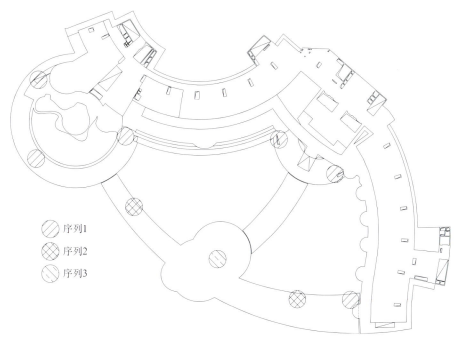

○ 序列1

○ 序列2

○ 序列3

图 16.1-3　B14 层消火栓平面布置图

2）施工流程

地面室外消火栓、竖管和坑内室外消火栓相对独立，施工时根据场地移交先后开展施工作业。施工流程见图 16.1-4，B14 层消防环网固定位置示意图见图 16.1-5，消防环网固定做法节点图见图 16.1-6。

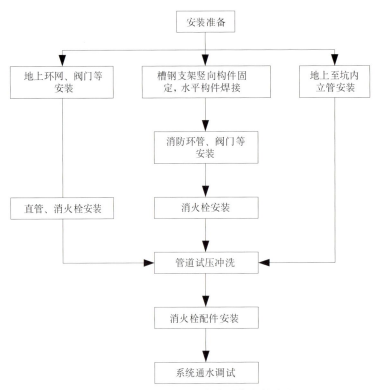

图 16.1-4　室外消火栓消防系统安装流程

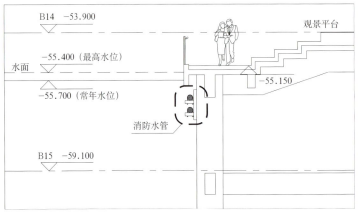

图 16.1-5　B14 层消防环网固定位置示意图

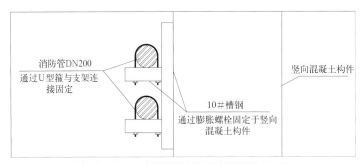

图 16.1-6　B14 层消防环网固定做法节点图

4. 实施效果

通过在地面和坑内 B14 层设置消防栓系统，解决了特殊周边环境条件下，深坑酒店项目主体结构的火灾扑救难题。B14 层消防环网安装完成照片见图 16.1-7。

图 16.1-7 B14 层消防环网安装完成照片

16.2 坑内消防逃生路线设计及施工技术

1. 技术概况

高层建筑的消防疏散，通常是自上而下疏散，到达地面安全地带。深坑酒店主体位于深度达 80 余米的采石坑内，在紧急情况下，如也采用自上而下的疏散方法，酒店内所有人员均疏散至坑底，不能达到使人员安全的目的；但如所有人员均自下向上疏散，位于坑底的人员通过疏散楼梯上到高度 80m 的坑顶，对人员的体力要求极高。经过多轮专家评审，深坑酒店人员疏散采用向上向外和向下向外相结合的方式。

2. 组成内容

向上向外疏散：人流可通过主体建筑内的疏散楼梯向上疏散至地面室外安全地带。

向下向外疏散：人流也可通过主体内的疏散楼梯向下疏散至 B14 层景观平台（避难平台），通过"之"字形栈道或坑底至坑顶疏散楼梯通往地面安全区域。

酒店人员疏散方向示意图见图 16.2-1。

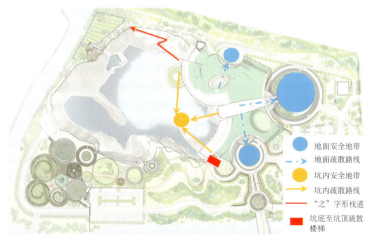

图 16.2-1 酒店人员疏散方向示意图

3. 施工步骤

向上向外疏散通过的疏散楼梯位于酒店主体内。坑底至坑顶疏散楼梯位于酒店主体南侧，用于消防人员达到坑底和适时疏散坑内人员的通道。2 种疏散楼梯与常规高层建筑疏散楼梯基本无区别。酒店坑内标准层疏散楼梯平面位置见图 16.2-2。

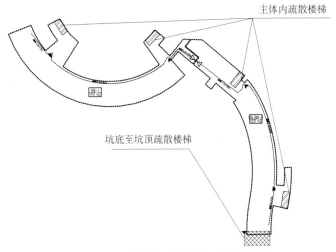

图 16.2-2　标准层疏散楼梯平面位置图

坑内北侧的"之"字形栈道，原为采石工人进出坑内的石阶，为尽可能保留崖壁原貌，在原石阶位置修建钢结构栈道，用于消防疏散通道。本节主要介绍钢结构栈道施工方法。

1）设计方案

栈道宽 900mm，采用 0.5mm 花纹钢板作为楼梯踏面；楼梯两侧下设 10 号槽钢作为梯边梁，梁下设 10 号槽钢作为立柱支撑；立柱采用 4 枚膨胀螺栓固定于坑壁石阶上；每个楼梯转折平台处，下设 4 根 10 号槽钢立柱支撑，平台之间每 5m 设置一道槽钢立柱；沿楼梯踏步设置高度 1100mm 的钢栏杆，栏杆竖向构件间距净空不大于 100mm。栈道踏步构造见图 16.2-3。

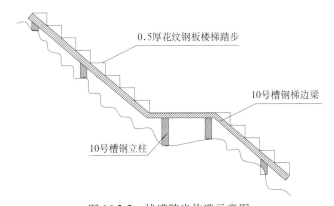

图 16.2-3　栈道踏步构造示意图

2）施工方法

（1）钢栈道施工流程

钢栈道除槽钢立柱采用膨胀螺栓与崖壁固定外，其余构件采用现场加工焊接的方式连接，施工流程见图 16.2-4。

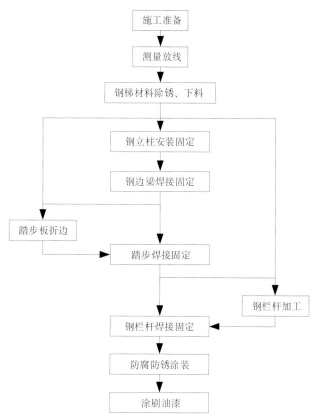

图 16.2-4　钢栈道施工流程图

（2）测量放线

对原有石阶坡度、踏步宽度和高度进行测量，根据测量结果，在崖壁上进行钢栈道安装定位放线。

（3）钢立柱安装固定

根据钢栈道定位放线出的坡道和休息平台高度，现场切割立柱，并安装固定。

（4）钢边梁焊接固定

钢边梁与钢立柱采用角焊缝 T 形连接，焊缝饱满，无缺陷。

（5）踏步板折边与焊接固定

为保证钢栈道踏步面水平，待钢边梁焊接固定后，根据钢边梁与水平面的夹角，确定踏步板折边加工尺寸。踏步板与钢边梁焊接连接。

（6）钢栏杆加工与焊接固定

根据踏步与水平面的夹角，确定钢栏杆加工尺寸，并与踏步焊接固定。

（7）防腐防锈涂装和涂刷油漆

因钢栈道将做为日后的永久疏散通道使用，故需对栈道钢构件进行防腐防锈处理和涂刷油漆。

4. 本项目消防审核意见摘要

由于项目地理位置特殊，相关部门进行了多次论证和评审，主要意见如下：

（1）项目为一类高层公共建筑，耐火等级为一级。

（2）坑上地下部分耐火等级为一级。

（3）坑上地面围绕建筑设置环形消防车道，净宽大于4m，转弯半径大于12m，回车场地大于18m×18m，在靠近消防电梯和消防专用供水竖管设置消防扑救场地。

（4）水下餐厅不得使用明火。坑下部分防烟分区小于2000m²。

（5）坑内部分水面以下和水面层合同的疏散楼梯，B14层采用耐火极限不低于2h的隔墙和乙级防火门分隔，并有明显标识。

（6）基地内的消防用水确保两路供水。建筑设置室内消火栓系统、自动喷水灭火系统和高位消防水箱。

（7）建筑内的疏散采用双向疏散形式，并与智能型疏散指示系统结合使用，避免出现人流对冲情况。

（8）调整室外疏散平台宽度，避免因主体建筑受山体或火灾烟气影响发生爆裂脱落伤及坑内人员。

（9）建筑内每个防火分区确保两个安全出口。客房疏散，位于两个安全出口之间的房间，房门到最近的安全出口的距离不大于30m。

（10）消防供电按一级负荷供电，建筑内设置火灾自动报警系统，采用高灵敏度烟感报警装置，设置漏电火灾报警系统，与城市火灾报警信息系统联网。

（11）钢结构的柱、梁、支撑等采用符合耐火极限要求的非膨胀型防火涂料进行保护。

（12）开展建筑与崖壁之间的烟气流动分析，经CFD分析，酒店楼层两边末端的开口能有效稀释热烟气，不会对建筑造成影响。

（13）水面疏散大平台前后各设置一个室外消防栓。

（14）建筑平面布置、安全疏散、防火分隔等基本符合要求。工程投入使用后，落实单位主体责任，加强建筑消防设施的日常和定期维护保养，确保完好有效。

（15）酒店全体员工应接受岗前消防培训。

5. 栈道实施效果

钢栈道施工完成后，在施工阶段作为施工作业人员应急撤离通道，在竣工交付后，作为消防疏散通道和游览观光通道，兼具有应急疏散和日常使用的作用。深坑酒店主体结构施工作业阶段钢栈道照片见图16.2-5、图16.2-6。普通的地上建筑只有自上而下的疏散通道，而本项目有向下和向上两种疏散方式，疏散路径增加确保消防安全。另外坑内的观景水池也配备消防栓，增强消防安全。

16.3　深坑内场地防洪排水施工关键技术

1. 技术难点

（1）采石坑最深处约80m，抽水扬程高，需确定合适型号的水泵，水管在崖壁固定及维修困难。

（2）深坑酒店所在废弃采石坑三面环河，且本地区地处台风多发地带，如何解决废弃采石坑内的防洪问题尤为关键。

图 16.2-5　钢栈桥远景　　　　图 16.2-6　施工作业人员通过钢栈道进出坑内

2. 采取措施

（1）水泵选型及管道走向、固定措施

1）拟选用 4GC-8 型离心水泵，其流量 Q=55m³/h，扬程 114m，电动机功率 30kW。

2）泵管拟敷设在人行马道外侧，通过管箍固定在 8 号槽钢上。槽钢间距 3m，在石梯踏步上打两个孔上膨胀螺栓固定。

3）在坑底大湖中靠近坑壁处搭设一个 2m 宽的钢管脚手架栈桥（约 10m 深），搭设条件可利用在湖中组装的橡皮船。栈桥搭设完毕后，利用汽吊车将水泵掉进坑底栈桥平台就位，水泵固定接好排水管通好电线进行抽水。

（2）抽水方法

将水泵设置在坑内大湖位置，当开始抽水抽到大小湖之间大坝出现后，在小湖设置潜水泵抽水到大湖，通过大湖中的大泵抽出坑外。小湖内水方量约 4000 m³。用四台流量大于 30m³/h 的潜水泵抽水，如图 16.3-1、图 16.3-2 所示。

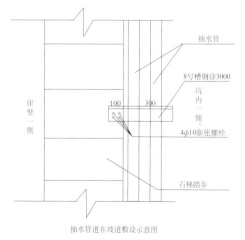

图 16.3-1　坑内水原始情况　　　　图 16.3-2　泵管安装示意图

（3）废弃采石坑内防洪技术

为防止台风期间采石坑四周河水水位暴涨倒灌如采石坑内，结合后期景观堆坡，在坑顶一周设置挡水墙如图 16.3-3、图 16.3-4 所示。

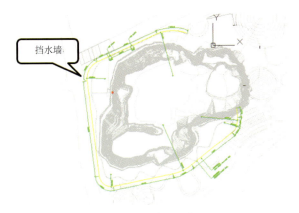

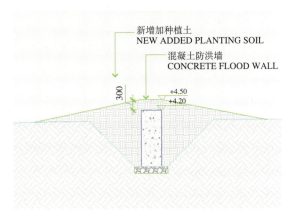

图 16.3-3　挡水墙平面布置图　　　　　图 16.3-4　挡水墙节点图

3. 小结

针对采石坑最深处抽水扬程高及采石坑防洪问题，根据深坑所在地水文站及有关部门提供的水文资料，了解相应洪水频率的洪水水位、淹没范围等数据，调查所在地区的防洪标准和原有的防洪设施等；了解流向场地的径流面积和流域内的土壤性质、地貌和植被情况，针对性的进行水泵选型及管道走向设置、固定措施、抽水处理，并采取坑顶设置挡水墙等措施进行坑内防洪。

16.4　酒店排水系统

1. 技术难点

基地深坑面积近 36470m²，围岩由安山岩组成，后经收集雨水、地下水成为深潭。酒店充分利用深坑岩壁的曲面造型悬挂并建造在深坑岩壁上，坑顶出地面 2 层，地下 1 层，坑内水面以上 14 层，水面以下 2 层。

深坑酒店由于竖向建筑不是直上直下的垂直构造，从剖面视觉角度上看，酒店北翼立面造型呈现 S 型，南翼呈阶梯型。由于其造型特殊及地理位置特殊，给排水设计施工带来了极大挑战。

2. 采取措施

1）室内重力排水系统

由于酒店客房层特殊的结构形式，客房的管井受建筑造型的影响，每 2 层在轴线方向存在偏置，故从 B14 ～ B1 层之间每 2 层管井偏置时，客房管井内上下重叠对齐的空间十分有限，最窄的重合区长度为 1.4 m，仅可满足敷设 3 根立管管位。因此，除了敷设在管井内的空调冷热媒管、生活冷热水管必须随平面管井位置偏置外，卫生间排水立管也不得不跟随平面的错层偏置而偏置。

为研究偏置排水立管通水能力，搭建直立管和偏置管 2 套排水系统，测试和对比每层偏置的排水立管的通水能力及相似条件下直通立管的排水能力，并进行数据的采集和分析。试验结果为本工程的排水设计方案最终确定提供了设计依据。

该试验研究得出以下结论：

（1）在直立管系统中，对于同一个楼层，压力的波动大多数是单一的正压或负压；而在偏置管系统中，由于水流速度经历"加速—减速—再加速—再减速……"的不断循环过程，同一个楼层的压力波动会经历先正压后负压再趋于零的转变，正压和负压的绝对值不大，但其差值的绝对值还是略大于直立管系统。

（2）在相同的条件下，偏置立管排水系统的排水能力与直立管的排水能力大体一样。在工况完全相同的条件下，偏置管系统压力波动的峰值出现时间比直立管系统晚 5 ~ 10 s。

（3）在试验过程中，无论直立管还是偏置管，从底部透明管道处可以非常清楚地观察到底部转弯处水跃的形态。说明出户管转弯的情况，对正压影响较大，但对负压没有太大的影响。

由此得出，对偏置排水系统，有必要采取一定的技术措施，来降低底部正压，保证良好的水力条件。

考虑到深坑酒店排水系统的安全性，为进一步提升偏置管排水能力，深坑酒店卫生间排水最终采用了每个管井设 2 根主排水立管，立管污废合流，支管污废分流，单双层客房分别错层接入排水立管的排水方式。该排水支管接入方式，既对管道中造成压力波动较大的大便器排水与水封强度较薄弱的洗涤废水分开，又确保了排水立管在偏置上一层无支管接入。

通气管的设置方面，除了设置主通气立管、共轭通气管、环形通气管和坐便器器具通气管外，每段排水偏置管上端还增设结合通气管与主通气立管连接，在底层横管水跃段或之后不远处增加通气管，从而降低底部正压，保证良好的水力条件，确保排水顺畅。偏置排水系统接管示意见图16.4-1。

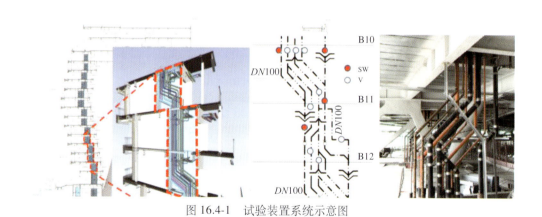

图 16.4-1　试验装置系统示意图

2）室内污水提升系统

常规地上建筑，通常采用重力直排接至室外市政污水管网，但对于"逆生长"的深坑酒店来说，只能采用提升方式来解决污水最终排放。是否设置污水处理设施，如何提升，是摆在设计施工人员面前的又一个难题。

（1）污水预处理方式的确定

鉴于深坑酒店坑下环境的特殊性，污水处理站只能设置在水面层以下的最底层，即坑下 B16 层，建筑相对标高距坑上地面 ±0 层 61.9 m，层高 5.2 m。

经调研，通常带切割器的高扬程污水泵，流量不超过 20 m³/h，但对于深坑酒店，生活污水最大时流量约50m³/h。为了不增加污水泵配置数量，设计采用了对污水进行预处理 + 调蓄 + 水泵提升的方式。

针对污水预处理是否要设置格栅，做了方案比选，具体见表16.4-1及图16.4-2。

污水预处理方案比较　　　　　　　　　　　　　　　　表 16.4-1

影响因素	前置格栅方案	前置切割泵方案
维护工作量	频繁，每日需清理栅渣，污物需烘干除臭后外运	6 个月左右需对切割泵进行检修，如更换切割刀
耗电量	约 48kW·h/d	约 96kW·h/d
通风量	10 ~ 15 次/h+ 应急排风	8 次/h
对周围环境的影响	因池体开放，对周围环境影响明显	池体密闭，对周围环境影响较小，无垂直污染运送要求
土建需求	费用较高，污水池需做分隔，池顶需同时考虑格栅安装及潜水泵提升高度，池顶距梁底≥2m	费用较低，池顶仅需考虑潜水泵提升需求，池顶距梁底≥1.6m

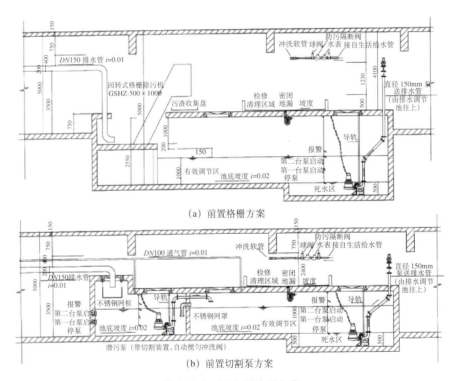

(a) 前置格栅方案

(b) 前置切割泵方案

图 16.4-2　污水预处理方案

后经各方充分讨论比选，为确保污水池密封性，提升污水站工作环境，减少环境污染，减轻值班及维保人员工作压力，确保劳动安全，力求最快速简洁的方式，项目最终采用了前置切割泵预处理方案，并对前置切割泵和提升泵设备选用进行优化：左右两翼分设集水井，客房及坑内其他卫生间排水通过重力排水收集至集水井，集水井前端设置密闭式污水切割预制泵站，经粉碎处理后的污水统一提升至调蓄污水池。

污水池内设潜水搅拌机，推流搅拌，避免污物在底部淤积，最终经高扬程污水泵提升至室外管网，污水提升系统流程见图 16.4-3。

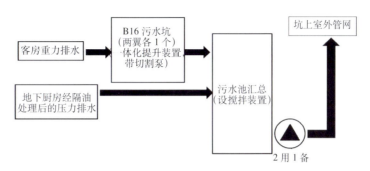

图 16.4-3　污水排水处理系统

对于消防排水、泳池水处理机房、水族馆水处理机房及其他机房排水，效仿污水排水提升方式，先通过分功能分区域设置小型潜水泵提升并接至集中废水池内，再经高扬程污水泵提升至室外管网，流程如图 16.4-4 所示。

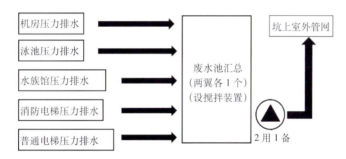

图 16.4-4　废水排水处理系统

（2）污水提升泵选择

根据计算，深坑酒店生活污水最大时流量约 50 m³/h，扬程 0.75 MPa。考虑本项目排水管设置的特殊性，最大时排水量可能会突破峰值。为保证排水的通畅性避免污水外溢给项目带来危险，污水提升泵，按每台大于 75% 流量负荷配置 3 台大通道污水提升泵（两用一备）。

同理，废水提升泵流量考虑到水族馆换水时的峰值流量，也采用了两用一备方式。

如图所示，污水提升泵房水池顶板完成面距梁底净高仅 1.3 m，无法满足潜水泵从水池顶部人孔取出操作空间要求，考虑潜水泵维修时对工作人员的安全影响，项目最终选用了外置干式提升泵。

3）污水提升系统水锤消除方式

在给水加压系统中，通常会设置带有水锤消除功能的止回阀，如缓闭止回阀或是在泵出管上设置水锤消除器，避免管网中水锤现象的产生。但对于深坑酒店高流量高扬程的污水提升系统，污物将对缓闭止回阀中的隔膜、水锤消除器内的活塞和容气腔产生淤堵和腐蚀，因此，以上 2 种方式都无法采用。

在征询了多家阀门供货商，均无法得到相关产品支持的情况下，最终采用在泵出管上设置速闭止回阀＋旁通放空管，回流放空仍接至污水调蓄池。在达到停泵液位信号时，停泵，同时联动旁通管上电动阀开启，及时消除流速突然变化时形成的水击对阀门及水泵的损伤。此外，在出户管垂直管段与水平输送管段连接处设置鹅颈管，缓解水锤和污水倒灌。

4）压力排水消能

项目生活污废水排水量最高日约为 1361.7 m³，室外采用污废合流，雨污分流制。B16 层污水泵和废水泵同时开启时的极端叠加峰值流量，将达到 350 m³/h。根据计算，室外选用 DN300 HDPE 重力排水管，在充满度 0.55、坡度 0.02 时的排水能力为 104.16 L/s，即 375 m³/h，可以满足排水需求。考虑消能，室外第一个污水井采用混凝土井。

但现场在完成窨井制作进行污水排水能力测试时，在排水泵开启不到 1 min 即发生第一个污水窨井冒溢现象（此时第二个井及后续井均未发生冒溢）。后经现场勘查分析原因，发现室内污水泵排出管施工图设计标高为 3.9 m（管中心），而现场实测接户管标高为 3.0 m（管内底），第一个井出口 DN300 重力排水管管内底标高 2.85 m，也就是说现场第一个井实际跌落高度仅 0.15 m，按井筒直径 1.2 m 计算，实际蓄水容量仅为 0.17 m³，且压力排水管和重力污水管水平位置接近，成相邻 90°。排水出现对冲短路，井筒调蓄量小，导致了污水井瞬时严重积水。

（1）压力排水管（接户管）在井内做上翻鹅颈弯管，在加大水井有效缓冲容积的同时，也避免了因瞬时停泵造成的井内水经泵出管倒吸回流至 B16 污水池。

（2）适当放大室外第一个污水井平面尺寸，在不影响场地标高情况下加高窨井顶面标高，调整后的污水窨井实际调节容积可满足最不利情况废水泵 2 台和 1 台污水泵同时启动约 3 min 的峰值流量。

（3）污水池增设 DN200 通气管，通气管伸出地面 2m 以上，与大气联通，在密闭状况下可增大下游重力排水管排水能力，避免井处于憋气状态。

（4）在污水池近顶部增加 1 根 DN300 溢流管，在污废水提升泵同时启动时可加大排水能力。

室外第一个污水井剖面见图 16.4-5。

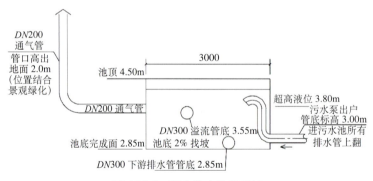

图 16.4-5　废水排水处理系统

① 错峰启动污水泵和废水泵，避免同时启动。

② 适当降低启动水泵液位，避免储水过多导致的同时启泵机率。

③ 控制水泵运行时间，通过污、废水泵轮换工作，间断排水，缓和流量。

④ 室外污水池增加液位监控，在超高水位报警停泵。

⑤ 定期清掏室外污水井。

5）污水泵变频技术的应用

在解决室外污水井冒溢问题期间，现场同时对 B16 层污水泵废水泵实际流量进行测试，发现水泵流量远超设计值，加重了室外污水窨井及管网的排水压力。

设计会同污水泵供应商、安装公司和业主，找到症结所在。如前述，设计在水泵扬程参数上考虑了后期水泵磨损取值有所放大。而在测试阶段，水泵输送介质是清水而非污水，现场为了控制接户管出口端压力，手动调小了水泵出口阀门的开启度。如果实际工作扬程小于设计扬程，水泵扬程越小，则输出的水流量越大，电动机的工作电流也会越大。水泵在最高扬程情况下，输出流量最小，工作电流也最小。水泵的运行电流是随着流量增加逐渐增大的，直至超出曲线，超出水泵额定电流，即发生了水泵过载现象。现场水泵启动时，为了减小出口段压力，需要将出口阀门关小，将扬程控制至水泵曲线范围内，水泵才可以正常启动。但对水泵及管路阀门都将产生严重伤害。对水泵而言，因出口阀门开度过小，等同于水泵出口被堵住，水泵蜗壳出口部分形成了高阻力现象，水无法泵出，能量积聚，蜗壳出口端发热，产生出口汽蚀现象，对叶轮伤害极大，运行声音如同在泵送小石子，这也是水泵运行产生噪声的原因。对管网和阀门而言，过流介质中如有垃圾，会堵住阀门，导致无法出水；阀门出水端会产生射流现象，水流冲击管路，从而严重减少使用寿命；阀门阀板因承受压力过大，长时间运行将产生泄漏和松动或者更大伤害。

针对上述工况，提出了以下两种改造方案：

方案一，通过更换叶轮或切割叶轮，减小叶轮直径，使水泵运行曲线贴近运行初期实际需要的工况点。缺点：水泵长期运行后，叶轮会进一步磨损导致扬程缺失，影响输水能力。

方案二，效仿给水变频加压方式，为每台污水泵和废水泵增加变频器，泵组增设变频控制柜，将原先的水泵软启动改为变频启动，根据现场情况调节并设定频率值，将污水泵和废水泵运行频率调节在低频率运行。这样水泵运行电流就可以稳定在额定电流之内，使水泵及控制柜能在正常负载的情况下正常运行，进而减少了水泵超扬程做的无用机械功；减少了管路射流冲击的伤害，也降低射流中产生的噪音污染；减少了出水阀门受到的巨大阻力和冲击；减少了水泵叶轮汽蚀受到的伤害，也降低了泵壳内汽蚀产生的噪声污染；憋压过程中水流对机封和泵轴的应力也相对减少了，延长水泵使用寿命。

为确保污水泵长期稳定运行，最终选定采用方案二。经改造和现场调试，利用变频器调频，现阶段，将频率控制在 40 Hz 水泵运转时，电流约为 58.5 A，出水压力表显示 0.7 MPa，出户管处排水正常，水泵可以正常运行，且满足现场实际工况需求。后续运维阶段，可以根据出口端压力需求，水泵磨损情况，通过调整变频器频率，确保水泵仍能安全运行。

6）泄洪泵水量计算

深坑酒店项目规划用地面积 36470 m^2，内湖水域面积为 17618 m^2。其中，建筑物占地面积 4500 m^2（该部分集雨由楼宇雨水管网排出，不在泄洪设计考虑范围内），因此，基地集雨面积以 32000 m^2 计。

最大暴雨量基础数据参考上海地方志办公室官方网站，上海最大降雨量：1977 年 8 月 20 日出现的 24 h 最大降雨量 581.3 mm，12 h 最大降雨量 567.6 mm，1 h 最大降雨量 147.3 mm。设计取 24 h 最大暴雨量为最终泄洪参数。

按湖面面积 + 建筑户外露台面积 +1/2 建筑物侧墙最大受雨面（5460 m^2）计，得出 24 h 蓄积雨水量为 8532.6 m^3；内湖水位上涨：8532.6/17618=0.48（m）。故设计控制汛期内湖水位上升不超过 500 mm，即泄洪泵在暴雨前先抽掉 500 mm 水量，水泵按连续运行 12 h 计算，则坑内允许储存的雨量：V_0=17618×0.5=8809（m^3）>8532.6 m^3；每小时泄洪量为 8809/12=734（m^3/h）。

暴雨期泄洪水量计算见式（16-1）：

$$Q=K\frac{(V-V_0)}{T}$$

式中 V——降雨时间内进入坑内的雨水量（m^3）；

  V_0——坑内允许储存的雨水量，（m^3）；

  T——持续降雨时间（h）；

  K——安全系数，取 1.2。

按 24 h 最大降雨量计算，则：

每小时泄洪水量：Q_{24h}=1.2×[（32000+5460）×0.5813-8809）]/24=648.3（m^3/h）。

据此，泄洪泵站泄洪设计流量取 800 m^3/h，泄洪排涝时考虑水泵（四）用（二）备。

7）泄洪泵房设置

为避免大功率泄洪泵运行噪声对酒店客房影响，将泄洪泵房设置于建筑物外，并通过通廊与 B14 坑内消防疏散平台连通。

泄洪泵房的设置深度，涉及机房通风、防水淹、水泵选用等多方面权衡。作为承担深坑酒店抗洪排涝角色，应确保泄洪泵房本身设置的安全可靠防水淹。若采用全地下室泵房，除了需要增加风机和除湿系统控制地下泵房内空气质量外，还需增加集水井和排水泵用于应对泵房侧墙渗漏排水。而最终确定的半地下室泵房，在确保泵房安全性的同时，更便于日常维保，通风采光条件好。泵房地平面标高为 –54.35 m，高于内湖常水位标高 –55.7 m，机房剖面见图 16.4-6。

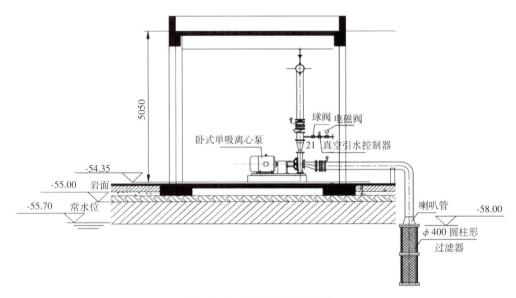

图 16.4-6 泄洪泵房剖面示意

8）泄洪泵选择

泄洪泵有 2 种选择。一是选用深井潜水泵：内湖水经处理和日常循环后，水质指标基本能达到《地表水环境质量标准》GB 2002—3838 Ⅲ～Ⅳ类标准，且泄洪泵房设置高度也满足深井泵最低淹没深度的安装要求。深井泵的优点在于安装、使用、占地面积小，但缺点是其进水管易被水中杂质堵塞，电动机构造特殊，维修较复杂且须定期更换密封，电动机效率较低。二是选用干式离心泵：

其优点是投资成本低，对输送杂质不敏感，易损件少，维修方便；但因水泵设置高度高于自灌要求，需要另设一套水环真空泵及水汽分离器，用于低水位水泵启动，保证离心泵吸水管吸程，防止产生汽蚀。

此外，设计对上述 2 种泄洪泵的能耗进行了估算，按汇水面积 37 460 m^2，松江地区年设计降雨厚度 1255.9 mm，可得年降雨量为 47046 m^3，电价按 0.62 元 /（kW·h），得出每年用于泄洪，湿式泵的运行费用超过干式泵的 1 倍。无论在技术和经济比选上，干式离心泵都优于潜水泵。

在泵出管的连接方式上，同样考虑安全备用，采取每 2 台水泵配 1 根排水总管的方式，共设 3 根 DN250 排水总管。为防止水锤对管路及阀门的破坏，效仿污水泵废水泵，在每根排水总管侧接出 1 根 DN150 的旁路管，旁路管上安装电动阀，当水泵收到停泵信号的同时，电动阀开启，将排水总水管内的积水及时排放至泄洪泵房集水坑。

排水总管的设置，原设计拟将管道支架设于崖壁，避免与主体结构连接，防止水泵运行产生噪声影响酒店客房。后因崖壁结构勘测困难，无法复核其受力情况，且室外安装立管还需加设防冻保温措施并增设维修爬梯护栏，最终还是将泄洪排水立管设于室内管井，并在立管外增设隔声降噪的保护措施。

第17章　深坑内环境修复与水质提升施工技术

深坑坑内主楼建筑区崖壁进行了喷射混凝土加固。加固后的崖壁虽保证了酒店的运营安全，但也失去了其原有的自然风貌，与周围非建筑区崖壁格格不入，极不协调。为尽可能恢复崖壁原有的面貌，决定采用垂直绿化种植技术进行崖壁植被修复，垂直绿化面积总计5820m²，包括南北两块加固崖壁。

由于坑内原有水体缺乏自净机制，水体品质与酒店整体环境品质要求相去甚远。本工程运用气浮、AAO、人工瀑布等一系列技术手段对坑内水体进行了全面治理与改造，取得了良好的效果。

17.1　不规则崖壁面垂直绿化种植技术

1. 技术概况

由于本工程酒店主体位于深约80m的废弃矿坑，光照条件、温湿度以及地质条件等与地面上存在一定差异，这对崖壁上种植植物的选择以及日常维护提出了较高的要求。另一方面，如何在保证种植结构安全性的前提下，令垂直绿化种植区域尽可能与高低起伏的崖壁岩面轮廓相协调，也是摆在项目团队面前的一大难题。最终采用的改进型种植毯式垂直绿化种植技术很好地解决上述难题，如图17.1-1所示。

图 17.1-1　深坑崖壁岩面

2. 方案比选及技术路线

根据目前相关技术，结合现场实际情况及景观设计相关要求，大致可以总结出以下三种主要备选方案，见表17.1-1及图17.1-2～图17.1-4。

景观设计方案对比　　　　　　　　　表 17.1-1

技术名称	原理	优点	缺点
嵌岩土垂直绿化种植技术	利用预裂孔爆破技术在崖壁上精准炸出种植坑，在坑中填入种植土以种植植物	与崖壁协调性最好，观赏效果佳	1）施工难度大，成本高昂。 2）对崖壁破坏大，有较大安全隐患。 3）维护难度大，成本较高
攀爬式垂直绿化种植技术	利用爬山虎等攀援植物实现崖壁绿植覆盖	1）施工难度小，成本低。 2）不规则复杂崖壁面适应性好	1）植物生长周期长，无法短时间内形成效果。 2）可供种植植物种类较单一，观赏性有限，且与周围原有植被不协调
布袋式垂直绿化种植技术	将柔性布袋式种植毯固定于崖壁面，再将植物种植于布袋内	1）不规则复杂崖壁面适应性好。 2）可种植植物种类丰富，造型美观。 3）施工难度相对较低，成本适中，维护简单	1）常规建筑里面种植毯固定方式在不规则崖壁面效果欠佳，需改良。 2）种植毯边缘与不规则崖壁面间易形成缝隙，一旦有较大侧向风灌入，其受风面积非常大，对于结构稳定性有较大影响

图 17.1-2　嵌岩土垂直绿化种植技术　图 17.1-3　攀爬式垂直绿化种植技术　图 17.1-4　布袋式垂直绿化种植技术

根据上述分析可以看出，第三种方案优势比较明显，只要解决结构层与崖壁之间的固定及边缘密封问题即可很好地满足设计及施工要求。

3. 种植毯固定结构设计

与常规在平整立面安装固定种植毯垂直绿化不同的，在凹凸不平的岩面固定柔软的种植毯主要需要考虑种植毯与崖壁岩体的贴合度以及抗侧向风的稳定性问题。为解决这个问题，项目团队对传统的种植毯技术进行了改良优化，在基层增设一道不锈钢网片作为种植毯与崖壁固定的中间过渡结构，不锈钢网片材质为 304 不锈钢，钢丝直径 1mm，网眼尺寸 15mm×15mm，网片通过 M12 化学锚栓与崖壁进行固定。增加不锈钢网片的意义在于增加种植毯的自身刚度，可以很大程度上缓解在侧向风在种植毯外表面产生的伯努利吸嗫效应。另外网片与崖壁和种植毯固定相对简单，这大大降低了种植毯的施工难度。

不锈钢网片与崖壁的固定点密度是保证种植毯稳定性一项重要因素。根据场地风模拟数据（详见第三章），过渡季坑上最大风速为 7.76m/s，风向为东南向，东南向吹来的主导风，经崖壁阻挡，部分风能在坑内回旋，在坑中间 30m 高度的风速最低，接近 0m/s。根据上述分析数据，崖壁种植毯需要在 -30.00m 至坑顶 ±0.00mm 间进行重点加固，30m 以上部分，每平方米设置不少于 15 个化学锚栓，30m 以下部分，每平方米设置不少于 9 个化学锚栓，局部凹陷较大处适当增加锚栓数量，加固密度由下至上逐步加强。此外，在每块种植毯外边缘设置一道 M 型铝质压条，将种植毯与崖

图 17.1-5　基层不锈钢网片铺设安装

壁紧密贴合，防止侧向风灌入种植毯内侧，破坏固定基层，如图 17.1-5、图 17.1-6 所示。

图 17.1-6　M 型铝质压条封边

4. 植物选择与平面布置

1）植物选型

根据深坑内环境监测数据，分别对南北两侧崖壁进行绿植选型。为了使崖壁绿化显得更突兀有致，富有立体感，拟选用 4 大类植物，植物高度由高到低分别为：灌木类（30 ～ 40cm）、藤本类（20 ～ 25cm）、草本类（12 ～ 25cm）、苔藓类（高度不计）。

植物选型如表 17.1-2 所示：

崖壁植物列表（部分）　　　　　　　　　　　　　　　　　　　　　　　表 17.1-2

名称	种类	种植部位	习性
六月雪	灌木	南崖壁	喜阴、耐旱
小叶栀子	灌木	北崖壁	喜阳、喜湿
崖壁杜鹃	灌木	南崖壁	喜阴、喜湿
长叶女贞	灌木	北崖壁	喜阳、喜湿
花叶络石	藤本	北崖壁	喜阳、喜湿
常春藤	藤本	南崖壁	喜阴、喜湿

续表

名称	种类	种植部位	习性
爬山虎	藤本	南崖壁	喜阴、喜湿
花叶蔓长春	藤本	北崖壁	喜光、较耐旱
虎耳草	草本	南崖壁	喜阴、喜湿
薄雪万年草	草本	北崖壁	喜阳、耐旱
大灰藓	苔藓	南北崖壁	喜阴、喜湿
多枝青藓	苔藓	南北崖壁	喜阴、喜湿

2）土壤要求

布袋式垂直绿化配套土壤要求土质疏松、透气、渗水性好。具体理化形状要求如表 17.1-3 所示。

土壤相关指标数据　　　　　　　　　　　　　　　　　　表 17.1-3

项目	pH 值	EC 值 (mS.cm⁻¹)	有机质 (g.kg⁻¹)	容重 (Mg.m⁻³)	通气孔隙度（%）	有效土层 (cm)	石灰反应 (g.kg⁻¹)	石砾	
								粒径 (cm)	含量 %（w/W）
指标	6.0 ~ 7.5	0.50 ~ 1.50	≥ 30	≤ 1.10	≥ 12	≥ 30	< 10	≥ 3	≤ 10

3）平面布置

崖壁垂直绿化布置原则如下：

（1）根据崖壁外貌相协调，尽量做到平面与凹凸面分布均匀。

（2）植物种植区分布密度与非建筑区域天然崖壁植被相一致，避免出面分布过密或者分布过稀的情况。

（3）兼顾植物生物习性，根据环境检测数据合理排布。

南、北两侧崖壁绿化排布设计如图 17.1-7、图 17.1-8 所示。

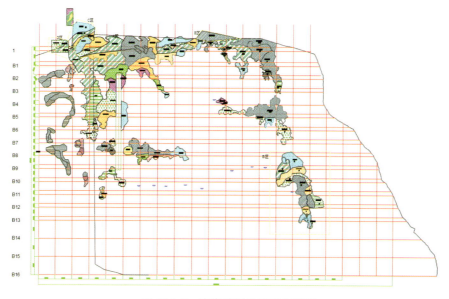

图 17.1-7　南崖壁绿化平面布置图

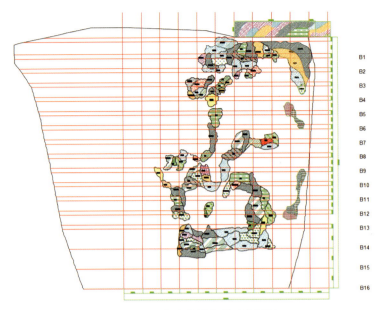

图 17.1-8　北崖壁绿化平面布置图

5.全自动智能浇灌系统

由于本工程垂直绿化种植于纵深达 50m 的深坑崖壁，植物的养护难度及危险性非常大，为了便于养护同时提高作业安全性，经研究决定采用全自动智能控制浇灌系统。整套控制系统包括三套水系统控制箱、一套电系统控制箱及温湿度传感器等。该系统可根据温湿度传感器获取的实时数据，科学合理地对不同习性的植物进行针对性的浇灌，以达到全自动智能养护的效果。整套系统在现阶段运行过程中效果较好，目前崖壁绿化存活率高达 98%。

17.2　深坑内水环境改造提升综合施工技术

1.技术概况

深坑坑内原有湖水主要来源于降雨及坑顶的横山塘河，湖水长年累月滋生了大量藻类，水体已呈现墨绿色，而坑顶的横山塘河水水质也仅为 V 类水，距离设计水质标准相去甚远。此外，深坑坑内水体仅靠蒸发和降水实现水循环，循环效率低，无法实现水质自净化的效果。项目团队通过多方案比选，运用一系列技术实施，不仅将坑内原有水体水质进行了提升，还建立了一套循环自净体系，保证了酒店运行阶段坑内湖水干净透彻，如图 17.2-1、图 17.2-2 所示。

2.总体思路

深坑酒店水体属于景观娱乐水体，水质的维持与保障，尤其是水体的浊度、透明度、气味、色度等感官指标是本项目能长久运行的关键环节。项目团队在总结参考同类项目运行经验的基础上，设定了如下目标：

（1）保持水清面洁、无异味、感官好。

（2）透明度在 2.0m 以上，水体清亮。

（3）水环境系统稳定，具有一定抵御外界污染的能力。

（4）水体常规水质指标达到《地表水环境质量标准》所规定的Ⅲ类水体标准。

图 17.2-1　坑内原湖水　　　　　　　　图 17.2-2　坑顶横山塘河

（5）水体可以实现调蓄水量平衡、持久水质自净的功能。

根据以上目标，可将水环境改造提升工作分解为两大部分：

（1）建立水循环系统，实现水体自净，同时提升水景品质。

（2）通过技术手段将现有的水体及后续河道补充水源进行净化，深坑内水质稳定。

3. 双循环系统

1）双循环系统简介

深坑水循环采用内外双循环系统，这样既可以保证坑内水有足够的新鲜水源作为补充，又可以减小对坑外市政河道的影响并降低水处理成本。

外循环系统的主要作用是为满足景观湖的初次补水以及日常补水。利用一体化水处理设备将横山塘河的河水处理合格后作为补水进入景观水体。

内循环系统与外循环系统的主要差别是将湖内水被泄洪水泵抽取后不排入市政河道，而是经过另一路回水管输送回水处理机房再次进行水质净化。净化完毕后，利用人工瀑布或者水面周边布设的布水管均匀地送入湖中，如图 17.2-3 所示。

图 17.2-3　回水管与布水管

为了增加湖内水的自净化能力，在湖内均匀设置了多个超大流量提水曝气机、提水曝气机是一种根据水力机械和搅拌提升器装置，电机带动螺旋状叶轮高速旋转，将大量的水体提升后抛出，形成水幕，将空气裹入水中，完成对雾水的充氧。同时，在制造垂直循环流过程中，使表层水体与底部水体交换，新鲜的氧气被输入湖底，在湖底形成富氧水层，消化分解底部沉积污染物，废气被夹带从水中逸出，底层低温水被输送到表层后，调节表层水温，抑制水体表面藻类繁殖及生长，改善微生态环境，强化水体自净能力，短期内改善水质，如图 17.2-4 所示。

序号	分项名称	单位	参数
1	型号规格	—	OBAO-2010E
2	功率	kW	2.2
3	电压	V	380
4	转速	rpm	2890
5	电机品牌	—	国外品牌（原装进口）
6	循环通量	m^3/h	380
7	增氧能力	kgO_2/h	3.75
8	动力效率	$kgO_2/(kW \cdot h)$	1.71
9	浮体材质	—	HDPE 材质内部填充强化处理
10	整机重量	kg	> 40

图 17.2-4　超大流量提水曝气机及主要参数表

2）人工瀑布

人工瀑布是外循环和内循环系统中至关重要的一部分，它除具有建立坑内外水体联系的作用外，还为相对平静的坑内景观增添了动态的美。

（1）瀑布选址

人工瀑布的选址定位遵循两个原则：

①尽量靠近水处理机房，以减小处理后水的水平运距。

②尽量设置在客房区视线正前方，方便酒店住客欣赏。

经综合考虑，决定将人工瀑布设置在深坑正西侧，具体位置如图 17.2-5 所示。

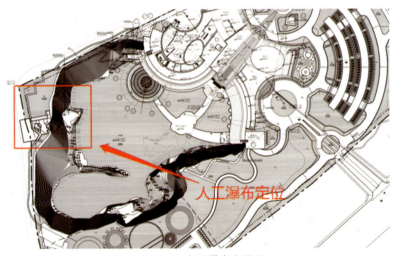

图 17.2-5　人工瀑布定位图

（2）瀑布构造

瀑布结构分两部分，上部下沉式水处理机房及下部二级瀑布水池。上部下沉式水处理机房共计 400m^2 面积，从河道中抽取的水先后经过三级沉淀池—活性炭处理池—微生物处理水箱，通过人工瀑布通过瀑布出水口跌落至下部二级瀑布水池，如图 17.2-6 所示。

图 17.2-6　人工瀑布构造示意图

（3）瀑布施工

坑顶水处理机房施工，材料通过坑边临时道路运输至悬崖边。由于水处理机房及三级沉淀池位于土层一下，因此需要组织较大范围的土方开挖工作，并施工水处理机房底板及侧墙顶板，顶板预留检修口，顶板部位覆种植土。由于沉淀池为开放式的故沉淀池不作覆土处理。

平整基坑内二级平台的材料运输通道，然后通过顶塔吊转运至基坑内，由于 B14 观景平台也处于施工阶段，材料的转运场地尽可能的缩小区域，且尽量做到不留材料在工作区域上。人工运送也需及时转运至二级平台，避免交叉施工的相互影响，如图 17.2-7 所示。

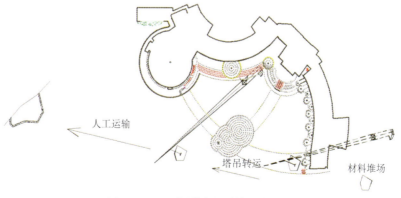

图 17.2-7　二级瀑布水池施工布置图

①二级瀑布水池临时通道施工

首先对搭设通道地面进行混凝土硬化处理。然后用钢管搭设"回"字型坡道，两端需设置休息平台，供上下人员会车及休息使用。通道内侧立杆每隔 5m 设置拉结点，在石台壁钻孔打入锚栓，与通道内侧立杆用钢丝绳索连接。通道需与双排架连成整体，确保通道在施工过程中的整体稳定性，如图 17.2-8 所示。

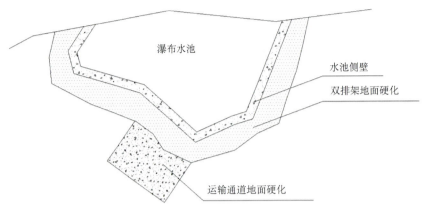

图 17.2-8　临时通道平面图

②水池底板及侧壁施工

底板及侧壁钢筋混凝土浇筑采用手推车运送，人工通过临时通道运送至底板位置。考虑到距离远，人工运送时间长，在浇筑过程中配备专业人员随振随捣，避免冷缝。浇筑完成后，筏板面铺设薄膜。派人员定期进行养护。

水池底板及侧壁施工完毕后，于坑底收集 10～20cm 的坑底岩块，使用水泥砂浆粘结余二级水池侧壁，营造出原生态景象。

3）辅助水质净化措施

深坑酒店采用综合生物控藻剂作为辅助水质净化措施，其作用是分解水中有机物，控制氮、磷的积累，使水中藻类原生物质被破坏，使其在幼小阶段得到控制，避免藻类生长繁殖。

综合生物控藻剂是特选酶及活性微生物混合体，可以迅速、高效地降解水体中的有机物，抑制有害菌的生长，所含的微生物为全谱微生物，可以在有氧和无氧状态下发挥作用，清洁水质，提高溶解氧含量，从而达到修复水体的目的。该产品包含有多种自然形成的酶、菌。通过自然氧化的过程，这些酶、菌能降低各种池塘和湖泊中的氨和有机物质，并且能够通过繁殖大量的酶、菌而形成一种生物反应链。起主要作用如下：

（1）控制浑浊的黄绿色池水；

（2）帮助维持正常的酸度值和加速有机废物的分解过程；

（3）帮助清除各种臭味；

（4）能够分解各种食物残渣和其他腐烂有机物质；

（5）降低生物耗氧量（BOD）并且增加水中的溶解氧（DO），满足高密度生物群和高繁殖率的需要；

（6）对鱼类和水生植物无副作用；

（7）综合生物控藻剂经稀释后，均匀布入处理水体，一般一周可以见效。投用一次，维持时间春秋季一般在一个月左右；夏季一般 2～3 周。

每年 5 月份到 11 月份为水体维护期，在维护期内需投用综合生物控藻剂。

4. 多级水质净化技术

1）主要污染指标控制项

多级物理、生物水质净化主要针对作为坑内补水水源的——坑上横山塘河河水及坑内泄洪泵房抽出的部分湖水。此部分水主要需控制的污染物指标有：

化学需氧量 COD（Chemical Oxygen Demand）：是以化学方法测量水样中需要被氧化的还原性物质的量。水样在一定条件下，以氧化 1 升水样中还原性物质所消耗的氧化剂的量为指标，折算成每升水样全部被氧化后，需要的氧的毫克数，以 mg/L 表示。它反映了水中受还原性物质污染的程度。COD 越高，水质污染越严重。

悬浮物 SS（Suspended Solids）：指悬浮在水中的固体物质，包括不溶于水中的无机物、有机物及泥砂、黏土、微生物等。水中悬浮物含量是衡量水污染程度的指标之一。数值越高，水质污染越严重。

总氮 TN（Total Nitrogen）：是水中各种形态无机和有机氮的总量。包括 NO_3^-、NO_2^- 和 NH_4^+ 等无机氮和蛋白质、氨基酸和有机胺等有机氮，以每升水含氮毫克数计算。常被用来表示水体受营养物质污染的程度。数值越高，水质污染越严重。

总磷 TP（Total Phosphorus）：废水中以无机态和有机态存在的磷的总和。是衡量水污染程度的指标之一，数值越大，水质污染程度越高。

2）初级前置物理过滤

外循环系统在横山塘河取水后将先经过两级初级前置物理过滤池，分别为普通快滤池和沸石滤池，每个过滤池尺寸为 6000mm×4000mm×2000mm，如图 17.2-9 所示。前置过滤系统会截留大量补水水源中的 SS、COD、TP 等颗粒态污染物。污染物的截留会造成滤池孔隙率的下降，本系统采用了反冲洗系统，有效地将节流物质冲洗干净。沸石滤池具有吸附氨氮的作用，可以降低补水水源中的氨氮及 TN 等污染。

图 17.2-9　两级前置过滤池

3）综合水处理机房

（1）净水流程简介

深坑酒店在西侧崖壁顶部设置了综合水处理机房，水处理机房通过混凝沉淀、气浮、过滤、AAO 等工艺进行净水处理。

多级水处理流程如图 17.2-10 所示。

（2）主要设备

①气浮池：本项目采用的气浮为加压溶气气浮。带有空气压缩机和溶气罐，采用用刮板机去除水中悬浮颗粒。初步过滤后的水在输入气浮池前，通过加药装置往水中混入无机高分子混凝剂聚合氯化铝（PAC），对 COD 及 SS 等污染物具有较好的去除效果；去除污染物的同时，可以向水中

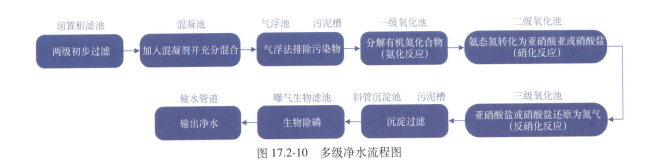

图 17.2-10　多级净水流程图

补充大量氧气，改善水体溶氧状态，如图 17.2-11 所示。

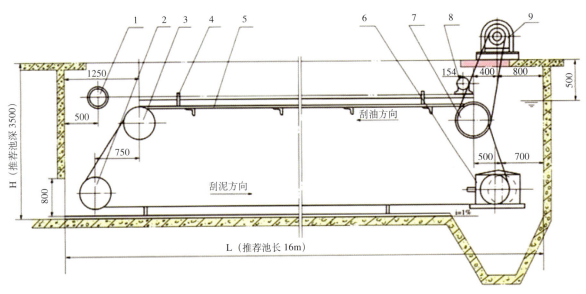

图 17.2-11　气浮池结构示意图

1- 集油管；2- 从动轮组；3- 从动轮组；4- 刮板组合；5- 导轨及托架；6- 张紧轴总成；7- 主动轮组；8- 链条张紧机构；9- 驱动机构

②生物氧化池：本系统生物氧化池主要负责处理亚硝酸盐、硝酸盐和有机氮化合物。

一级氧化池为氨化反应池，通过好氧菌在好氧条件下通过氨化反应将有机氮化合物转化为氨态氮，氨化反应原理如下：

$$RCHN_2COOH+O_2 \rightarrow RCOOH+CO_2+NH_3$$

二级氧化池为硝化反应池，通过亚硝化菌和硝化菌在好氧条件下将氨态氮转化为亚硝酸盐或硝酸盐，硝化反应原理如下：

$$NH_4^{+}+2O_2 \rightarrow NO_3^{-}+2H^{+}+H_2O$$

三级氧化池为反硝化反应池，通过反硝化菌在缺氧条件下将亚硝酸盐或硝酸盐还原为氮气，反应过程如图 17.2-12、图 17.2-13 所示。

图 17.2-12　硝酸盐还原为氮气过程

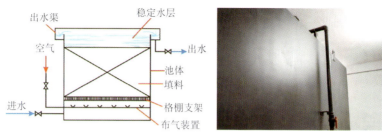

图 17.2-13　生物氧化池

③ 曝气生物滤池：

曝气生物滤池主要包括滤池池体、滤料层、承托层、布水系统、布气系统、反冲洗系统、出水系统、自控系统。曝气生物滤池处理能力强、受气温影响小、耐冲击负荷，本工程选用的曝气生物滤池利用聚磷微生物进行除磷，同时具有生物氧化及过滤两种功能，如图 17.2-14 所示。

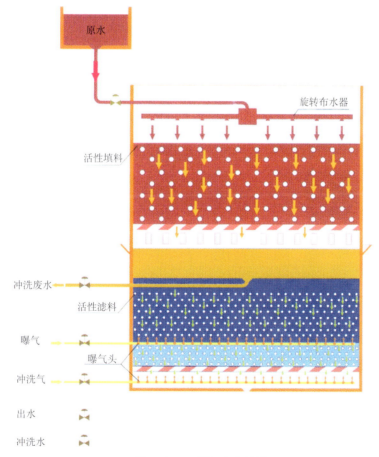

图 17.2-14　曝气生物滤池

后 记

上海佘山世茂洲际酒店工程自2011年6月1日开工，2014年12月6日完成崖壁爆破加固，2015年2月5日三级接力输送混凝土试验成功，2015年8月6日坑内主体首件钢柱吊装，2015年9月13日梯田式回填混凝土基础施工完成，2015年11月6日全势能混凝土向下一溜到底试验成功，2016年11月9日主体结构封顶，2018年11月15日投入使用。深坑酒店团队历时逾7年之久，迎难而上，开展一系列科技研发，攻坚克难，最终圆满完成建设任务。上海佘山世茂洲际酒店工程建造过程中形成的关键技术，填补了国内多项空白，对有类似工况的工程建设极具借鉴意义，特分析和总结工程建设过程中的综合施工技术，形成本专著，以飨读者。

本工程在施工建设和专著编写过程中得到诸多专家、领导、同仁的大力支持，再次表示衷心的感谢！

本工程主要项目管理人员：葛乃剑、危鼎、李岢清、李小飞、谢高华、陈靖、王梅、郑波、张友杰、谢佳、杨媛鹏、施宇冬、黄国强、杨鸿玉、向芯芯、徐吉、李一龙、马赟、王勃龙、钱海波、周环宇、陈文龙、仇宝方、徐庶、缪军、花海南、曾戈、史晨阳、王兴国、李佳、孙三祥、王云、高孝确、陈炳义、费井华、胡晓、唐杰、庄丽娟、蒋启恒、许晶晶、童宏博、黄莹、徐宝平、吴超等。

本工程技术方案研讨人员：王桂玲、戴耀军、谢刚奎、亓立刚、李忠卫、于科、潘玉珀、程建军、叩殿强、周光毅、蔡庆军、苏亚武、陈俊杰、戈祥林、朱健、丁志强、徐玉飞、冯国军、梁涛、刘永福、毕磊、张景龙、陈新喜、王俊佚等。

本专著主要编写人员：葛乃剑、张晓勇、危鼎、陈新喜、李赟、张世武、杨媛鹏、谢高华、杨鸿玉、黄国强、施宇冬、洪懿昆、董永、周海贵、吴光辉、窦安华、孙洪磊、汪贵临、许迪等；八局装饰设计院手绘：包昕、史文言、刘嘉棋；廖建平、柴宇麒、刘俊杰（上海舜谷）；孟嫣然（上海交大实习生）、毛以沫（华南理工大学实习生）等。

上海佘山世茂洲际酒店工程的参建单位　　　　　　　　　　　　附表1

工作分工	单位	工作内容
建设单位	上海世茂新体验置业有限公司	建设单位
勘察、设计与咨询单位	阿特金斯建筑事务所	建筑方案设计
	华东建筑设计研究院有限公司	设计单位
	上海申元岩土工程有限公司	基坑支护设计
	上海地矿工程勘察有限公司	勘察单位
	上海市地质调查研究院	监测单位

续表

工作分工	单位	工作内容
施工单位 （较多，不全部列出）	中国建筑第八工程局有限公司（总承包公司实施）	施工总承包
	杭萧钢构股份有限公司	钢结构施工
	上海一建安装工程有限公司	综合机电工程
	苏州金螳螂幕墙有限公司	幕墙工程
	上海凯玲消防工程有限公司	消防工程
	江苏华艺装饰工程有限公司	外立面门窗
	上海莱奕亭照明科技股份有限公司	泛光照明
	灵智（广州）自控股份有限公司	弱电工程
	深圳市亚泰国际建设股份有限公司	精装修工程
	上海东徽建筑装饰工程有限公司	精装修工程
	上海建工一建集团有限公司	精装修工程
	上海嘉实（集团）有限公司	精装修工程
	浙江长成装饰设计工程有限公司	后场精装修
	苏州市政园林工程集团有限公司	桥梁工程
	上海晟惠建筑工程有限公司等	主体结构劳务分包
监理单位	上海同济工程项目管理咨询有限公司	工程监理